U0326263

普通高等教育"十三五"规划教材

滨州学院教材出版基金资助项目

化 工 原 理

主　编　贾冬梅　刘元伟　李长海
副主编　张丽娟　刘　平　张　娴　张岩冲

北　京

冶 金 工 业 出 版 社

2022

内 容 提 要

本书介绍了化工生产中常见的单元操作,主要内容包括流体流动与输送、流体中颗粒的分离、传热、吸收、蒸馏、干燥等,重点介绍了每个单元操作的基本原理及相应设备的结构、操作与调节、选型等问题。本书注重理论联系实际,每章均有例题、习题和思考题,突出工程观点,注重学生解决复杂实际工程问题能力的培养。全书重点突出,难易适度,便于自学。

本书为高等院校化工及相关专业教材,也可供化工以及相关行业从业人员参考。

图书在版编目(CIP)数据

化工原理/贾冬梅,刘元伟,李长海主编.—北京:冶金工业出版社,2020.10(2022.6重印)

普通高等教育"十三五"规划教材

ISBN 978-7-5024-8617-4

Ⅰ.①化… Ⅱ.①贾… ②刘… ③李… Ⅲ.①化工原理—高等学校—教材 Ⅳ.①TQ02

中国版本图书馆 CIP 数据核字(2020)第 202481 号

化工原理

出版发行 冶金工业出版社		**电 话** (010)64027926	
地 址 北京市东城区嵩祝院北巷 39 号		**邮 编** 100009	
网 址 www.mip1953.com		**电子信箱** service@mip1953.com	

责任编辑 高 娜 宋 良 美术编辑 吕欣童 版式设计 禹 蕊
责任校对 郑 娟 责任印制 李玉山
三河市双峰印刷装订有限公司印刷
2020 年 10 月第 1 版,2022 年 6 月第 2 次印刷
787mm×1092mm 1/16;18.75 印张;450 千字;287 页
定价 **39.00** 元

投稿电话 (010)64027932 投稿信箱 tougao@cnmip.com.cn
营销中心电话 (010)64044283
冶金工业出版社天猫旗舰店 yjgycbs.tmall.com
(本书如有印装质量问题,本社营销中心负责退换)

前　言

　　"化工原理"是一门关于化学加工过程的技术基础课，为过程工业提供科学基础。本书是为适应高等院校"化工原理"课程教学改革的要求，以化工及相关专业高素质应用型人才培养目标为依据编写而成的。

　　本书以学生应用能力的培养为主线组织编排教学内容，介绍了常用单元操作的基本概念、原理、计算方法和典型设备。除了绪论和附录外，主要内容依次为流体流动、流体中颗粒的分离、传热、气体吸收、蒸馏和干燥。其中流体中颗粒的分离、气体吸收、蒸馏和干燥是化工生产中常见的分离操作，流体流动和传热是各分离过程的理论基础。每一章都将单元操作和典型设备融合放在一起，内容连贯，条理清晰。为了便于教与学，启迪学生的思维，每章都编入了适量的例题与习题。本书可作为化工及相关专业（能源、应用生物、制药、材料、环境、食品、冶金及安全）的教材，也可供刚刚涉足化工以及相关行业的从业人员选用参考。

　　本书由滨州学院贾冬梅、刘元伟和李长海任主编，其中绪论由贾冬梅、李长海编写；各章的编写分工为：刘元伟（第1章）、张娴（第2章）、刘平（第3章）、张丽娟和李长海（第4章）、贾冬梅（第5章）、张岩冲（第6章）。

　　在编写过程中，滨州学院化工原理课程组的有关老师给予了关心和支持；滨州学院教材编写出版基金给予了资助，在此一并深表谢意！

　　受编者水平所限，书中不妥之处，诚请读者批评指正。

编　者

2020 年 5 月

目　　录

0 绪 论

0.1 化工过程与单元操作

0.1.1 化工过程

化工过程是研究化学工业和其他过程工业生产中所进行的化学过程和物理过程共同规律的一门工程学科。这些工业从石油、煤、天然气、矿石、海水、粮食等基本的原料出发，借助化学过程或物理过程，改变物质的组成、性质和状态，使之成为多种价值较高的产品。由于不同工业的原料和产品差别很大，化工过程的种类也千差万别。但是，一切化工生产过程不论其生产规模大小，都是由多个反应过程和物理过程组合而成，其过程示意图如图 0-1 所示。

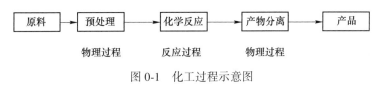

图 0-1 化工过程示意图

虽然反应过程是生产过程的核心，但众多的物理过程在设备投资和操作费用中的占比是远远高于反应过程的，它在整个生产中起决定性的作用。这些物理过程统称为单元操作，属于化工原理课程的研究范畴。

0.1.2 单元操作

使物质发生状态、组成、能量上变化的操作，称为单元操作（Unit Operations）。单元操作是物理性操作，不涉及化学反应，因此，不会改变物质的化学性质。单元操作的研究内容包括"过程"和"设备"两个方面，故单元操作又称为化工过程和设备。工业生产中常用的单元操作有流体输送、过滤、沉降、搅拌、颗粒流态化、加热、冷却、蒸发、冷凝、蒸馏、吸收、吸附、萃取、干燥、结晶等。

这些不同的单元操作可以归结为动量传递、热量传递和质量传递三种过程。这三种传递过程简称"三传"。在单元操作中，可以只存在一种传递过程，也可以两种或三种传递过程同时并存。常用单元操作按传递原理不同分类，见表 0-1。

在解决复杂工程问题时，若工程目的相同，则可以采用不同的单元操作来实现。虽然，不同的化工过程中所包含的单元操作种类、数量和排列顺序各不相同，但是对于用于不同的化工过程的同一个单元操作，其基本原理是相同的，发生操作的设备也是通用的。三传是单元操作的共同规律和联系，也是联系各单元操作的一条主线，因此，化工原理课程的研究对象就是研究"三传"理论和"三传"理论的应用。

表 0-1　单元操作分类

传递原理	单元操作名称
动量传递	流体输送、过滤、沉降、搅拌、颗粒流态化
热量传递	加热、冷却、蒸发、冷凝
质量传递	蒸馏、吸收、吸附、萃取、膜分离
热量传递+质量传递	干燥、结晶

0.2　化工原理课程的性质、地位与内容

　　"化工原理"课程是化工类及相近专业的一门重要技术基础课，它是综合运用高等数学、大学物理、化学等基础知识，分析和解决化工生产中各种物理过程（或单元操作）问题的工程课程，担负着由理论到工程、由基础到专业的桥梁作用，对化工类及相近专业学生业务素质和工程能力的培养至关重要。

　　本课程研究化工生产过程中共有的物理操作过程的基本原理、所用典型设备的结构、设备工艺尺寸的计算与设备选型，主要内容包括流体流动与输送、非均相物系分离、传热、蒸馏、吸收、干燥萃取、结晶、膜分离、吸附等单元操作。

　　本课程的主要任务是培养学生分析和解决化工生产中实际复杂工程问题的能力，培养学生的工程观点和创新意识，具体有：

　　（1）研究与掌握化工单元操作过程的基本原理并能进行过程的选择；

　　（2）根据选定的单元操作，进行设备工艺尺寸的计算和设备的选型；

　　（3）根据生产的不同要求进行设备的操作和调节，并具备分析和解决生产故障的能力；

　　（4）熟悉强化过程的方法，具有一定创新意识，具有提出强化过程方案的能力。

0.3　课程研究方法

　　化工原理是一门实践性很强的工程课程，对于单元操作的研究主要包括实验研究方法（经验法）和数学模型法（半经验半理论法）两种基本研究方法：

0.3.1　实验研究方法（经验法）

　　实验研究法是将影响化工过程的不同因素之间的关系，采用实验的方法来进行测定和分析。它一般以因次分析法为指导，依靠实验来建立过程参数之间的关系。它通常将若干参数的影响构成一个无因次数群（也称特征数），通过特征数关系式来表达各参数之间的相互关系。

0.3.2　数学模型法（半经验半理论法）

　　数学模型法是在对实际化工过程的机理进行深入分析的基础上，通过对过程进行合理

简化，建立数学模型。数学模型法中的参数通常需要通过实验来确定，因而它是一种半经验半理论的方法。

0.4 几个重要概念

物料衡算、能量衡算、物料的平衡关系、过程速率和经济核算五个概念贯穿于各个单元操作的始终，是化工原理学习中重点掌握的概念。化工过程计算通常分为设计型计算和操作型计算两类，不同类型计算问题的处理方法虽然各有特点，但是它们都是以质量守恒、能量守恒、平衡关系和速率关系为基础的。下面介绍几个相关重要概念。

0.4.1 物料衡算

根据质量守恒定律，进入某一个过程或设备的物料质量等于离开的物料质量与积累在过程或设备的物料质量之和，即

$$\sum G_{in} = \sum G_{out} + G_A \tag{0-1}$$

式中　G_{in}——输入的物料质量，kg；

　　　G_{out}——输出的物料质量，kg；

　　　G_A——积累的物料质量，kg，在稳定过程中，物料的累积量 $G_A = 0$。

物料衡算的步骤为：

（1）首先根据任务描述画出物流图；

（2）确定衡算体系；

（3）确定衡算基准，通常以时间为单位；

（4）进行物料衡算，列衡算方程，衡算中参数的单位要统一。

0.4.2 能量衡算

根据能量守恒和转换定律，即在稳定过程中，输入的能量=输出的能量+能量积累量，进行能量衡算；如：热量衡算：

$$\sum Q_{in} = \sum Q_{out} + Q_L \tag{0-2}$$

式中　Q_{in}——输入的热量，J；

　　　Q_{out}——输出的热量，J；

　　　Q_L——热量损失，J。

热量衡算步骤与物料衡算步骤类似，应注意确定基准温度（焓值：相对值）和热损失。

0.4.3 平衡关系

化工过程的平衡是化工原理的重要理论基础，是指物系在传热或传质过程中的可以达到的极限。它可以用来判断过程能否进行，以及进行的方向和能达到的限度。

0.4.4 过程速率

化工过程的过程速率是表示过程进行快慢的重要参数，它的影响因素众多，通常与推

动力成正比，与阻力成反比，即

$$过程速率 = \frac{过程推动力}{过程阻力} \tag{0-3}$$

从上式可以看出，提高过程推动力和减小过程阻力都可以增大过程速率，过程速率越大，生产过程越快，生产能力就越大。

0.4.5 经济核算

经济核算是化工过程设计的重要内容，特别是在设备的设计选型中尤为重要。设备选型时，不仅要考虑技术的先进性、操作的安全性，更需要综合考虑设备的投资费用和设备安装运行后的操作费用，来确定最佳的设计方案。随着科学技术的快速发展，工程技术人员在解决实际工程问题时，应同时具有安全、环保、节能和经济的观点。

0.5 单位制度及单位换算

化工生产中会用到若干物理量，任何物理量的大小都是由数字和单位联合来表达的，两者缺一不可，如塔高为 10m，离心泵的流量为 $30m^3/h$ 等。

0.5.1 单位制度

为了交流的方便，国际计量会议制定了一种国际上统一的国际单位制（SI 制）。国际单位制由基本单位和导出单位构成：

（1）基本单位。一般选择几个独立的物理量（如质量、长度、时间、温度等），根据使用方便的原则，规定出它们的单位。这些选择的物理量称为基本物理量，其单位称为基本单位。SI 制基本单位 7 个：长度 L：米（m）；质量 m：千克（kg）；时间 T：秒（s）；热力学温度 Θ：开尔文（K）；物质的量：摩尔（mol）；电流 I：安培（A）；发光强度：坎德拉（cd）。

（2）导出单位。其他物理量（如速度、加速度、密度等）的单位，则根据其本身的物理意义，由有关基本单位组合而成。这种组合单位称为导出单位。1984 年，我国颁布实行法定计量单位（简称法定单位），它是以国际单位制为基础，同时选用了一些非国际单位制的单位构成。见本书附录 A。

SI 制的主要优点为：

（1）通用性：是一套完整的单位制，适合于各个领域；

（2）一贯性：每种物理量只有一个单位，如热和功都用 J（焦耳）表示。

0.5.2 单位换算

在化工计算中，各种数据来源不同，故其单位不一定统一或符合公式的要求，计算时需要进行单位换算。

单位换算是通过换算因子实现的。换算因子是彼此相等而单位不同的两个同名物理量（包括单位在内）的比值。如 1m 和 100cm 的换算因子为 100cm/m。任何物理量乘以或除以换算因子，都不会改变原物理量的大小。常用的单位换算因子数据见附录 B。

　　将物理量单位由一种制度换算成另一种制度时，换算时只需乘以两相关物理单位之间的换算系数。另外，在经验公式中，各符号只代表物理量的数字部分，而它们的单位必须采用指定的单位。

　　【例 0-1】 一个工程大气压（1at）等于 1.0kgf/cm^2，试用国际单位 Pa 表示。

　　【解】 $1\text{at} = 1.0 \text{kgf/cm}^2$

$$= 1.0 \frac{\text{kgf}}{\text{cm}^2} \times \frac{9.81\text{N}}{1\text{kgf}} \times \left(\frac{100\text{cm}}{1\text{m}}\right)^2 = 9.81 \times 10^4 \text{Pa}$$

　　【例 0-2】 用 Antoine 方程计算苯的饱和蒸汽压为

$$\lg p^* = 6.9056 - \frac{1211}{t + 220.8}$$

式中，p^* 的单位是 mmHg；t 的单位是℃。

　　试将饱和蒸汽压单位由 mmHg 改为国际单位 Pa 表示。

　　【解】 以 $t = 100℃$ 为例，代入 Antoine 方程

$$\lg p^* = 6.9056 - \frac{1211}{t + 220.8} = 6.9056 - \frac{1211}{100 + 220.8} = 3.1306$$

因此，

$$p^* = 1350.82\text{mmHg} = 1350.82\text{mmHg} \times \frac{133.3\text{Pa}}{1\text{mmHg}} = 180.06\text{kPa}$$

1 流 体 流 动

【本章学习要求】

掌握流体在静止时流体内部静压强的变化规律以及流体流动时的质量和能量守恒规律及应用；了解流体流动时的内部结构；掌握流体流动阻力损失产生的原因及其计算方法；掌握流体输送管路的计算以及流速和流量的测定；掌握离心泵的基本结构、工作原理、主要性能参数、特性曲线及其影响因素、泵的工作点与流量调节、泵的安装与操作注意事项以及泵的选型；掌握离心泵的串并联特点；了解其他类型的液体输送设备的工作原理和性能参数，如往复泵、旋转泵、计量泵等；了解气体输送设备的工作原理、特点及其主要性能参数。

【本章学习重点】

(1) 流体静力学基本方程及应用；

(2) 连续性方程式；

(3) 伯努利方程式；

(4) 流体的流动现象；

(5) 流体流动类型与雷诺数；

(6) 流体在直管中的流体阻力；

(7) 局部阻力；

(8) 管路计算；

(9) 简单管路；

(10) 复杂管路；

(11) 流量测量；

(12) 离心泵的工作原理；

(13) 离心泵的主要性能参数；

(14) 离心泵的气蚀现象与安装高度；

(15) 离心泵的类型与选用；

(16) 离心泵的工作点与流量调节。

1.1 概　述

A　流体及其特征

流体具有流动性且无固定形状，气体和液体统称为流体。过程工业中所处理的物料，包括原料、半成品及产品等，大多数是流体。流体的输送、传热、传质或化学反应，大多是在流动的情况下进行的，因而流体的流动状态对这些过程有很大影响。

B 连续性假定

流体是由大量的彼此之间有一定间隙的单个分子所组成，而且各单个分子一直做着随机的、混乱的运动。如果以单个分子作为考察对象，那么，流体将是一种不连续的介质，所需处理的运动是一种随机运动，问题将是非常复杂的，难以通过数学连续函数来研究流体问题。

流体连续性假设是将流体看成是由大量质点（又称分子集团）组成的连续介质，质点的尺寸远小于管道或设备的尺寸，但比起分子自由程却要大得多。据此，可以假定流体是由大量质点组成的，彼此间没有间隙，完全充满所占空间的连续介质，其物理性质及运动参数可用连续函数描述。

实践证明，该假设在绝大多数情况下是适合的，但是对于高真空稀薄气体，连续性假定不能成立。

1.2 流体静力学

流体静力学主要是研究流体在静止状态下所受的各种力之间的关系，实质上是讨论流体静止时其内部压力变化的规律。

1.2.1 流体的密度

1.2.1.1 密度定义
单位体积流体所具有的质量，称为流体的密度，通常以 ρ 表示：

$$\rho = \frac{\Delta m}{\Delta V} \tag{1-1}$$

式中，m 为流体的质量，kg；V 为流体的体积，m^3。

不同流体的密度是不同的。对任何一种流体，其密度与压力和温度有关，但压力对液体的密度影响很小，可忽略不计，故液体可视为不可压缩流体；而气体是可压缩性流体，其密度随系统压力变化明显。

气体及液体的密度受温度影响，因而查取流体密度时应注明温度条件。

1.2.1.2 密度计算

A 气体密度计算

由于气体具有可压缩性及膨胀性，因而其密度随温度、压力的变化而变化较大。温度不太低、压力不太高时，气体可按理想气体处理。理想气体状态方程为

$$\rho = \frac{pM}{RT} \tag{1-2}$$

式中 M——气体的摩尔质量，kg/mol；

p——气体的绝对压力，Pa；

T——气体的绝对温度，K；

R——气体常数，8.314J/(mol·K)。

理想气体（压力 p，温度 T）操作状况下的密度 ρ 与标准状况（压力 $p_0 = 1.013 \times 10^5$ Pa，$T_0 = 273$K）下的密度 ρ_0 之间的换算可由下式进行：

$$\rho = \rho_0 \frac{p}{p_0} \cdot \frac{T_0}{T} \tag{1-3}$$

当计算气体混合物密度时，可假设混合物各组分在混合前后质量不变，取 $1m^3$ 混合气体为基准，则气体混合物密度可由下式计算：

$$\rho_m = \rho_1 \varphi_1 + \rho_2 \varphi_2 + \cdots + \rho_n \varphi_n \tag{1-4}$$

式中　　ρ_m——气体混合物密度，kg/m^3；

$\rho_1, \rho_2, \cdots, \rho_n$——气体中各组分的密度，$kg/m^3$；

$\varphi_1, \varphi_2, \cdots, \varphi_n$——各组分的体积分数，由于理想气体遵守道尔顿分压定律，所以混合气体中各组分的体积分数可用摩尔分数或分压比来表示。

混合气体的密度也可由式（1-2）计算，式中的摩尔质量 M 应由混合气体的平均摩尔质量 M_m 代替：

$$M_m = M_1 y_1 + M_2 y_2 + \cdots + M_n y_n \tag{1-5}$$

式中　　$M_1, M_2, \cdots, M_n$——气体混合物中各纯组分的摩尔质量，kg/mol；

$y_1, y_2, \cdots, y_n$——气体混合物中各组分的摩尔分数。

B　液体密度计算

对于纯组分液体密度，可通过附录或有关的工艺及物化手册查取。液体混合物密度的计算，可取 1kg 混合物为基准，假定混合前、后液体总体积不变。液体混合物组成可用质量分数表示，故液体混合物密度可表示为

$$\frac{1}{\rho_m} = \frac{X_{W1}}{\rho_1} + \frac{X_{W2}}{\rho_2} + \cdots + \frac{X_{Wn}}{\rho_n} \tag{1-6}$$

式中　　$X_{W1}, X_{W2}, \cdots, X_{Wn}$——液体混合物中各组分的质量分数；

$\rho_1, \rho_2, \cdots, \rho_n$——液体混合物中各纯组分的密度，$kg/m^3$。

1.2.2　流体的压力

1.2.2.1　压力的定义

压力为垂直作用于流体表面上的力，而单位面积上的压力称为流体的静压强，简称压强，单位为 Pa。其表达式为

$$p = \frac{\Delta F}{\Delta A} \tag{1-7}$$

式中　　F——垂直作用于流体上的力，N；

A——力的作用面积，m^2。

在 SI 单位制中，静压强的单位是 N/m^2，也可以用液柱高度来表示压力。各压强单位换算如下：

$$1atm = 1.013 \times 10^5 Pa = 760mmHg = 10.33mH_2O = 1.033kgf/cm^2$$

1.2.2.2　静压强的表示方法

（1）绝对压强：以绝对零压为基准测得的压力。绝对压强是流体的真实压力（图1-1）。

（2）表压：以外界大气压为基准测得的压强，工程上用测压表测得的流体压力就是流体的表压，即流体的真实压力与外界大气压的差值。

$$表压 = 绝对压力 - 大气压力$$

（3）真空度：当被测流体绝对压强小于大气压时，压强可用真空度来表示。真空表所测得的流体压强即为流体的真空度，表示为流体的真实压强低于大气压的数值。即

$$真空度 = 大气压力 - 绝对压力$$

【例 1-1】　一台操作中的离心泵，进口真空表及出口压力表的读数分别为 0.02MPa 和 0.11MPa。试求：（1）泵进口与出口的绝对压力（kPa）；（2）两者之间的压力差。设当地的大气压为 101.3kPa。

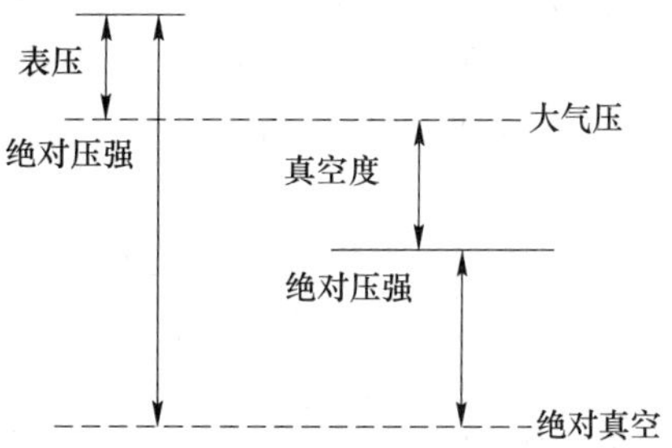

【解】　（1）进口真空表读数即为真空度，则进口绝对压力

$$p_1 = 101.3 - 0.02 \times 10^3 = 81.3 kPa$$

出口压力表读数即为表压，则出口绝对压力

$$p_2 = 101.3 + 0.11 \times 10^3 = 211.3 kPa$$

（2）泵出口与进口的压力差

$$p_2 - p_1 = 211.3 - 81.3 = 130 kPa$$

或直接用表压及真空度计算

$$p_2 - p_1 = 0.11 \times 10^3 - (-0.02 \times 10^3) = 130 kPa$$

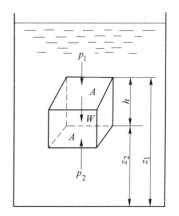

图 1-1　绝对压强、表压强和真空度的关系

1.2.3　流体静力学基本方程式

由于流体本身的重力以及外加压力的存在，静止流体内部的压力沿着高度方向会发生变化。描述静止流体内部的压力沿着高度变化的数学表达式即为流体静力学基本方程式。对于不可压缩流体，其推导如下。

如图 1-2 所示，在静止流体内部任取一垂直液柱，液柱的横截面积为 A，液体的密度为 ρ，容器底面选为基准面，液柱的上表面、下表面与基准面的垂直距离分别为 z_1 和 z_2，以 p_1 和 p_2 分别表示上下表面液体的静压强。

对液柱在垂直方向上进行受力分析：

（1）下表面所受的向上的总压力为 p_2A；

（2）上表面所受的向下的总压力为 p_1A；

（3）整个液柱的重力 $G = \rho g A(z_1 - z_2)$。

在静止的液体中，上述三力之合力为零：

$$p_2A - p_1A - \rho(z_1 - z_2)Ag = 0$$

图 1-2　流体静力学方程的推导

化简得

$$p_2 = p_1 + \rho(z_1 - z_2)g \tag{1-8}$$

为讨论方便，将式（1-8）中 z_1 取在液面上，并设液面上方的压力为 p_0，z_2 处的压力为 p，距液面的高度为 z_1，则式（1-8）可以改写成

$$p = p_0 + \rho(z_1 - z_2)g \tag{1-9}$$

式（1-8）和式（1-9）称为流体静力学基本方程式，它反映了在重力场中静止流体内部压强的变化规律。由式（1-9）可知，对于静止液体而言，当液面上方的压力一定时，液体内部任意一点的压力仅与液体本身的密度和该点的深度有关。因此，重力场中静止的、连续的同一液体内，处于同一水平面上各点的压力都相等。当液面上方的压强改变时，液体内部各点的压力也随之发生同样大小的改变，即静止流体内部压强具有传递性。

式（1-9）可改写为

$$p = p_0 + \rho g h \tag{1-9a}$$

上式表明，可以用一定的液柱高度表示压力差的大小，但应注明是何种液体，即密度与液柱高度为一一对应关系。

此外，静力学方程式仅适用于在重力场中连通着的、同一种、连续的、不可压缩的静止流体。液体可视为不可压缩流体，而气体的密度随容器高低变化甚微，故静力学方程式亦适用于气体。

1.2.4　静力学基本方程式在工程中的应用

流体静力学基本方程式在工程中的应用很广泛，下面主要就管路某处流体表压或两截面间压差的测量、容器内液位的测量方面进行介绍。

流体压强与压差常用压差计进行测量。

1.2.4.1　U 形管压差计

（1）结构：U 形管压差计是一根内装指示液的 U 形玻璃管。

（2）指示液：要求指示液与被测液体不互溶，不起化学反应，且其密度应大于被测流体的密度。常用的指示液有汞、四氯化碳、水和液体石蜡等。

（3）测量原理：将 U 形管压差计的两端与管路中的两截面相连接，根据指示液的高度差就可计算出两截面间的压差。

图 1-3 所示的 U 形管压差计底部装有指示液，密度为 ρ_0；U 形管两侧臂上部及连接管内均充满待测流体，其密度为 ρ。

图中 A、A' 两点是在连通着的同一种静止流体内，且在一水平位置上，因此两点的压强相等，根据流体静力学基本方程式可得

$$p_1 - p_2 = (\rho_0 - \rho)gR$$

若管内流体为气体，则由于气体密度比液体密度小得多，上式可以简化为

$$p_1 - p_2 \approx \rho_0 gR$$

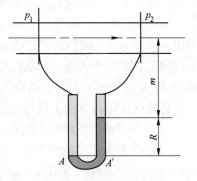

图 1-3　U 形管压差计

若 U 形管一端与设备或管道的一截面连接，另一端与大气相通，此时读数 R 反映的是该管道截面处的表压或真空度。

【例 1-2】　如图 1-3 所示，水在水平管路内流动。为测量液体在某截面处的压力，直接在该处连接 U 形管压差计，指示液为水银，读数 $R = 250$mm，$m = 900$mm。已知当地大气

压为101.3kPa，水的密度 $\rho = 1000kg/m^3$，水银的密度 $\rho_0 = 13600kg/m^3$。试计算该两截面间的压强差。

【解】　图中 $A\text{-}A'$ 面为等压面，即 $p_A = p_{A'}$

$$p_A = p_2 + \rho gm + \rho_0 gR$$

于是　　　　　　　　　　　$p_{A'} = p_1 + \rho g(m + R)$

则截面处绝对压力

$$p_2 - p_1 = (\rho_0 - \rho)gR = (13600 - 1000) \times 9.81 \times 0.25 = 30901.5Pa$$

1.2.4.2　双液柱压差计

当被测压力差很小时，为把读数 R 放大，可采用双液柱压差计，又称微差压差计，如图1-4所示。在U形管压差计两臂上端开有两个小室，其截面积要比U形管的截面积大得多。在小室和U形管压差计内装有两种密度相近且不互溶、不起化学反应的指示液A和C，而指示液C与被测流体B也不互溶。当 $p_1 \neq p_2$ 时，导致A指示液的两液面出现高度差 R，小室中指示液C也出现高度差 R'，由于小室截面积要比U形管的截面积大得多，因此 R' 的值很小可忽略不计。此时压差和读数的关系为

$$p_1 - p_2 = (\rho_A - \rho_C)gR \qquad (1\text{-}10)$$

从上式可以看出，当 $p_1 - p_2$ 值很小时，应当选择密度接近的指示液A和C，这样可获得较大的读数 R，避免由于读数过小引起的相对误差。

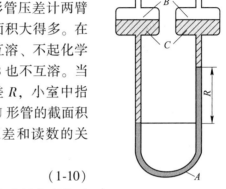

图1-4　微差压差计

【例1-3】　采用普通U形管压差计测量某气体管路上两点的压力差，指示液为水，读数 $R = 10mm$。为了提高测量精度，改用双液U形管微差压差计，指示液A是含40%乙醇的水溶液，密度 $\rho_A = 910kg/m^3$；指示液C为煤油，密度 $\rho_C = 820kg/m^3$。试求双液U形管微差压差计的读数可以放大的倍数。已知水的密度为 $1000kg/m^3$。

【解】　用U形管压差计测量时，其压力差为

$$p_1 - p_2 = \rho_W gR \qquad (a)$$

用双液U形管为压差计测量时，其压力差为

$$p_1 - p_2 = (\rho_A - \rho_C)gR' \qquad (b)$$

由于两种压差计所测压力差相同，故式（a）与式（b）联立，得

$$R' = \frac{R\rho_W}{\rho_A - \rho_C} = \frac{10 \times 1000}{910 - 820} = 111mm$$

计算结果表明，压差计的读数是原来读数的 $\frac{111}{10} = 11.1$ 倍。

1.2.4.3　液位的测量

化工生产中，经常需要了解容器里物料的贮存量或要控制设备里的液面，此时可通过静力学基本方程式计算容器中液体的液位。图1-5中的容器外边设置一个平衡室，用一U形管压差计将容器与平衡室连通起来，U形管内装有指示液A，且小室内装的液体与容器内的液体相同，其液面的高度维持在容器液面允许达到的最大高度处。若容器中

液面上的压强为 p，指示液 A 的密度为 ρ_A，液体的密度为 ρ。则根据流体静力学基本方程式可知：

$$h = \frac{\rho_0 - \rho}{\rho}R \qquad (1-11)$$

由式 1-11 可以看出，压差计的读数 h 越小，压差计读数 R 越小，液面越高；液面达到最大高度时，压差计读数 R 为零。因此，压差计的读数可反映容器内的液面高度的大小。

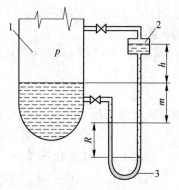

【例 1-4】 为测量腐蚀性液体贮槽中的存液量，采用图 1-6 所示装置。测量时通入压缩空气，控制调节阀使空气缓慢地鼓泡通过观察瓶。今测得 U 形管压差计读数为 R = 130mm，通气管距贮槽底面 h = 20cm，贮槽直径为 2m，液体密度为 980kg/m^3。试求贮槽内液体的贮存量为多少吨？

图 1-5　压差法测量液位
1—容器；2—平衡室；3—指示液 A

【解】 由题意得：R = 130mm，h = 20cm，D = 2m，ρ = 980kg/m^3，ρ_{Hg} = 13600kg/m^3。

（1）管道内空气缓慢鼓泡，u = 0，可用静力学原理求解。

（2）空气的 ρ 很小，忽略空气柱的影响。由 $H\rho g = R\rho_{Hg}g$，有

$$H = \frac{\rho_{Hg}}{\rho}R = \frac{13600}{980} \times 0.13 = 1.8\text{m}$$

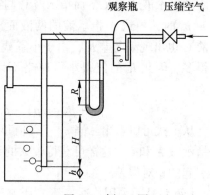

图 1-6　例 1-4 图

所以 $W = \frac{1}{4}\pi D^2(H+h)\rho$

$$= 0.785 \times 2^2 \times (1.8 + 0.2) \times 980 = 6.15(\text{t})$$

1.3　流体流动的基本方程

化工生产中，流体的输送多在密闭的管道中进行，因此研究流体在管内流动的规律是化工生产中的一个重要内容。流体流动遵循的流动规律主要有连续性方程和伯努利方程，本节主要围绕这两个方程式进行讨论。

1.3.1　基本概念

1.3.1.1　稳定流动与不稳定流动

流体流动时，若任一点的流速、压力等有关参数都不随时间变化，称之为稳定流动；而有关参数不仅与空间位置有关，而且也随时间变化，则称之为不稳定流动。如图 1-7 所示。

1.3.1.2　流量与流速

（1）体积流量。单位时间内流体通过流通截面的体积量，称为体积流量，用 V_s 表示，单位为 m^3/s。

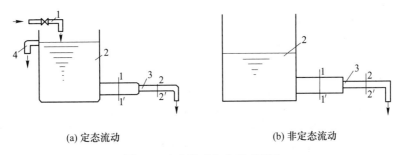

(a) 定态流动　　　　　　　　　(b) 非定态流动

图 1-7　定态流动与非定态流动

（2）质量流量。单位时间内流体通过流通截面的质量，称为质量流量，用 w_s 表示，单位为 kg/s。

体积流量与质量流量之间关系为

$$w_s = V_s \rho \tag{1-12}$$

（3）流速。

1）平均流速。单位时间内流体在流动方向上所流经的距离，称为流速，以 u 表示，其单位为 m/s。流体流过管路任意截面上各点的流速有分布，工程上通常采用平均流速 u 来代表整个管路速度分布。其表达式为

$$u = \frac{V_s}{A} \tag{1-13}$$

式中　A——与流体流动方向相垂直的流通截面积，m^2。

质量流量与流速的关系为

$$w_s = uA\rho \tag{1-14}$$

2）质量流速。质量流量与流通截面积的比值称为平均质量流速，以 G 表示，单位为 kg/（$m^2 \cdot$ s），它与质量流量和流速的关系式为

$$G = \frac{w_s}{A} = u\rho \tag{1-15}$$

气体的体积流量随温度和压强的变化而变化，因而气体的流速亦随之而变，所以气体采用质量流速计算比较方便。流量一般由生产任务所决定，而合理的流速则应根据经济情况权衡决定。一般液体的流速为 0.5～3m/s，气体的流速为 10～30m/s。

【例 1-5】　管径估算。某厂需铺设一条自来水管道，输水量为 42000kg/h，设计所需的管道直径。

【解】

$$V_s = \frac{w_s}{\rho} = \frac{42000}{3600 \times 1000} = 0.0117 m^3/s$$

选取 $u = 1.5 m/s$

$$d = \sqrt{\frac{4 \times 0.0117}{3.14 \times 1.5}} = 0.0997 m$$

查相关手册，选 $\phi 114 \times 4mm$ 水煤气管

实际 $u = \dfrac{V_s}{\dfrac{\pi}{4}d^2} = 1.32\text{m/s}$。

1.3.2　连续性方程

如图 1-8 所示，设流体在管道中作连续稳定流动，从截面 1-1′流入，从截面 2-2′流出。若在管道两截面之间流体无漏损，根据质量守恒定律，单位时间从截面 1-1′进入的流体质量流量 w_1 应等于单位时间从截面 2-2′流出的流体质量流量 w_2，即 $w_1 = w_2$。

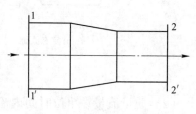

图 1-8　连续性方程的推导

根据式（1-14）可得：$\rho_1 u_1 A_1 = \rho_2 u_2 A_2$，此关系可推广到管道的任意截面，即

$$w_1 = w_2 = \cdots = w_n$$

即

$$u_1 A_1 \rho_1 = u_2 A_2 \rho_2 = \cdots = u_n A_n \rho_n = 常数 \tag{1-16a}$$

式（1-16a）称为一维稳定流动的连续性方程式。若流体不可压缩，$\rho = $常数，则此式可简化为

$$u_1 A_1 = u_2 A_2 = \cdots = u_n A_n = 常数 \tag{1-16b}$$

由式（1-16b）可知，在不可压缩流体的连续稳定流动中，u 与截面积成反比，截面积越大流速越小，反之亦然。管道截面大多为圆形，故连续性方程又可改写为

$$\frac{u_1}{u_2} = \frac{A_2}{A_1} = \frac{d_2^2}{d_1^2} \tag{1-16c}$$

式中，d_1、d_2 分别为管道截面 1、截面 2 处的管内径。由式（1-16c）可知，圆形管内不同截面的流速与其相应管内径的平方成反比。

【例 1-6】　水在定态下连续流过如图 1-8 所示的变径管道。已知截面 1-1′处的管内径 $d_1 = 10\text{cm}$，截面 2-2′处的管内径 $d_2 = 5\text{cm}$。试求当体积流量为 $4 \times 10^{-3}\text{m}^3/\text{s}$ 时，各管段的平均流速。

【解】

$$u_1 = \frac{4V_s}{\pi d_1^2} = \left[\frac{4 \times 4 \times 10^{-3}}{\pi \times (10 \times 10^{-2})^2}\right] = 0.51\text{m/s}$$

$$u_2 = u_1 \left(\frac{d_1}{d_2}\right)^2 = \left[0.51 \times \left(\frac{10}{5}\right)^2\right] = 2.04\text{m/s}$$

1.4　流体阻力损失

1.4.1　牛顿黏性定律

1.4.1.1　流体流动中的内摩擦

两个固体之间做相对运动时，必须施加一定的外力以克服接触表面的摩擦力（外摩擦）。与固体间的相对运动类似，假定流动流体可分成许多流体层，如图 1-9 所示。由于流体流经固体壁面时存在附着力，所以壁面上黏附一层静止的流体层，其速度 $u_\text{w} = 0$，该流体层对相邻的流体层有一个向后的曳力。类似地，逐个流体层相互作用，且曳力的作用也逐渐减弱，其结果是，与流体流动方向垂直的同一截面上出现了点速度分布。

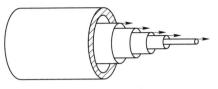

图 1-9　内摩擦力示意图

　　上述发生在流体层之间的作用力，称为剪切力（黏性力），因为在流体内部产生，故称做内摩擦力。

1.4.1.2　黏性

　　流体流动时，不同速度的流体层之间产生内摩擦，内摩擦力可看作是一层流体抵抗另一层流体引起形变的力。运动一旦停止，这种抵抗力随即消失。通常，这种表明流体受剪切力作用时，本身抵抗形变的物理特性称黏性。实际流体都有黏性，但各种流体间的黏性差别很大。如空气、水等流体的黏性较小，而蜂蜜、油类等流体的黏性较大。应该注意，黏性是流体在运动中表现出来的一种物理属性。

A　牛顿黏性定律

　　假设相距很近的两平行大平板间充满黏稠液体，如图 1-10 所示。若下平板保持不动，对上平板施加一平行于平板的外力，使其以速度 u 沿 x 方向运动，此时，两平板间的液体就分成许许多多的流体层面运动，附在上平板的流体层随上平板以速度 u 运动，以下各层流体流速逐渐降低，附在下平板表面上的流体层速度为零。

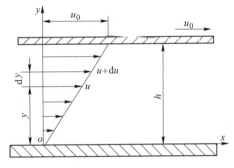

图 1-10　平板间黏性流体的速度变化

　　在流体层之间有速度分布（速度差异），相邻流体以大小相等、方向相反的剪切力 F 相互作用。实验证明，对全部气体和大部分液体而言，剪应力 τ 服从牛顿黏性定律

$$F = \mu \cdot A \cdot \frac{\mathrm{d}u}{\mathrm{d}y}, \quad \tau = \frac{F}{A} = \mu \cdot \frac{\mathrm{d}u}{\mathrm{d}y} \tag{1-17}$$

式中　τ——剪应力，N/m^2；

　　　A——相邻的两流体层的作用面积，m^2；

　$\mathrm{d}u/\mathrm{d}y$——流体速度沿法线方向上的变化率，称为速度梯度；

　　　μ——比例系数，称为黏性系数或动力黏度（简称黏度），$\text{N} \cdot \text{s/m}^2(\text{Pa} \cdot \text{s})$。

B　黏度

　　黏度是用来度量流体黏性大小的物理量。由式（1-17）可以看出，当流体的速度梯度为 1 时，流体的黏度在数值上即等于单位面积上的黏性力（内摩擦力）。因此，在相同的流速下，黏度愈大的流体，所产生的黏性力也愈大，即流体因克服阻力而损耗的能量愈大。所以，对于黏度较大的流体，应选用较小的流速。流体的黏度愈大，表示其流动性愈差。如油的黏度比水大，则油比水的流动性差，在相同流速下，输送油所消耗的能量要比输送水大。

黏度的单位可由下式导出：

$$[\mu] = \frac{\tau}{\dfrac{du}{dy}} = \frac{Pa}{\dfrac{m/s}{m}} = Pa \cdot s$$

黏度值一般由实验测定，通过手册可查取流体在某一温度下的黏度。由手册查得的黏度单位多为物理单位帕（P）或厘帕（cP），与法定单位（Pa·s）之间的换算关系为

$$1cP = 0.01P = 1 \times 10^{-3} Pa \cdot s$$

液体黏度随温度升高而减小，气体黏度则随温度升高而升高，液体黏度随压力变化而基本不变，气体黏度只有当压力较高时（4×10^{6}Pa 以上）才略有增大。

1.4.2　流动形态

1.4.2.1　雷诺实验及流动形态

1883 年，英国科学家雷诺（Reymolds）按图 1-11 所示的装置进行实验。透明储水槽 3 中的液位由溢流装置 6 维持恒定，水槽的下部插入一带有喇叭口的水平玻璃管 4，管内水的流速由出口阀门 5 调节。水槽上方设置一个盛有色液体吊瓶 1。有色液体通过导管 2 及针形细嘴由玻璃管的轴线引入。

从实验观察到，当水的流速很小时，有色液体沿管轴线做直线运动，与相邻的流体质点无宏观上的混合，如图 1-12（a）所示，这种流动形态称为层流或滞流；随着水的流速增大至某个值后，有色液体流动的细线开始抖动、弯曲，呈现波浪形，如 1-12（b）所示；当流速再增大时，波形起伏加剧，出现强烈的骚扰滑动，全管内水的颜色均匀一致，如图 1-12（c）所示，这种流动形态称为湍流或紊流。

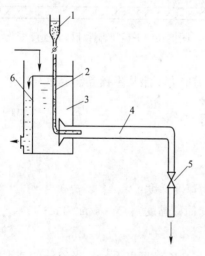

图 1-11　雷诺实验装置

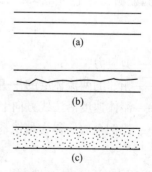

图 1-12　流体流动形态示意图

流体的流动形态只有层流和湍流两种。

1.4.2.2　雷诺数

雷诺采用不同的流体和不同的管径多次进行了上述实验，所得结果表明：流体的流动形态除了与流速有关外，还与管径、密度、黏度这三个因素有关。雷诺将这三个因素组成

一个复合数群，以符号 Re 表示，即

$$Re = \frac{du\rho}{\mu} \qquad (1\text{-}18)$$

该数群称为雷诺数，是一个无量纲的数值。不论采用哪种单位制，雷诺数的数值都是一样的。实验结果表明，对于流体在圆管内流动，当 $Re<2000$ 时，流动形态为层流；当 $Re>4000$ 时，流动形态为湍流；当 $Re = 2000 \sim 4000$ 时，称为过渡流，但它不是一种流型，实际上是流动的过渡状态，即流动可能是层流，也可能是湍流，受外界条件的干扰而变化（例如在管道入口处，流道弯曲或直径改变，管壁粗糙或有外来扰动，都易造成湍流发生）。所以，可用雷诺数的数值大小来判断流体的流动形态，雷诺数愈大，说明流体的湍动程度愈剧烈，产生的流体流动阻力愈大。

【例 1-7】 常压，100℃的空气在 ϕ108mm×4mm 的钢管内流动。已知空气的质量流量为 330kg/h，试判断其流动类型。

【解】 从附录 H 中查得 100℃空气的黏度为 2.19×10^{-5}Pa·s。题中已知质量流量，则可直接用质量流速计算雷诺数：

质量流量 $\qquad G = \dfrac{w_s}{\dfrac{\pi}{4}d^2} = \dfrac{330/3600}{0.785 \times 0.1^2} = 11.68 \text{kg}/(\text{m}^2 \cdot \text{s})$

雷诺数 $\qquad Re = \dfrac{d\rho u}{\mu} = \dfrac{dG}{\mu} = \dfrac{0.1 \times 11.68}{2.19 \times 10^{-5}} = 5.33 \times 10^4 (>4000)$

因 $Re>4000$，故空气在管内的流动为湍流。

1.4.2.3　管内层流与湍流的比较

若将管内层流与湍流两种不同的流动形态进行比较，简单地说，两者的本质区别在于流体内部质点的运动方式不同。前者是流体质点沿着与管轴平行的方向做有规则的直线运动，是一维流动，流体质点互不干扰，互不碰撞，没有位置交换，是很有规律的分层运动；后者是流体质点除沿轴线方向做主体流动外，还在径向方向上做随机的脉动，湍流质点间发生位置交换，相互剧烈碰撞与混合，使流体内部任一位置上流体质点的速度大小及方向都会随机改变。因而湍流是一个杂乱无章、无规则的运动。

若从速度分布来看，层流与湍流的区别在于与流体流动方向垂直的同一截面上各点速度的变化规律不同。

A　层流速度分布

层流时的点速度沿管径按抛物线的规律分布，如图1-13 所示。其速度分布式为

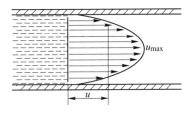

图 1-13　层流时的速度分布

$$u_r = u_{\max}\left(1 - \frac{r}{R}\right)^{\frac{1}{n}}$$

式中　u_r——与管中轴线垂直距离为 r 处的点速度，m/s；

$\qquad u_{\max}$——管中轴线上的最大速度，m/s；

$\qquad r$——与管中轴线的垂直距离，m；

$\qquad R$——管半径，m。

由式可知：（1）当 $r = 0$ 时，即管中轴线处流速最大；

（2）当 $r = R$ 时，即管壁处流体流速为零；

（3）理论和实验结果均表明，层流时各点速度的平均值 u 等于管中心处最大速度 u_{max} 的 0.5 倍。

B　湍流速度分布

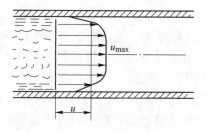

湍流时，流体质点运动比较复杂，其速度分布曲线一般由实验测定，如图 1-14 所示。由于流体质点强烈碰撞混合，使截面上靠管中心部分彼此拉平，速度分布比较均匀。管内流体 Re 值愈大，湍动程度愈高，曲线顶端愈平坦。其速度分布式为

图 1-14　湍流时的速度分布

$$u = u_{max} \left(1 - \frac{r}{R} \right)^{\frac{1}{n}} \qquad (1\text{-}19)$$

同样：（1）当 $r = 0$ 时，管中轴线处流速最大；

（2）当 $r = R$ 时，管壁处流体流速为零。

通常，湍流时的平均速度 u 与管内最大速度 u_{max} 的比值随雷诺数变化，层流与湍流的区别也可以从动量传递的角度更深入地理解。根据牛顿第二定律，剪应力意味着相邻的两流体层之间，单位时间单位面积所传递的动量，即动量通量。对于层流流动，两流体层间的动量传递是分子交换；对于湍流流动，两流体层间的动量传递是分子交换加质点交换，而且是以质点交换为主。

1.4.3　边界层概念

早期的流体力学研究，理论与实验结果差异很大。例如，对于黏度很小的流体，一般的理解是产生的内摩擦力也很小，可按理想流体处理。但理论推断结果与实验数据不符，类似的问题一直没能得到圆满的解释。直到 20 世纪初，普朗特（Prandtl）提出了边界层概念，深刻地揭示了理论与实验结果的差异所在，从此，流体力学得到了迅速的发展。

1.4.3.1　边界层及其形成

如图 1-15 所示，当流体以速度 u_0 流经固体壁面时，流体与壁面接触，紧贴壁面处的流体速度变为零。受其影响，在垂直于流动方向的截面上，出现了速度分布，且随着离开壁面前缘距离的增加，流速受影响的区域相应增大。由此定义 $u < 99\% u_0$ 的区域为流动边界层。或者说，流动边界层是固体壁面对流体流动的影响所涉及的区域。

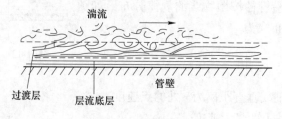

图 1-15　湍流流动

边界层厚度用 δ 表示，注意 $\delta = f(x)$。

1.4.3.2　层流边界层与湍流边界层

边界层内也有层流与湍流之分。流体流经固体壁面的前段，若边界层内的流型为层流，称层流边界层；当流体离开前沿若干距离后，边界层内的流型转变为湍流，称湍流边界层。

湍流边界层发生处，边界层突然加厚，且其厚度较快地扩展，使在湍流边界层内，壁面附近仍有一层薄薄的流体层呈层流流动。这个薄层称为层流内层或滞沉底层。层流内层到湍流主体间还存在过渡层。层流内层的厚度随 Re 值增加而减小，但不论流体湍动得如何剧烈，层流内层的厚度都不会为零。层流内层的厚度对传热和传质过程有很大的影响。

如图 1-15 所示，对管道而言，仅在流体的进口段，边界层有内外之分，经过某一段距离后，边界层扩展至管中心汇合，边界层厚度为管道的半径，且不再变化，即管壁对流体的影响波及整个管内的流体。这种流动称为充分发展的流动。

1.4.3.3　边界层分离

边界层的一个重要特点是，在某些情况下，其内部的流体会发生倒流，引起边界层与固体壁面的分离现象，并同时产生大量的漩涡，造成流体的能量损失（形体阻力）。这种现象称为边界层分离，如图 1-16 所示。边界层分离是黏性流体产生能量损失的重要原因之一，这种现象通常在流体绕流物体（流线型物体除外）或流道截面突然扩大时发生。

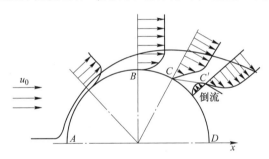

图 1-16　边界层分离示意图

1.4.4　流体流动的能量衡算

对于流体流动过程，除了掌握流动体系的物料衡算外，还要了解流动体系能量间的相互转化关系。本节介绍能量衡算方法，进而导出可用于解决工程实际问题的伯努利方程。

流体流动过程必须遵守能量守恒定律。如图 1-17 所示，流体在系统内做稳态流动，管路 1 中有对流体做功的泵 2 和与流体发生热量交换的换热器 3。在单位时间内，有质量为 $m=1\text{kg}$ 的流体从截面 1-1′进入，则同时必有相同量的流体从截面 2-2′处排出。这里对 1-1′与 2-2′两截面间及管路 4 和设备的内表面所共同构成的系统进行能量衡算，并以 0-0′为基准水平面。

1.4.4.1　能量形式

流体由 1-1′截面所输入的能量有以下几个方面。

（1）内能 U。内能是储存于物质内部的能量。它是由分子运动、分子间作用力及分子振动等产生的。从宏观来看，内能是状态函数，与温度有关，而压力对其影响较小。以 U

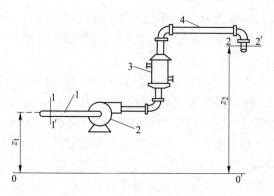

图 1-17　定态流动系统示意图

表示单位质量流体的内能，对于质量 $m=1$ kg 流体，由 1-1′ 截面带入的内能为 mU。

（2）位能 gz。位能是流体在重力作用下，因高出某基准水平面而具有的能量。相当于将质量为 $m=1$ kg 的流体，由基准水平面提高到某一高度克服重力所得的功。位能是个相对值。

输入 1-1′ 截面流体的位能为 gz。

（3）静压能。静压能是将流体推进流动体系所需的功或能量。如图 1-17 所示，1-1′ 截面处的压强为 p_1，则作用于该截面上的总压力为 $p_1 A_1$。现有质量为 $m=1$ kg、体积为 V_1 的流体，要流过 1-1′ 截面进入体系，必须对其做一定量的功，以克服该截面处的总压力 $p_1 A_1$。换言之，通过 1-1′ 截面的流体必定携带与所需功相当的能量进入系统，则把这部分能量称为静压能。因为静压能是在流动过程中表现出来的。所以也可称做流动功。

在 $p_1 A_1$ 总压力的作用下，$m=1$ kg 流体流经的距离为 $L=V_1/A_1$，则 $m=1$ kg 流体的静压能为 p/ρ。

（4）动能。流体因运动而具有的能量称为动能，它等于将流体由静止状态加速到速度为 u 时所需的功，所以单位质量流体在 1-1′ 截面的动能为 $\dfrac{u_1^2}{2}$。

以上四种能量的总和为 $m=1$ kg 流体输入 1-1′ 截面的总能量，即

$$gz_1 + \frac{u_1^2}{2} + \frac{p_1}{\rho} + U_1$$

同理，$m=1$ kg 流体离开系统 2-2′ 截面的总能量为

$$gz_2 + \frac{u_2^2}{2} + \frac{p_2}{\rho} + U_2$$

若系统中有泵或风机等输送机械的外加功输入，其单位质量流体所获得的能量用 W_e 表示，单位为 J/kg；并规定系统接受外加功为正，反之为负。设换热器与系统内单位质量流体交换的热量用 Q(J/kg) 表示，并规定系统吸热为正，反之为负，则根据能量守恒定律，连续定态流动系统的能量衡算式为

$$gz_1 + \frac{u_1^2}{2} + \frac{p_1}{\rho} + U_1 + W_e = gz_2 + \frac{u_2^2}{2} + \frac{p_2}{\rho} + U_2 + Q \tag{1-20}$$

1.4.4.2 伯努利方程式推导

能量形式可分成机械能和非机械能两类。机械能包括动能、位能与静压能，在流动过程中可以相互转化，既可用于流体输送，也可转变成热和内能；而非机械能包括内能和热能，不能直接转变成机械能用于流体的输送。为了工程应用的方便，一般需将总能量衡算式转变为机械能衡算式。

根据热力学第一定律，流体内能的变化仅涉及流体获得的热量与流体在该过程的有用功，即

$$\Delta U = Q'_e - \int_{v_1}^{v_2} p \mathrm{d}v$$

其中，Q'_e 为单位质量流体在 1 截面与 2 截面之间流动所获得的热。它由两部分组成，一部分是流体与环境交换的热量；另一部分为流体由于克服摩擦阻力而消耗的一部分机械能，这部分机械能转化为热量，常称为能量损失，用 $\sum h_f$ 表示，单位为 J/kg。所以

$$Q'_e = Q_e + \sum h_f$$

代入式（1-20），经整理得

$$gz_1 + \frac{u_1^2}{2} + \frac{p_1}{\rho} + W_e = gz_2 + \frac{u_2^2}{2} + \frac{p_2}{\rho} + \sum h_f \tag{1-21}$$

若等式两边均除以 g，则表示单位重量流体为基准的能量衡算式（流体流动的机械能衡算式）——伯努利方程式为

$$z_1 + \frac{u_1^2}{2g} + \frac{p_1}{\rho g} + H_e = z_2 + \frac{u_2^2}{2g} + \frac{p_2}{\rho g} + H_f \tag{1-22}$$

式中　z——位压头，单位为 m 流体柱；

$u^2/2g$——动压头，单位为 m 流体柱；

$p/\rho g$——静压能以压头形式表示，称为静压头，单位为 m 流体柱；

H_e——外加功以压头形式表示，称为有效压头，单位为 m 流体柱；

H_f——压头损失，单位为 m 流体柱。摩擦阻力损失 H_f 是流体流动过程的能量消耗，一旦损失能量不可挽回，其值永远为正值。

1.4.5　伯努利方程的讨论

（1）对于理想流体（黏度为零的流体），又无外加功的情况下，伯努利方程可写成

$$gz_1 + \frac{u_1^2}{2} + \frac{p_1}{\rho} = gz_2 + \frac{u_2^2}{2} + \frac{p_2}{\rho} \tag{1-23}$$

意味着理想流体流动过程中，任一截面的总机械能保持不变，而每项机械能不一定相等，能量的形式可相互转化。

（2）伯努利方程应用条件。对于气体流动过程，若 $\dfrac{p_1 - p_2}{p_1} < 20\%$ 时，也可用式（1-21）进行计算，此时式中的密度 ρ 须用气体平均密度 ρ_m 代替。

（3）静止流体，速度 u 为零时，则摩擦损失不存在。此时体系无须外功加入，则伯努利方程演变为流体静力学方程。流体静力学方程，因而可视为伯努利方程的一种特例。

（4）输送单位质量流体所需外加功，是选择输送设备的重要依据。若输送流体的质量流量为 $m_s = 1(kg/s)$，则输送流体所需供给的功率（即输送设备有效功率）为

$$N_e = W_e w_s \qquad (1-24)$$

1.4.6 伯努利方程的应用

伯努利方程在工程上应用比较广泛，如可确定容器间的相对位置、确定管路中流体的压强、确定系统中流体的流量以及外界设备的有效功率等。

【例 1-8】 如图 1-18 所示，用泵将水从贮槽送至敞口高位槽，两槽液面均恒定不变。输送管路尺寸为 $\phi 83 \times 3.5mm$，泵的进出口管道上分别安装有真空表和压力表，真空表安装位置离贮槽的水面高度 $H_1 = 4.8m$，压力表安装位置离贮槽的水面高度 $H_2 = 5m$。当输水量为 $36m^3/h$ 时，进水管道全部阻力损失为 $1.96J/kg$，出水管道全部阻力损失为 $4.9J/kg$，压力表读数为 $2.452 \times 10^5 Pa$，泵的效率为 70%，水的密度 ρ 为 $1000kg/m^3$。试求：

（1）两槽液面的高度差 H 为多少？

（2）泵所需的实际功率为多少 kW？

（3）真空表的读数为多少 Pa？

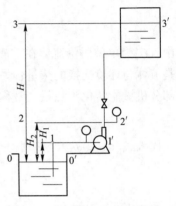

图 1-18 例 1-8 图

【解】（1）两槽液面的高度差 H。在压力表所在截面 2-2′与高位槽液面 3-3′间列伯努利方程，以贮槽液面为基准水平面，得

$$gH_2 + \frac{u_2^2}{2} + \frac{p_2}{\rho} = gH + \frac{u_3^2}{2} + \frac{p_3}{\rho} + \sum h_{f,2-3}$$

其中，　　　　　　　　$\sum h_{f,2-3} = 4.9J/kg$，　$u_3 = 0$，　$p_3 = 0$，

$$p_2 = 2.452 \times 10^5 Pa, \quad H_2 = 5m, \quad u_2 = V_s/A = 2.205m/s$$

代入上式得：　$H = 5 + \dfrac{2.205^2}{2 \times 9.81} + \dfrac{2.452 \times 10^5}{1000 \times 9.81} - \dfrac{4.9}{9.81} = 29.74m$

（2）泵所需的实际功率。在贮槽液面 0-0′与高位槽液面 3-3′间列伯努利方程，以贮槽液面为基准水平面，有

$$gH_0 + \frac{u_0^2}{2} + \frac{p_0}{\rho} + W_e = gH + \frac{u_3^2}{2} + \frac{p_3}{\rho} + \sum h_{f,0-3}$$

其中，$\sum h_{f,0-3} = 6.864.9J/kg$，　$u_0 = u_3 = 0$，　$p_0 = p_3 = 0$，　$H_0 = 0$，　$H = 29.4m$

代入方程求得：　$W_e = 298.64J/kg$，　$W_s = V_s \rho = \dfrac{36}{3600} \times 1000 = 10kg/s$

故　　　　　　$N_e = W_s \times W_e = 2986.4W$，　$\eta = 70\%$，　$N = \dfrac{N_e}{\eta} = 4.27kW$

（3）真空表的读数。在贮槽液面 0-0′与真空表截面 1-1′间列伯努利方程，有

$$gz_0 + \frac{u_0^2}{2} + \frac{p_0}{\rho} = gz_1 + \frac{u_1^2}{2} + \frac{p_1}{\rho} + \sum h_{f,0-1}$$

其中，$\sum h_{f,0-1} = 1.96J/kg$，　$H_0 = 0$，　$u_0 = 0$，　$p_0 = 0$，　$H_1 = 4.8m$，　$u_1 = 2.205m/s$

代入上式，得 $\quad p_1 = -1000\left(9.81 \times 4.8 + \dfrac{2.205^2}{2} + 1.96\right) = -5.15 \times 10^4 \text{Pa}$

$$= -0.525 \text{kgf/cm}^2$$

【例 1-9】 如本题附图图 1-19 所示，高位槽内的水位高于地面 7m，水从 ϕ108mm×4mm 的管道中流出，管路出口高于地面 1.5m。已知水流经系统的能量损失可按 $\sum h_f = 5.5u^2$ 计算，其中 u 为水在管内的平均流速（m/s）。设流动为稳态，试计算：（1）A-A' 截面处水的平均流速；（2）水的流量（m^3/h）。

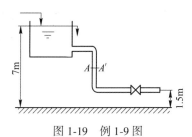

图 1-19 例 1-9 图

【解】（1）A-A' 截面处水的平均流速。在高位槽水面与管路出口截面之间列机械能衡算方程，得

$$gz_1 + \frac{1}{2}u_{A1}^2 + \frac{p_1}{\rho} = gz_2 + \frac{1}{2}u_{A2}^2 + \frac{p_2}{\rho} + \sum h_f \qquad \text{(a)}$$

式中 $\quad z_1 = 7\text{m}$，$u_{A1} \sim 0$，$p_1 = 0$（表压）

$z_2 = 1.5\text{m}$，$p_2 - 0$（表压），$u_{A2} = 5.5\,u^2$

代入式（a），得

$$9.81 \times 7 = 9.81 \times 1.5 + \frac{1}{2}u_{A2}^2 + 5.5u_{A2}^2$$

$$u_b = 3.0\text{m/s}$$

（2）水的流量（以 m^3/h 计）

$$V_s = u_{A2}A = 3.0 \times \frac{3.14}{4} \times (0.018 - 2 \times 0.004)^2 = 0.02355\text{m}^3/\text{s} = 84.78\text{m}^3/\text{h}$$

伯努利方程式应用解题要点：

（1）作图确定衡算范围。根据题意画出流体系统的流动示意图，标出流体上下游，明确能量衡算范围。

（2）选截面。选截面时，应考虑流体在衡算范围内必须是连续的，所选截面要与流体方向垂直，同时要便于有关物理量的求取。

（3）确定基准水平面。基准水平面可以任意选定，但必须与地面平行。为了计算方便，通常选取基准水平面通过两个截面中相对位置较低的一个。如果该截面与地面平行，则基准水平面与该截面重合。对于水平管道，尤其应使基准水平面与管道的中心线重合。

（4）单位必须一致。方程中各项的单位应是同一单位制，尤其应注意流体的压力，方程两边都用绝对压力或都用表压。

（5）衡算范围内所含的外加功及阻力损失不能遗漏。

1.5　流体流动阻力计算

流体在管路中流动时的阻力损失，可分为直管阻力和局部阻力两种。

1.5.1　直管阻力计算

直管阻力是流体流经一定管径的直管时，由于流体内摩擦力的作用而产生的阻力，通常也称为沿程阻力。

如图 1-20 所示，流体在直管内以一定的速度流动时，同时受到静压力的推动和摩擦阻力的阻碍，当两个力达到力平衡时，流体的流动速度才能维持不变，即达到稳态流动。对于不可压缩流体，可在 1-1′ 和 2-2′ 截面间列伯努利方程：

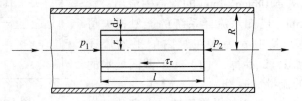

图 1-20　流体受力分析

$$gz_1 + \frac{u_1^2}{2} + \frac{p_1}{\rho} = gz_2 + \frac{u_2^2}{2} + \frac{p_2}{\rho} + \sum h_f$$

因系水平等径管道，所以 $z_1 = z_2$，$u_1 = u_2$，则 $\sum h_f = p_1 - p_2$。

因此，通过实验测定流体流过 l 管长后的压降 Δp 得出直管阻力 $\sum h_f$。利用流体在圆管中流动时力的平衡原理，可推导出直管阻力的一般计算式。现分析流体在管径为 d、管长为 l 的水平管内的受力情况：

$$推动力 = (p_1 - p_2)\frac{\pi d^2}{4}$$

平行作用于流体柱的摩擦力为 $\tau \pi d l$，根据牛顿第二定理，流体做匀速运动时，所受外力合力为 0，则有

$$(p_1 - p_2)\frac{\pi d^2}{4} = \tau \pi d l$$

整理得
$$\sum h_f = \frac{4l}{\rho d}\tau$$

将阻力改写为动能的函数，则上式变为

$$\sum h_f = \frac{4l}{\rho d}\tau = \frac{(2 \times 4)\tau}{\rho u^2}\frac{l}{d}\frac{u^2}{2}$$

令 $\lambda = \dfrac{8\tau}{\rho u^2}$，称为摩擦系数，则有

$$\sum h_f = \lambda \frac{l}{d}\frac{u^2}{2} \tag{1-25}$$

式（1-25）称为直管阻力计算通式，也称范宁（FanninB）公式。式中 λ 称为摩擦系数，无量纲，它与 Re 及管壁粗糙度 ε 有关，可通过实验测定，也可由相应的关联式计算得到。

1.5.2　摩擦系数的确定

1.5.2.1　层流时摩擦系数的计算

仍对图 1-20 进行受力分析，流体做稳态流动时，推动力与摩擦阻力大小相等，方向相反。作用在流体柱上的推动力为

$$(p_1 - p_2)\pi r^2 = \Delta p_f \pi r^2$$

层流时内摩擦阻力符合牛顿黏性定理

$$\tau = -\mu \frac{\mathrm{d}u}{\mathrm{d}r}$$

则流体柱受到的阻力为

$$\tau \pi dl = -\mu \frac{\mathrm{d}u}{\mathrm{d}r} \pi dl$$

故可得 $\Delta p_f \pi r^2 = -\mu \frac{\mathrm{d}u}{\mathrm{d}r} \pi dl$ 或 $\mathrm{d}u = \frac{\Delta p_f}{2\mu l} r \mathrm{d}r$

积分上式，边界条件为：当 $r = R$ 时，$u = 0$；当 $r = r$ 时，$u = u_r$。

则得 $\int_0^{u_r} \mathrm{d}u = \frac{\Delta p_f}{2\mu l} \int_R^r r \mathrm{d}r$，整理可得

$$u_r = \frac{\Delta p_f}{4\mu l}(R^2 - r^2) \tag{1-26}$$

此式反映了流体在管道做层流时的速度分布曲线，u_r 与 r 的关系为抛物线方程。

当 $r = 0$ 时，则中心处流速最大，$u_{max} = \frac{\Delta p_f}{4\mu l} R^2$

平均流速

$$u = \frac{V}{A} = \frac{V}{\pi R^2} = \frac{1}{\pi R^2} \int_0^R u_r \cdot 2\pi r \mathrm{d}r = \frac{1}{\pi R^2} \int_0^R \frac{\Delta p_f}{4\mu l}(R^2 - r^2) \cdot 2\pi r \mathrm{d}r = \frac{\Delta p_f}{8\mu l} R^2$$

因此可得 $u_{max} = 2u$。

又因为 $d = 2R$，则有

$$\Delta p_f = \frac{32\mu l u}{d^2} \tag{1-27}$$

式（1-27）即为流体做层流时的直管阻力计算式，称为哈根 – 泊谡叶（Hagon-Poiseuille）公式。与范宁公式（1-25）比较，可知

$$\lambda = \frac{64 d^2}{\mu l u} = \frac{64}{Re} \tag{1-28}$$

式（1-28）为流体做层流流动时 λ 与 Re 的关系，绘制在对数坐标上为一直线。

1.5.2.2 湍流时摩擦系数的计算

由于湍流时流体质点做不规则的运动，内摩擦阻力比湍流大得多，因而湍流的摩擦系数无法从理论上导出。目前采用的方法是通过量纲分析和实验确定计算 λ 的关联式。所谓量纲分析法，是指当所研究的过程涉及变量较多，且用理论依据或数学模型求解很困难时，要用实验方法进行经验关联。利用量纲分析的方法，可将几个变量组合成一个无量纲数群，用无量纲数群代替个别变量做实验，这样因无量纲数群数量必小于变量数，所以实验得到简化，准确性得到提高。

量纲分析法的理论基础是量纲一致性原则和 π 定理，其中，量纲一致性原则表明：凡是根据基本物理规律导出的物理方程，其中各项的量纲必然相同；π 定理指出：任何物理量方程都可转化为无量纲的形式，以无量纲数群的关系式代替原物理量方程，且无量纲数群的个数等于原方程中的变量总数减去所有变量涉及的基本量纲个数。

A　量纲分析的基本步骤

（1）找出影响湍流直管阻力的影响因数

$$\Delta p_\mathrm{f} = f(\rho,\mu,u,d,l,\varepsilon)$$

式中，ε 为粗糙度，指固体表面凹凸不平的平均高度，m。

（2）写出各变量的量纲

$$[p] = \mathrm{MT^{-2}L^{-1}} \quad [\rho] = \mathrm{ML^{-3}} \quad [u] = \mathrm{LT^{-1}}$$

$$[d] = \mathrm{L} \quad [l] = \mathrm{L} \quad [\varepsilon] = \mathrm{L} \quad [\mu] = \mathrm{MT^{-1}L^{-1}}$$

所有变量涉及的基本量纲是 3 个，即 M，T，L。

（3）选择核心物理量。1）选择核心物理量的依据是核心物理量不能是待定的物理量；2）核心物理量要涉及全部的基本量纲，且不能形成无量纲数群。

本例选择 d、u、Δp_f 为核心物理量，符合要求。

（4）将非核心物理量分别与核心物理量组合成无量纲特征数 $\boldsymbol{\pi}$。

本例中非核心物理量是 ρ、μ、l、ε 分别与核心物理量 d、u、Δp_f 组合的。过程工业中的管道可分为光滑管与粗糙管，通常把玻璃管、铝管、铜管、塑料管等称为光滑管，把钢管和铸铁管等称为粗糙管。各种管材在经过一段时间使用后，其粗糙程度都会产生很大差异。管壁粗糙面凸出部分的平均高度，称为管壁绝对粗糙度，以 ε 表示。绝对粗糙度 ε 与管径 d 之比 ε/d 称为管壁相对粗糙度。

B　摩擦因子图

在工程计算中，将 λ、Re、ε 之间的相互关系绘于双对数坐标内，标绘 Re 与 λ 的关系，如图 1-21 所示。图中有下述四个不同区域。

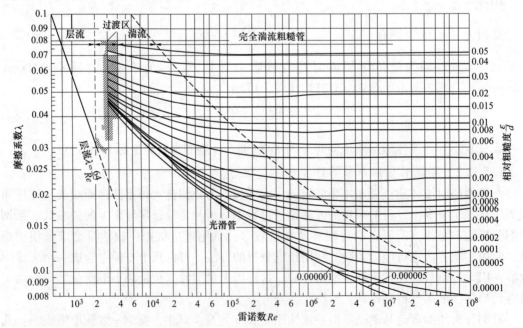

图 1-21　摩擦系数 λ 与雷诺数 Re 及相对粗糙度 ε/d 的关系

由于湍流与层流具有不同质点运动方式，所以 λ 应分别进行讨论，此外，λ 也与管道的粗糙度有关，管壁粗糙度分为绝对粗糙度与相对粗糙度，绝对粗糙度是指壁面凸出部分的平均高度，以 ε 表示；相对粗糙度是指绝对粗糙度与管径的比值，以 ε/d 表示。

（1）层流区，$Re \leqslant 2000$。

当流体流型为层流时，管壁上凸出粗糙峰被平稳滑动的流体层覆盖，此时流体在其上流过与光滑管壁上无区别，因此 λ 只与 Re 有关，且成直线关系。

（2）过渡区，$Re = 2000 \sim 4000$，将湍流曲线延长查 λ。

（3）湍流区，$Re \geqslant 4000$ 及虚线以下区域，分两种情况，如图1-22所示：

1）$\delta_L > \varepsilon$ 时，与层流相似，λ 只与 Re 有关，称水力光滑管。

2）$\delta_L < \varepsilon$ 时，λ 只与 ε/d 有关，为完全湍流粗糙管。λ 与 ε/d 和 Re 均有关，Re 一定时，$\varepsilon/d \uparrow$，$\lambda \uparrow$；ε/d 一定时，$Re \uparrow$，$\lambda \downarrow$。

最下面一条曲线为流过"水力光滑管"时的曲线。

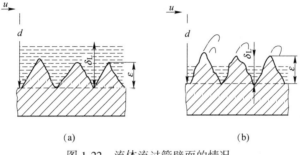

图1-22　流体流过管壁面的情况

（4）完全湍流区，虚线以上区域，λ 仅与 ε/d 有关，摩擦阻力与 u^2 成正比（阻力平方区）。

1.5.3 非圆形管内的摩擦损失

上面讨论的是流体在圆管内流动时的阻力计算，如果流体通过的管道截面是非圆形（例如套管环隙、列管的壳程、长方形气体通道等），可采用当量直径 d_e 代替 d 计算阻力损失

$$d_e = 4 \times \frac{流通截面积}{润湿周边} = 4 \times \frac{A}{\Pi} \tag{1-29}$$

必须指出：当量直径的计算方法完全是经验性的，无理论根据，只能用来计算非圆管的当量直径，不能用来计算非圆管的管道截面积及流速，且式（1-28）中的流速指流体的真实流速。

对于层流流动，除管径用当量直径取代外，摩擦系数应采用下式予以修正：

$$\lambda = \frac{C}{Re} \tag{1-30}$$

式中，C 值根据管道截面的形状而定，其值列于表1-1中。

表1-1　某些非圆形管的常数 C 值

非圆形管道的形状	正方形	等边三角形	环形	长方形	
				长：宽 = 2：1	长：宽 = 4：1
常数 C	57	53	96	62	73

1.5.4 局部阻力计算

局部阻力又称形体阻力，是指流体通过管路中的三通、弯头、大小头等处，由于流体流动方向或流速发生突然变化，产生大量漩涡，而导致的形体阻力。由于在局部障碍处加剧了流体质点间的内摩擦，因此，局部障碍造成的流体阻力比等长的直管阻力大得多。

局部阻力损失计算一般采用两种方法：阻力系数法和当量长度法。

1.5.4.1 阻力系数法

阻力系数法近似认为局部阻力损失是平均动能的倍数，即

$$\Delta p'_{\mathrm{f}} = \xi \frac{u^2}{2} \tag{1-31}$$

式中，ξ 为局部阻力系数，其值由实验测定。

对于图 1-23 中管截面突然扩大和突然缩小的情形，其 ξ 值可分别用下列式计算：

$$\xi = \left(1 - \frac{A_1}{A_2}\right)^2 \tag{1-32}$$

$$\xi = 0.5\left(1 - \frac{A_2}{A_1}\right) \tag{1-33}$$

式中，A_1 与 A_2 分别为小管与大管的流通截面积。

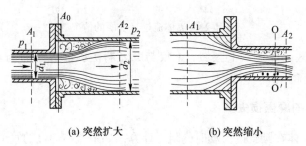

(a) 突然扩大   (b) 突然缩小

图 1-23 突然扩大与突然缩小

当流体从管道流入截面较大的容器，或气体从管道排放到大气中时，$\xi = 1$；当流体自容器进入管的入口时，$\xi = 0.5$。必须注意，对于扩大和缩小，以上两式中的 u 均采用小管内流体流速。

1.5.4.2 当量长度法

近似将局部阻力损失看做与某个长度 l_{e} 的同径管道的阻力损失相当，即

$$\Delta p'_{\mathrm{f}} = \lambda \frac{l_{\mathrm{e}}}{d} \frac{u^2}{2} \tag{1-34}$$

或

$$H'_{\mathrm{f}} = \lambda \frac{l_{\mathrm{e}}}{d} \frac{u^2}{2g} \tag{1-34a}$$

式中，l_{e} 为管件及阀件的当量长度，由实验测得。

为了使用方便，l_{e} 的实验结果常用 l_{e}/d 来表示。

显然，以上两种方法所得结果不会完全一致，它们都是近似的估算方法。实际应用时，车间内管路往往以局部阻力为主，长距离输送则以直管阻力损失为主。

1.5.5 流体在管内流动的总阻力损失计算

管路系统的总阻力损失是管路上全部直管阻力损失和局部阻力损失之和。当流体流经直径不变的管路时，总阻力损失的计算式为

$$\sum \Delta p_f = \Delta p_f + \Delta p_f' = \lambda \frac{l + \sum l_e}{d} \frac{\rho u^2}{2} \tag{1-35}$$

式中　$\sum l_e$——管路中管件阀门的当量长度之和，m。

【例 1-10】　如图 1-24 所示，料液有敞口高位槽流入精馏塔中。塔内进料处的压力为 30kPa（表压），输送管路为 ϕ45mm×2.5mm 的无缝钢管，直管长为 10m。管路中装有 180° 回弯头一个，90° 标准弯头一个，标准截止阀（全开）一个。若维持进料量为 5m³/h，问高位槽中的液面至少高出进料口多少米（已知：操作条件下料液的物性 $\rho = 890kg/m^3$，$\mu = 1.3 \times 10^{-3} Pa \cdot s$）？

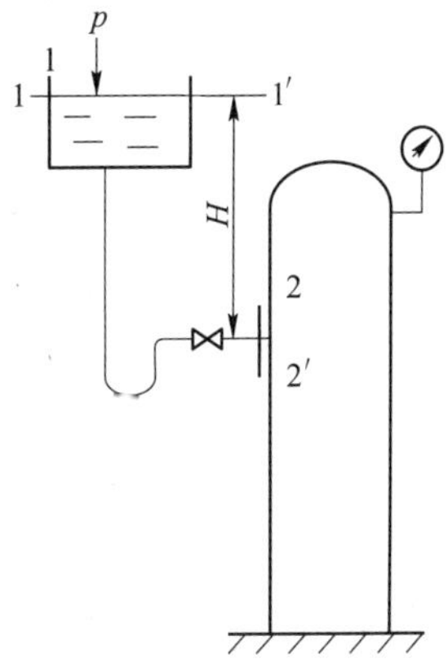

【解】　如图取高位槽中液面为 1-1′ 面，管出口内侧为 2-2′ 截面，且以过 2-2′ 截面中心线的水平面为基准面。在 1-1′ 与 2-2′ 截面间列伯努利方程

图 1-24　例 1-10 图

$$z_1 g + \frac{1}{2}u_1^2 + \frac{p_1}{\rho} = z_2 g + \frac{1}{2}u_2^2 + \frac{p_2}{\rho} + \sum h_f$$

其中　$z_1 = H$，$u_1 \approx 0$，$p_1 = 0$(表压)

$z_2 = 0$，$p_2 = 30kPa$(表压)

$$u_2 = \frac{qV}{\frac{\pi}{4}d^2} = \frac{5/3600}{0.785 \times 0.04^2} = 1.1 m/s$$

管路总阻力 $\sum h_f = h_f + h_f' = \left(\lambda \frac{l}{d} + \sum \zeta\right)\frac{u^2}{2}$

$$Re = \frac{d\rho u}{\mu} = \frac{0.04 \times 890 \times 1.1}{1.3 \times 10^{-3}} = 3.01 \times 10^4$$

取管壁绝对粗糙度 $\varepsilon = 0.3mm$，则 $\frac{\varepsilon}{d} = \frac{0.3}{40} = 0.0075$。

从图 1-21 中查得摩擦系数 $\lambda = 0.036$。由手册查出局部阻力系数 ζ 为：

进口突然缩小　$\zeta = 0.5$；90° 标准弯头　$\zeta = 0.75$；180° 回弯头　$\zeta = 1.5$；标准截止阀（全开）$\zeta = 6.0$。

由此求得　　$\sum \zeta = 0.5 + 1.5 + 0.75 + 6.0 = 8.75$

$$\sum h_f = \left(\lambda \frac{l}{d} + \sum \zeta\right)\frac{u^2}{2} = \left(0.036 \times \frac{10}{0.04} + 8.75\right) \times \frac{1.1^2}{2} = 10.74 J/kg$$

所求位差

$$H = \left(\frac{p_2}{\rho} + \frac{u_2^2}{2} + \sum h_f\right)/g = \left(\frac{30 \times 10^3}{890} + \frac{1.1^2}{2} + 10.74\right)/9.81 = 4.59m$$

本题也可将截面2-2′取在管出口外侧，此时流体流入塔内，2-2′截面速度为零，无动能项，但应计入出口突然扩大阻力。又因为 $\zeta_{\text{出口}} = 1$，所以两种方法的计算结果相同。

1.6 管 路 计 算

管路计算的目的是确定流量、管径和能量之间的关系。管路计算的基本关系式是连续性方程、伯努利方程（包括静力学方程）及能量损失计算式。

化工生产中管路按其布设方式可分为简单管路和复杂管路。下面分别加以介绍。

1.6.1 简单管路

简单管路是由等径或异径管段串联而成的管路系统，即没有分支和汇合。

1.6.1.1 简单管路的特点

流体通过各串联管段的质量流量不变，若对不可压缩流体，则体积流量也不变：

$$V_{s1} = V_{s2} = V_{s3} = \cdots$$

整个管道总阻力损失等于各管段损失之和：

$$\sum h_{f} = \sum h_{f1} + \sum h_{f2} + \cdots$$

1.6.1.2 简单管路的计算

简单管路所需解决的问题主要有以下两种：

（1）已知管长 l（包括管件的当量长度）、管径 d、管壁的绝对粗糙度 ε 及流量 V_s，求阻力损失 $\sum h_{f}$。

解决此类问题需要用到的计算式为

$$gz_1 + \frac{p_1}{\rho} + \frac{u_1^2}{2} + W_e = gz_2 + \frac{p_2}{\rho} + \frac{u_2^2}{2} + \sum h_{f}$$

$$u = \frac{V_s}{\frac{\pi}{4}d^2}, \lambda = \varphi\left(\frac{du\rho}{\mu}, \frac{\varepsilon}{d}\right)$$

$$\sum h_{f} = \left(\lambda \frac{l + \sum l_e}{d} + \sum \xi\right) \cdot \frac{u^2}{2}$$

（2）已知阻力损失 $\sum h_{f}$、管长 l（包括管件的当量长度）、管壁的绝对粗糙度 ε，管径 d 求流速 u 或流量 V_s。

此类计算需要用试差法，先估计一个 λ，$\sum h_{f} = \lambda \cdot \dfrac{l}{d} \cdot \dfrac{u^2}{2}$ 求出流速 u，再计算 Re，从图1-21查出 λ。如果所查出 λ 与假设 λ 不相等，将所求出的 λ 作为下次的假设值重新计算，直至两者相等为止。

1.6.2 复杂管路的计算

复杂管路指有分支的管路，包括并联管路与分支管路。

1.6.2.1　并联管路

并联管路如图 1-25 所示，它是在主管某处分为几支，然后又汇合成一主管路。

并联管路的特点为：

（1）主管总流量等于各支管流量之和，即

$$V_s = V_{s1} + V_{s2} + V_{s3} \tag{1-36}$$

（2）流体通过各支管的阻力损失相等，即

$$\sum h_{f_1} = \sum h_{f_2} = \sum h_{f_3} = \sum h_{f,AB} \tag{1-37}$$

各支管中流量分配按阻力损失相等计算，得

$$q_{V1} : q_{V2} : q_{V3} = \sqrt{\dfrac{d_1^5}{\lambda_1 (l + \sum l_e)_1}} : \sqrt{\dfrac{d_2^5}{\lambda_2 (l + \sum l_e)_2}} : \sqrt{\dfrac{d_3^5}{\lambda_3 (l + \sum l_e)_3}} \tag{1-38}$$

由式（1-37）可知，在并联管路中，各支管的流量之比与其直径、长度（包括当量长度）有关。当改变某支管的阻力时，必将引起其他支管流量的改变。

1.6.2.2　分支管路

如图 1-26 所示，它是在主管处分为几支，但最终不汇合。

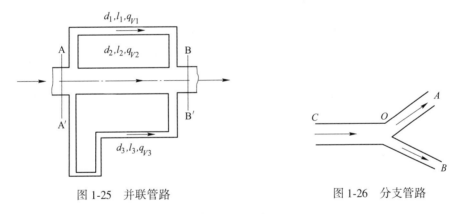

图 1-25　并联管路　　　　　　　　　图 1-26　分支管路

分支管路的特点为：

（1）分支管路主管总流量等于各支管流量之和，即

$$V_0 = V_A + V_B \tag{1-39}$$

（2）虽然分支管路各支管的流量不等，但在分支处的总机械能为一定值，表明流体在各支管流动终了时的总机械能与能量损失之和必相等：

$$\dfrac{p_A}{\rho} + z_A g + \dfrac{1}{2} u_A^2 + \sum h_{f,OA} = \dfrac{p_B}{\rho} + z_B g + \dfrac{1}{2} u_B^2 + \sum h_{f,OB} \tag{1-40}$$

1.7　流速与流量的测定

在化工生产过程中，常常需要对各种流体操作参数进行测量和控制，其中流速和流量是重要的参数。测量流速与流量的方法有很多，这里仅介绍以流体机械能守恒原理为基础、利用动能和静压能的转化关系来实现测量的装置。

1.7.1　测速管

1.7.1.1　测速管结构与测速原理

测速管又称皮托管，构造如图 1-27 所示。它是由两根弯成直角的同心套管所组成，外管的管口是封闭的，内管壁无孔。外管前端封闭，近端侧壁四周开有若干测压小孔。测量时，测速管可以放在管截面的任一位置上，并使其管口正对着管道中流体的流动方向，内外管的另一端分别与 U 形管压差计的接口相接。

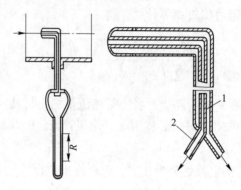

图 1-27　测速管

当流体以流速 u 流向测速管时，因管内已充满被测流体，流体的动能全部转化为静压能，在内管端口处速度降为 0，

故测速管内管测得的为管口位置的冲压能（动能与静压能之和），即

$$h_A = \frac{u_r^2}{2} + \frac{p}{\rho}$$

外管侧壁上测压小孔测得的为管口位置的静压能

$$h_B = \frac{p}{\rho}$$

如果 U 形管压差计内的指示液与工作流体的密度分别为 ρ_0 与 ρ，U 形管压差计内的指示液读数为 R，则根据静力学方程可推得

$$u_r = \sqrt{2(h_A - h_B)} = \sqrt{\frac{2gR(\rho_A - \rho)}{\rho}} \tag{1-41}$$

考虑到测速管尺寸和制造精度等原因，上式应适当修正为

$$u_r = C_0 \sqrt{\frac{2gR(\rho_A - \rho)}{\rho}} \tag{1-42}$$

式中，C_0 为流量系数，其值为 0.98~1.0，常取做 1。

若被测流体为气体，$\rho_0 \gg \rho$，式（1-41）可简化为

$$u_s = C_0 \sqrt{\frac{2gR\rho_A}{\rho}} \tag{1-43}$$

测速管所测得的是流体在管道截面上某一点的速度。因此，利用测速管可以测得管截

面上的速度分布。若要想得到管截面上的平均流速，可通过测出管中心处最大流速 u_{max}，由 Re_{max} 借助图 1-28 确定管内的平均流速 u，由此再求算流体流量。

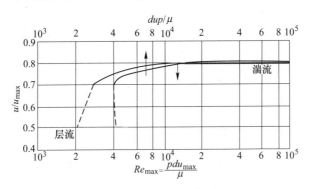

图 1-28　u/u_{max} 与 Re 的关系

1.7.1.2　测速管的安装与优缺点

测速管测得的是点流速，因此测速管的加工尺寸要很小，一般测速管直径小于管道直径的 1/50。

测速管要在管道内垂直流体流速方向安装，且安装点必须位于流体边界层充分发展的流段。一般测量点的上下游各有 $50d$ 以上长度的直管作为稳定段。

测速管的优点是：流动阻力小，可测速度分布，适用于大管道中气速测量；缺点是：不能直接测平均流速，需配微差压差计，且被测流体应不含固体颗粒。

【**例 1-11**】　50℃的空气流经直径为 300mm 的管道，管中心放置皮托管以测量其流量。已知压差计的读数 R 为 15mm（指示液为水），测量点表压为 4kPa。试求管道中空气的质量流量（kg/s）。

【**解**】　管道中空气的密度

$$\rho = \frac{29}{22.4} \times \frac{273}{273 + 50} \times \frac{101.3 + 4}{101.3} = 1.137(\text{kg/m}^3)$$

$$\rho_0 = 1000\text{kg/m}^3 \qquad R = 15\text{mm} = 0.015\text{m}$$

$$u_{max} = \sqrt{\frac{2gR(\rho_0 - \rho)}{\rho}} = \sqrt{\frac{2 \times 9.81 \times 0.015 \times (1000 - 1.137)}{1.137}} = 16.1(\text{m/s})$$

查得空气黏度为 $\mu = 1.96 \times 10^{-5}\text{Pa·s}$

$$Re_{max} = \frac{du_{max}\rho}{\mu} = \frac{0.3 \times 16.1 \times 1.137}{1.96 \times 10^{-5}} = 2.80 \times 10^5$$

查图 1-28 可得　　　　　　　　　　　$\dfrac{u}{u_{max}} = 0.82$

故　　　　　　　　　　　　　　$u = 0.82 \times 16.1 = 13.2(\text{m/s})$

管道中的质量流量　　$V_m = \dfrac{\pi}{4}d^2 u\rho = 0.785 \times 0.3^2 \times 13.2 \times 1.137 = 1.06(\text{kg/s})$

1.7.2　孔板流量计

1.7.2.1　孔板流量计的结构与测量原理

在管道内垂直于流体流速方向上插入一片中央开有小孔的金属板,孔的中心位于管道中心线上,孔板常用法兰固定于管道中,如图 1-29 所示。这样构成的装置称为孔板流量计。

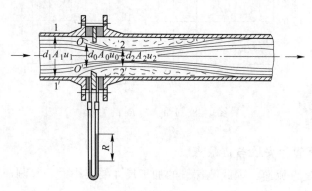

图 1-29　孔板流量计

当流体流过小孔时,由于流道发生突然收缩,流过小孔后,由于惯性作用,并不立即扩大到与管截面相等,而是继续收缩一定距离时达到最小,称为缩脉。流体在缩脉处的流速最大,即动能最大,而相应的静压能最低。流动截面之后才逐渐扩大到整个管截面,流速也恢复到原有的流速。但由于在这个过程中产生大量的漩涡,消耗了大量的机械能,压力不能恢复到原有压力,而是比原有压力小。因此,当流体以一定的流量流经小孔时,就产生一定的压力差,流量愈大,所产生的压力差也就愈大。因此,可通过测量孔板前后的压差来计算流体流量。

假设管内流动的是不可压缩流体。由于缩脉位置及截面积难以确定(随流量而变),故在上游未收缩处的截面 1-1′ 与孔板处下游截面之间列伯努利方程式(暂略去能量损失):

$$gz_1 + \frac{p_1}{\rho} + \frac{u_1^2}{2} = gz_0 + \frac{p_0}{\rho} + \frac{u_0^2}{2}$$

对于水平管,$z_1 = z_0$,简化上式并整理后得

$$\frac{u_0^2}{2} - \frac{u_1^2}{2} = \frac{p_1 - p_0}{\rho}$$

流体流经孔板的能量损失不能忽略,故引进一校正系数 C 来校正因忽略能量损失所引起的误差,即

$$\sqrt{u_0^2 - u_1^2} = C\sqrt{\frac{2\Delta p}{\rho}} \tag{1-44}$$

工程上通常采用测取孔板前后的压强差代替 $(p_1 - p_0)$,再引进一校正系数 C_0,用来校正测压孔的位置,则

$$u_0 = C_0\sqrt{\frac{2gR(\rho_0 - \rho)}{\rho}},则\ V_s = C_0 A_0\sqrt{\frac{2gR(\rho_0 - \rho)}{\rho}} \tag{1-45}$$

式中，C_0 为流量系数或孔流系数。

式（1-45）就是用孔板前后压力的变化来计算孔板小孔流速 u_0 的公式。若以体积表示，则为

$$q_V = u_0 A_0 = C_0 A_0 \sqrt{\frac{2Rg(\rho_0 - \rho)}{\rho}} \qquad (1\text{-}46)$$

流量系数 C_0 与 Re、A_0/A_1 以及取压方法有关，C_0 与这些变量间的关系由实验测定。图 1-30 所示为角接取压法安装的孔板流量计 C_0 与 Re、A_0/A_1 的关系。由图 1-30 可见，对于一定的 A_0/A_1 值，当 Re 超过某一限度时，C_0 随 Re 的改变很小，可视为定值；而当 Re 一定时，A_0/A_1 减小，则 C_0 减小。在孔板流量计设计与使用中，应尽量使 C_0 落在定值区域内。设计合适的孔板流量计，其 C_0 值多为 $0.6 \sim 0.7$。

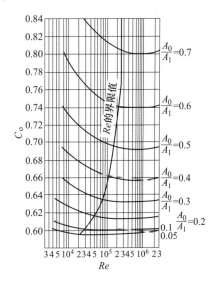

图 1-30 标准孔板流量计系数

1.7.2.2 孔板流量计的安装与特点

与测速管相同，孔板流量计要在管道内垂直流体流速方向安装，且安装点必须位于稳定段，一般测量点的上游至少要有 $10d_1$、下游要有 $5d$ 以上长度的直管作为稳定段。

孔板流量计的优点是，结构简单，造价低，制造安装方便；缺点是能量损失较大，并随 A_0/A_1 的减小而加大，而且孔口边缘容易腐蚀和磨损，所以流量计应定期进行校正。

【例 1-12】 20℃苯在 $\phi133\text{mm} \times 4\text{mm}$ 的钢管中流过，为测量苯的流量，在管路中安装一孔径为 75mm 的标准孔板流量计。当孔板前后 U 形管压差计的读数 R 为 80mmHg 时，试求管中苯的流量（m^3/h）。

【解】 查得 20℃苯的物性：$\rho = 880\text{kg/m}^3$，$\mu = 0.67 \times 10^{-3}\text{Pa} \cdot \text{s}$。

面积比 $\qquad \dfrac{A_0}{A_1} = \left(\dfrac{d_0}{d_1}\right)^2 = \left(\dfrac{75}{125}\right)^2 = 0.36$

设 $Re > Re_c$，由图 1-30 查得 $C_0 = 0.648$，$Re_c = 1.0 \times 10^5$

则苯的体积流量 $\qquad q_V = C_0 A_0 \sqrt{\dfrac{2Rg(\rho_0 - \rho)}{\rho}}$

$$= 0.648 \times 0.785 \times 0.075^2 \times \sqrt{\frac{2 \times 0.08 \times 9.81 \times (13600 - 880)}{880}}$$

$$= 0.0136\text{m}^3/\text{s} = 48.96\text{m}^3/\text{h}$$

校核 Re：管内的流速 $\qquad u = \dfrac{q_V}{\dfrac{\pi}{4}d_1^2} = \dfrac{0.0136}{0.785 \times 0.125^2} = 1.11\text{m/s}$

管路的 Re：$Re = \dfrac{d_1 \rho u}{\mu} = \dfrac{0.125 \times 880 \times 1.11}{0.67 \times 10^{-3}} = 1.82 \times 10^5 \ (> Re_c)$

故假设正确，以上计算有效。苯在管路中的流量为 48.96m³/h。

1.7.3　文丘里流量计

为了减少流体流经孔板时的能量损失，可以用一渐缩、渐扩管代替孔板，一般收缩角为 15°~20°，扩大角为 5°~7°。这样构成的流量计称为文丘里流量计，如图 1-31 所示。

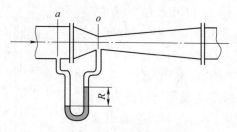

图 1-31　文丘里流量计

文丘里流量计的测量原理与孔板流量计相同。文丘里流量计上游的测压口（截面 a 处）距离管径开始收缩处的距离至少应为 1/2 管径，下游测压口 o 设在最小流通截面处（称为文氏喉）。由于有渐缩段和渐扩段，流体在其内的流速改变平缓，涡流较少，所以能量损失就比孔板大大减少。

文丘里流量计的流量计算式与孔板流量计相类似，即

$$q_V = C_V A_0 \sqrt{\frac{2Rg(\rho_0 - \rho)}{\rho}} \tag{1-47}$$

式中　C_V——流量系数，无因次，其值可由实验测定或从仪表手册中查得，一般取 0.98~1.00；

　　　A_0——喉颈处的截面积，m²。

文丘里流量计能量损失小，为其优点，但各部分尺寸要求严格，需要精细加工，所以造价也就比较高；同时，流量计安装时要占据一定的长度，前后也必须保持足够的稳定段。

1.7.4　转子流量计

转子流量计的构造是在一根截面积自下而上逐渐扩大的垂直锥形玻璃管内，装有一个能够旋转自如的由金属或其他材质制成的转子（或称浮子）。被测流体从玻璃管底部进入，从顶部流出。如图 1-32 所示。

当流体自下而上流过垂直的锥形管时，转子受到垂直向上的推动力和垂直向下的净重力的作用。垂直向上的推动力等于流体流经转子与锥管间的环隙截面所产生的压力差；垂直向下的净重力等于转子所受的重力减去流体对转子的浮力。

当流量加大使压力差大于转子的净重力时，转子就上升。当压力差与转子的净重力相等时，转子处于平衡状态，即停留在一定位置上。在玻璃管外表面上刻有读数，根据转子的停留位置，即可读出被测流体的流量。

设 V_f 为转子的体积，A_f 为转子最大部分的截面积，ρ_f 为转子材质的密度，ρ 为被测流

体的密度。当转子处于平衡状态时，转子承受的压力＝转子所受的重力-流体对转子的浮力，即

$$q_V = C_R A_r \sqrt{\frac{2(\rho_f - \rho)V_f g}{\rho A_f}} \qquad (1\text{-}48)$$

式中 A_r——转子与玻璃管的环隙截面积，m^2；

$\quad\quad C_R$——转子流量计的流量系数，与 Re 值及转子形状有关，由实验测定或从有关仪表手册中查得。当环隙间的 $Re>10^4$ 时，C_R 可取 0.98。

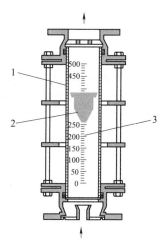

图 1-32 转子流量计
1—锥形管；2—转子；3—刻度

由上式可知，对某一转子流量计，如果在所测量的流量范围内，流量系数 C_R 为常数，则流量只随环形截面积 A_f 而变。由于玻璃管是上大下小的锥体，所以环形截面积的大小随转子所处的位置而变，因而可用转子所处位置的高低来反映流量的大小。

转子流量计的刻度与被测流体的密度有关。用于液体的转子流量计在出厂之前，一般是用 20℃清水进行标定；用于气体的转子流量计在出厂之前，是用 20℃、101.3kPa 空气作为标定介质。当应用于测量其他流体时，需要对原有的刻度加以校正。

对于液体的转子流量计，如果实际工作的液体与 20℃清水的温度相差不大，流量系数也可近似看做相等。根据式（1-48），在同一刻度下，两种液体的流量关系为

$$\frac{V_2}{V_1} = \sqrt{\frac{\rho_1(\rho_f - \rho_2)}{\rho_2(\rho_f - \rho_1)}} \qquad (1\text{-}49)$$

式中，ρ_1 表示出厂标定时所用的液体；ρ_2 表示实际工作时的液体。

同理，对用于气体的转子流量计，在同一刻度下，两种气体的流量关系为

$$\frac{q_{V2}}{q_{V1}} = \sqrt{\frac{\rho_1(\rho_f - \rho_2)}{\rho_2(\rho_f - \rho_1)}} \qquad (1\text{-}50)$$

式中，ρ_1 表示出厂标定时所用的气体；ρ_2 表示实际工作时的气体。

因转子材质的密度比任何气体的密度要大得多，故上式可简化为

$$\frac{q_{V2}}{q_{V1}} = \sqrt{\frac{\rho_1}{\rho_2}} \qquad (1\text{-}50a)$$

转子流量计读取流量方便，能量损失很小，测量范围也宽，对不同流体的适应性较强，能用于腐蚀性流体的测量，流量计前后不需要很长的稳定段；但因流量计管壁大多为玻璃制品，故不能经受高温和高压，在安装使用过程中也容易破碎，且要求安装时必须保持垂直。

这些流量测量装置可分为两类：一类是定截面、变压差的流量计，如流速计，皮托测速管、孔板流量计和文丘里流量计，均属于此类；另一类是变截面、定压力差式的流量计，转子流量计就属于此类。

1.8　流体输送设备

气体的输送和压缩，主要用鼓风机和压缩机实现。液体的输送，主要用离心泵、旋涡泵、往复泵实现。固体的输送，特别是粉粒状固体，可采用流态化的方法，使气-固两相形成液体状物流，然后输送，即气力输送。

A　流体输送机械分类

流体输送机械可按不同的方法分类。若按其工作原理不同，流体输送机械主要分为三大类：

（1）离心式，靠离心力作用于流体，达到输送物料的目的。有离心泵、多级离心泵、离心鼓风机、离心通风机、离心压缩机等。

（2）容积式，利用活塞或转子的挤压作用使流体升压排出。包括往复式、旋转式输送机械。

（3）流体动力作用式（如空气升液器等），既有离心力作用，又有机械推动作用的流体输送机械。有旋涡泵、轴流泵、轴流风机。例如喷射泵属于流体作用输送机械。

B　流体输送机械的基本要求

在化工生产和设计中，对流体输送机械的基本要求为：

（1）能适应被输送流体的特性，例如它们的黏性、腐蚀性及是否含有固体杂质等。

（2）能满足生产工艺上对能量（压头）和流量的要求。

（3）结构简单，操作可靠且高效，投资和操作费用低。

1.8.1　离心泵

离心泵在化工生产中应用最为广泛，这是因为离心泵具有以下优点：（1）结构简单，操作容易，便于调节和自控；（2）流量均匀，效率较高；（3）流量和压头的适用范围较广；（4）适用于输送腐蚀性或含有悬浮物的各种液体。

1.8.1.1　离心泵构造及原理

A　离心泵基本结构

离心泵的装置如图 1-33 所示，它的基本部件是旋转的叶轮 1 和固定的泵壳 2。具有若干弯曲叶片的叶轮安装在泵壳内并紧固于泵轴 3 上，泵轴可由电动机带动旋转。泵壳中央的吸入口与吸入管路相连接，在吸入管路 4 底部装有底阀 5。泵壳排出口与排出管路 6 相连接，其上装有调节阀。

（1）叶轮。叶轮一般有 6～12 片沿旋转方向后弯的叶片。常可分为以下 3 种（图1-34）：

1）开式，用于输送含有杂质的悬浮液；

2）半闭式，用于输送易沉淀或含固体颗粒的物料；

3）闭式，用于输送清液。

在效率值上，按开式、半闭式和闭式的顺序依次增高。后两种叶轮由于圆面加了盖板，易产生轴向推力，如图 1-35（a）中 1 所示。轴向推力使叶片与壳体接触，引起振动、

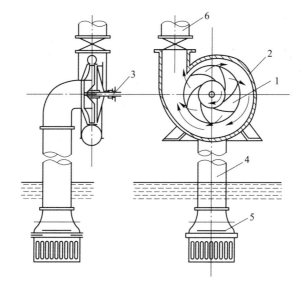

图 1-33　离心泵装置

1—叶轮；2—泵壳；3—泵轴；4 -吸入管路；5—底阀；6—排出管路

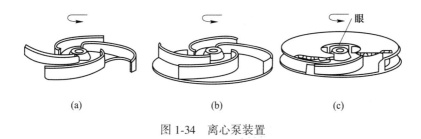

图 1-34　离心泵装置

磨损，增加电机负荷，消除方法是在盖板上钻平衡小孔，但效率会降低；或采用双吸式的叶轮，如图 1-35（b）所示。

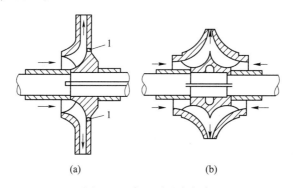

图 1-35　离心泵吸液方式

（2）泵壳。离心泵的泵壳通常为蜗牛形，称为蜗壳，如图 1-36 中 1 所示。由于液体在蜗壳中流动时流道渐宽，所以动能降低，转化为静压能。因此，泵壳不仅是汇集由叶轮流出的液体的部件，而且也是一个能量转化装置（既降低流动阻力损失，又能提高流体静压能）。

有的泵在泵体 1 装有导轮 3。导轮的叶片 2 是固定的，其弯曲方向与叶轮的叶片 2 相反，弯曲角度与液流方向适应，如图 1-36 中 3 所示。其作用为减少能量损失（冲击损失）、转换能量；其特点是效率较高，但结构复杂。

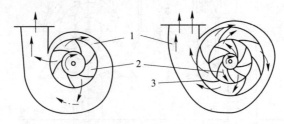

图 1-36　泵壳与导轮
1—泵体；2—叶片；3—导轮

（3）轴和轴承。泵轴的尺寸和材料应能保证传递驱动机的全部功率。轴承一般采用标准的滚珠轴承、滚柱轴承或滑动轴承，必要时设推力轴承。当液体温度超过 117℃ 或轴向力较大时，轴承应进行水冷。低温泵的滑动轴承要注意轴承间隙和材料的选取。

（4）轴封装置。轴封装置的作用是封住转轴与壳体之间的缝隙，以防止泄漏。轴封可分为填料密封和机械密封两种形式。

1）填料密封（填料或盘根纱）的填料采用浸油或涂石墨的石棉绳。应注意不能用干填料；不要压得过紧，允许有液体滴漏（1 滴/s）；不能用于酸、碱、易燃、易爆的液体输送。

2）机械密封（又称端面密封）是由转轴上的动环（合金硬材料）和壳体上的静环（非金属软材料）构成的，两环之间形成一个薄薄的液膜，起密封和润滑作用。其特点是密封性好，功率消耗低，可用于酸、碱、易燃、易爆的液体输送；但价格较高。

B　离心泵工作原理

液体注满泵壳，叶轮高速旋转，将液体甩向叶轮外缘，产生高的动压头。由于泵壳液体通道设计成截面逐渐扩大的形状，高速流体逐渐减速，由部分压头转变为静压，即流体出泵壳时，表现为具有高压的液体。

在液体被甩向叶轮外缘的同时，叶轮中心液体减少，出现负压（或真空），则常压液体不断补充至叶轮中心处。于是，离心泵叶轮源源不断输送着流体，如图 1-37 所示。

离心泵内存在空气，由于空气体密度比液体的密度小很多，故产生的离心力不足以在叶轮中心处形成要求的低压区，导致不能吸液。这种现象称为气缚。消除方法是启动前必须向泵内灌满待输送液体，并保证离心泵的入口底阀不漏，同时防止吸入管路漏气。

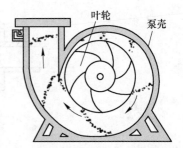

图 1-37　离心泵工作原理

1.8.1.2　离心泵的主要性能参数

A　离心泵的性能参数

（1）流量 $Q(\mathrm{m^3/s})$。离心泵的流量又称送液能力，指离心泵在单位时间内排送到输出管路系统中的液体体积。流量的大小受到泵的转速、结构、尺寸的影响。

（2）扬程 H（m 液柱）。离心泵的扬程指泵对单位质量流体所提供的有效压头，扬程的大小受到泵的转速、结构、尺寸及送液量的影响。由于泵内流动情况复杂，目前还不能从理论上导出扬程的计算式，一般采用实验测定。应注意扬程与升扬高度不是同一概念，在特定的管路中，离心泵的扬程等于单位质量流体所需提供的有效压头，即 $H = H_e$。

（3）效率 η。泵轴做功并不能全部用于液体输送，有部分能量损失（$\eta < 100\%$），主要包括：

1）容积损失效率 η_V，由泵的泄漏造成；

2）水力损失效率 η_w，由泵内的环流、流动阻力和流体冲击损失造成；

3）机械损失效率 η_c，由机械部件间的摩擦损失造成。

则有 $\eta = \eta_V \cdot \eta_w \cdot \eta_c$

η 由实验测定，一般中小型泵的效率为 50% ~ 70%，大型泵可达到 90%。

（4）轴功率 N。离心泵的轴功率是指泵轴所需功率，可由功率表直接测定。N 与有效功率的关系为

$$\eta = \frac{N_e}{N} \times 100\% \tag{1-51}$$

1.8.1.3 离心泵的特性曲线

离心泵的主要性能参数是流量、扬程、轴功率及效率，它们之间的关系可由实验测得，测出的一组关系曲线称为离心泵的特性曲线。此类曲线由泵的制造厂提供，并附于泵样本或说明书中，供使用部门选泵和操作时参考。图 1-38 为离心水泵在 $n = 2900\text{r/min}$ 时的特性曲线，由 H-Q、N-Q、η-Q 三条曲线所组成。

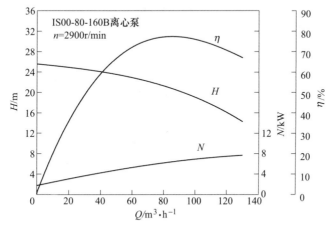

图 1-38 离心泵特性曲线

（1）H-Q 曲线。H-Q 曲线表示泵的扬程与流量的关系。离心泵的扬程一般是随流量的增大而下降（在流量极小时可能有例外）。

（2）N-Q 曲线。N-Q 曲线表示泵的轴功率与流量的关系。离心泵的轴功率随流量的增大而上升，流量为零时轴功率最小。常用电动机启动电流是正常运转的 4 ~ 5 倍，所以离心泵启动时，应关闭泵的出口阀门，使启动电流降低，以保护电动机。

（3）η-Q 曲线。η-Q 曲线表示泵的效率与流量的关系。由图 1-39 可看出，当 $Q=0$ 时，$\eta=0$；随着流量增大，泵的效率随之上升并达到一最大值；此后流量再增大时，效率下降。说明离心泵在一定转速下有一最高效率点，通常称为设计点。泵在与最高效率相对应的流量及扬程下工作时最为经济。离心泵的铭牌上标出的性能参数，就是指该泵在效率最高点运行时的最佳工况参数。选用离心泵时，应尽可能使泵在不低于最高效率 92% 的范围内工作。

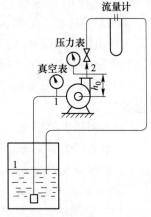

图 1-39　例 1-13 图

【例 1-13】　离心泵的特性曲线测定实验装置如图 1-39 所示。现用 20℃水在转速为 2900r/min 下进行实验，已知吸入管路内径为 80mm，压出管路内径为 60mm，两侧压点的垂直距离 h_0 为 0.12m，孔板流量计的孔径为 34mm，流量系数为 0.64。试验中测得一组数据：U 形管压差计的读数为 530mmHg，泵进口处真空表读数为 53kPa，出口处压力表读数为 124kPa，电动机输入功率为 2.38kW。电动机效率为 0.95，泵轴由电机直接带动，其传动效率可视为 1。试计算泵的性能参数。

【解】　（1）流量。由孔板流量计流量公式算得

$$q_V = C_0 A_0 \sqrt{\frac{2Rg(\rho_0 - \rho)}{\rho}}$$

$$= 0.64 \times 0.785 \times 0.034^2 \times \sqrt{\frac{2 \times 0.53 \times 9.81 \times (13600 - 1000)}{1000}}$$

$$= 6.65 \times 10^{-3} \text{m}^3/\text{s} = 23.9 \text{m}^3/\text{h}$$

（2）压头。在截面 1 与截面 2 之间列伯努利方程，因两截面之间管路较短，忽略之间的压头损失，则

$$H = z_2 - z_1 + \frac{p_2 - p_1}{\rho g} + \frac{u_2^2 - u_1^2}{2g}$$

$$z_2 - z_1 = h_0 = 0.12 \text{m}$$

$$u_1 = \frac{q_V}{\frac{\pi}{4}d_1^2} = \frac{6.65 \times 10^{-3}}{0.785 \times 0.08^2} = 1.32 \text{m/s}$$

$$u_2 = u_1 \left(\frac{d_1}{d_2}\right)^2 = 1.32 \times \left(\frac{80}{60}\right)^2 = 2.35 \text{m/s}$$

将已知数据代入上式中，则泵的压头

$$H = 0.12 + \frac{(124 + 53) \times 10^3}{1000 \times 9.81} + \frac{2.35^2 - 1.32^2}{2 \times 9.81} = 18.36 \text{m}$$

（3）轴功率。由于泵由电动机直接带动，泵轴与电机的传动效率为 1，所以电机的输出功率即为泵的轴功率，有

$$N = 0.95 \times 2.38 = 2.26 \text{kW}$$

（4）效率。泵的有效功率

$$N_e = q_V H \rho g = 6.65 \times 10^{-3} \times 18.36 \times 1000 \times 9.81 = 1.2 \text{kW}$$

则泵的效率

$$\eta = \frac{N_e}{N} \times 100\% = \frac{1.2}{2.26} \times 100\% = 53.1\%$$

由此获得一组离心泵的性能参数：流量 $q_V = 23.9 \text{m}^3/\text{h}$，压头 $H = 18.36\text{m}$，轴功率 $N = 2.26\text{kW}$，效率 $\eta = 53.1\%$。调节出口阀门，可获得若干组数据，即可绘出该泵在转速 $n = 2900\text{r/min}$ 下的特性曲线。

1.8.1.4 影响离心泵性能参数的因素

泵的生产厂家所提供的离心泵特性曲线，一般都是在一定转速和常压下用20℃的清水测得的。在生产中所输送的液体是多种多样的，由于各种液体的物理性质（例如密度和黏度）不同，泵的性能也随之发生变化。此外，若改变泵的转速或叶轮直径，泵的性能也会发生变化。因此，生产厂家所提供的特性曲线，在应用时当加以校正。

A 液体物性的影响

a 密度的影响

离心泵的压头、流量均与液体的密度无关，故泵的效率亦不随液体的密度而改变，所以离心泵特性曲线中的 H-Q 与 η-Q 曲线保持不变，但是泵的轴功率随液体密度变化而改变。因此，当被输送液体的密度与水不同时，原离心泵特性曲线中的 N-Q 曲线不再适用，此时泵的轴功率可按有关手册进行校正。

b 黏度的影响

若被输送液体的黏度大于常温下清水的黏度，则泵体内部液体的能量损失增大，因此泵的扬程、流量都要减小，效率下降，而轴功率增大，亦即泵的特性曲线 H-Q、N-Q、η-Q 曲线发生改变。当液体的运动黏度小于 $20 \times 10^{-6}\text{m}^2/\text{s}$ 时，可不进行校正，否则应根据有关手册予以校正。

c 泵转速的影响

泵的特性曲线是在一定转速下测得的，实际使用时会遇到 n 改变的情况。设泵的效率不变，则有以下近似关系：

$$\frac{q_{V1}}{q_{V2}} = \frac{n_1}{n_2}, \quad \frac{H_1}{H_2} = \left(\frac{n_1}{n_2}\right)^2, \quad \frac{N_1}{N_2} = \left(\frac{n_1}{n_2}\right)^3 \tag{1-52}$$

式中 q_1，H_1，N_1——转速为 n_1 时泵的性能参数；

q_2，H_2，N_2——转速为 n_2 时泵的性能参数。

式（1-52）称为离心泵的比例定律。若泵的转速变化小于20%时，利用上式进行泵的性能换算误差不大。

d 离心泵叶轮直径的影响

当泵的转速一定时，其扬程、流量与叶轮直径有关。若对同一型号的泵，换用直径较小的叶轮，而其他尺寸不变（仅是出口处时轮的宽度稍有变化），这种现象称为叶轮的"切割"。在叶轮直径切割量不大于5%时有以下近似关系：

$$\frac{q_{V1}}{q_{V2}} = \frac{D_1}{D_2}, \quad \frac{H_1}{H_2} = \left(\frac{D_1}{D_2}\right)^2, \quad \frac{N_1}{N_2} = \left(\frac{D_1}{D_2}\right)^3 \tag{1-53}$$

式（1-53）为切割定律表达式。

1.8.1.5　离心泵的工作点与流量调节

A　管路特性曲线

当离心泵安装在特定的管路系统中工作时，实际的工作扬程和流量不仅与离心泵本身的性能有关，还与管路的特性有关，即在输送液体的过程中，泵和管路是互相制约的。

在图 1-40 所示的输送系统中，若贮槽与受液槽的液面均保持恒定，液体流过管路系统时所需的扬程（要求泵提供的扬程），可由图中截面 1-1′ 与截面 2-2′ 间列伯努利方程式求得，即

$$H_e = \frac{\Delta u^2}{2g} + \frac{\Delta p}{\rho g} + \Delta z + H_f \qquad (1\text{-}54)$$

在特定的管路系统中，在一定条件下进行操作时，上式中 Δz 与 $\Delta p/\rho g$ 均为定值，令

$$A = \Delta z + \frac{\Delta p}{\rho g} \qquad (1\text{-}55)$$

因两贮槽截面都很大，流速与管路中流速相比可忽略不计，则动能为零，若输送管路的直径均一，管路系统的压头损失可表示为

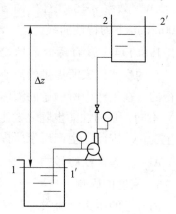

图 1-40　管路输送系统

$$H_f = \left(\sum \lambda \frac{l}{d} + \sum \xi \right) \frac{u^2}{2g} = \frac{8\left(\sum \lambda \dfrac{l}{d} + \sum \xi \right)}{\pi^2 d^4 g} q_{Ve}^2 = B q_{Ve}^2 \qquad (1\text{-}56)$$

对于一定的管路系统，l、l_e、ξ、d 均为定值，λ 是 Re 的函数，也是 Q 的函数，当 Re 比较大时，λ 随 Re 变化很小，可视为常数。则

$$H_e = A + B q_e^2 \qquad (1\text{-}57)$$

此式称为管路特性方程。由此可见，在特定的管路中输送液体时，管路所需的压头 H 与液体流量 Q 的平方成正比。若将此关系式标在相应的坐标图上，即得如图 1-41 所示 $H_e\text{-}Q$ 曲线，即管路特性曲线，决定于管路布置以及操作条件，与泵的结构及性能无关。

B　泵的工作点

将离心泵的特性曲线 $H\text{-}Q$ 与管路的特性曲线 $H_e\text{-}Q$ 绘于同一坐标图上，如图 1-41 所示，则两个特性曲线的交点 M 代表着离心泵所能提供的流量和压头正好满足管路所需要的流量与压头，故该交点称为泵的工作点。

C　离心泵的流量调节

在生产中经常需要改变管路的输送量，调节流量实质上是调节泵的工作点，因此，改变离心泵特性曲线或泵的特性曲线均可达到调节流量的目的。

a　改变阀门的开度

改变离心泵出口管路上调节阀门的开度，属于改变管路特性曲线这类方法。阀门开大或关小，会影响阀门的局部阻力系数，即会影响管路特性方程中 B 值。如当阀门关小时，管路的局部阻力系数增大，管路特性曲线变陡，如图 1-42 (a) 中曲线所示，工作点由 M_2

点左上移动至 M_1 点，流量由 Q_M 降至 Q_{M1}；反之，阀门调大时，管路局部阻力减小，管路特性曲线变得平坦，如图 1-42（a）中曲线所示，工作点由 M_2 点左上移动至 M_3 点，流量加大到 Q_{M2}。

采用阀门来调节流量的方法优点是快速简便，且流量可以连续变化，因此应用十分广泛。其缺点是，因关小阀门导致有一部分机械能消耗在阀门上，因此经济性较差。

b 改变泵的转速

通过改变转速来调节工作点的方法，属于改变泵的特性曲线的方法，而管路特性曲线不变。如图1-42（b）所示，当泵的转速由 n 减小到 n_2，工作点左下移动，由 M 点移动至 M_2 点，此时流量和压

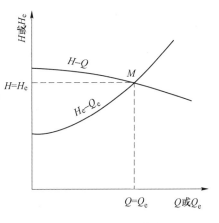

图 1-41 离心泵工作点

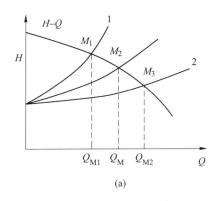

(a)

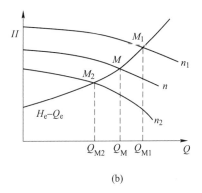

(b)

图 1-42 离心泵流量调节

头均下降；反之，转速升高至 n_1，工作点右上移动，由 M 点移动至 M_1 点，流量和压头升高。

改变转速调节流量的方法，优点是没有因节流引起的附加能量损失，比较经济，但需要变速装置或价格昂贵的变速电动机。此外，转速不得超过泵的额定转速，以免叶轮强度和电动机负荷超过允许值。不过随着电动机变频调速技术的发展和应用推广，改变泵的转速在节能降耗等方面取得了新的进展。

c 离心泵的并联操作

对一定的管路系统，使用一台离心泵流量，不能满足要求时，可采用两台型号相同的离心泵串联或并联方法来适应不同流量的要求。

并联管路有各自的吸入管路，但两台泵排出的液体汇合送入同一管路系统。则在相同的压头下，流量是单台泵的两倍。按这个条件，并联时的 H-Q 曲线可由单台泵的 H-Q 曲线画出，如图1-43所示。单台泵工作点为 A，并联后实际流量与压头由工作点 B 决定。由于管路流量增加使管路阻力增大，导致两台泵并联时实际的总流量小于单泵输送流量的两倍。

d 离心泵的串联操作

工程上有时输液距离较大，或输送流量较大，此时可以采用两台型号相同的离心泵串联操作，即第一台泵排出的液体进入第二台泵，然后排入管路系统。此时在两台泵的流量相同情况下，管路系统总扬程为单台泵的扬程的2倍。按此条件，两台泵串联时的 H-Q 曲线可由单台泵的 H-Q 曲线画出，如图1-44所示。单台泵的工作点为 A，串联后两台泵的工作点为 B，由此可知串联后离心泵的流量和压头都增加了，但串联后的扬程 $H_{串}$ 低于单台泵操作时的2倍，即 $H_C(2H_{单})$。

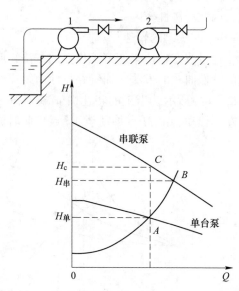

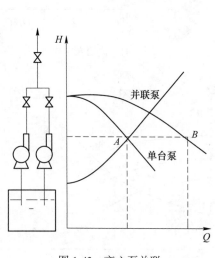

图1-43 离心泵并联

图1-44 离心泵的串联

通常情况下，对于低阻管路系统，并联提供的压头与流量高于串联；而对于高阻管路，两台泵的串联提供的流量与压头优于并联。

1.8.1.6 离心泵的汽蚀现象与允许吸上高度

由离心泵的工作原理可知，离心泵吸液的推动力为贮液池上方液面与离心泵进口截面间的压差。如图1-45所示，当离心泵的安装高度（泵吸入口与贮液池液面之间的垂直距离）越高时，则吸入口附近压强越低。当此处的最低压强等于或小于输送温度下液体的饱和蒸气压，液体将在该处汽化产生气泡。产生的气泡随同液体从低压区流向高压区，气泡在高压作用下迅速凝结、破裂消失，此时周围的液体以很高的频率冲向原气泡所占据的空间，不断地冲击叶轮的表面或泵壳，使其疲劳和破坏。这种现象称为汽蚀。

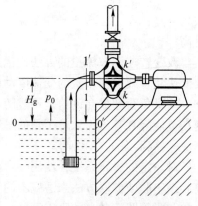

图1-45 离心泵的汽蚀现象

由于产生大量的气泡，占据了液体流道的部分空间，导致泵的流量、压头及效率明显下降，严重时会吸不上液体。

汽蚀现象严重缩短了离心泵的服役寿命，操作时应尽力避免发生，方法是使离心泵的安装高度不超过某一数值，使吸入口处的最低压强大于输送温度下液体的饱和蒸气压。允许汽蚀余量是反映离心泵的抗汽蚀能力的参数之一，是泵出厂前在一定的操作条件下刚发生汽蚀时进行测定的。

A 汽蚀余量

为防止汽蚀现象的发生，液体在吸入口具有的压头应大于液体在工作温度下的饱和蒸汽压头，其差值为有效富余压头，常称为汽蚀余量 NPSH，单位为 m（液柱）。

$$NPSH = \frac{p_1}{\rho g} + \frac{u_1^2}{2g} - \frac{p_v}{\rho g} \tag{1-58}$$

B 临界汽蚀余量

离心泵发生汽蚀的临界条件，是叶轮入口的压强正好等于液体在工作温度下的饱和蒸气压，此时泵入口处的压强达到最低 p_{min}。在泵入口（截面 1-1'）与叶轮入口（截面 k-k'）两截面间列伯努利方程，得

$$\frac{p_{1min}}{\rho g} + \frac{u_1^2}{2g} = \frac{p_V}{\rho g} + \frac{u_k^2}{2g} + H_{f,0-1} \tag{1-59}$$

比较式（1-52）与式（1-53），得

$$(NPSH)_c = \frac{p_{min1}}{\rho g} + \frac{u_1^2}{2g} - \frac{p_v}{\rho g} = \frac{u_k^2}{2g} + H_{f,0-1} \tag{1-60}$$

其中 $(NPSH)_c$ 称为临界汽蚀余量，是泵出厂前通过实验测定，即当离心泵刚发生汽蚀现象时测得的泵入口压强，即 p_{min}，然后代入方程求得。由上式可知，泵临界汽蚀余量与流量以及泵的结构及尺寸有关，流量越大，$(NPSH)_c$ 越大。

为确保离心泵安全操作，将测得的 $(NPSH)_c$ 再加上一安全余量后得到必须汽蚀余量 $(NPSH)_r$，标注在离心泵出厂性能参数中。此外，标准还规定实际汽蚀余量应高于必须汽蚀余量 0.5m 以上的数值。

C 安装高度

为保证离心泵不会发生汽蚀现象，要求离心泵的安装高度必须小于某一值。该值称为离心泵的最大允许安装高度，以 H_g 表示。

在图 1-45 中，假设离心泵在可允许的安装高度下操作，于贮槽液面截面 0-0' 与泵入口处截面 1-1' 间列伯努利方程式，可得

$$H_g = \frac{p_0 - p_1}{\rho g} - \frac{u_1^2}{g} - H_{f,0-1} \tag{1-61}$$

式中 H_g——泵的允许安装高度，m；
H_f——液体流经吸入管路的压头损失，m；
p_0——贮槽液上方的压强，Pa。

将式 1-58 代入上式，得

$$H_g = \frac{p_a - p_1}{\rho g} - NPSH - H_{f,0-1} \tag{1-62}$$

随着泵的安装高度 H_g 的增高，汽蚀余量将减小，当减小到与允许汽蚀余量相等时，则开始发生汽蚀，此时的安装高度称为最大允许安装高度，以 H_{gmax} 表示。将式（1-62）改写为：

$$H_{gmax} = \frac{p_a - p_1}{\rho g} - (\text{NPSH})_r - H_{f,0-1} \qquad (1\text{-}62a)$$

为避免汽蚀发生，离心泵的实际安装高度应小于最大允许安装高度。

【例 1-14】 用 IS80-65-125 型离心泵（$n = 2900\text{r/min}$）将 20℃的清水以 $60\text{m}^3/\text{h}$ 的流量送至敞口容器。泵安装在水面上 3.5m 处。吸入管路的压头损失和动压头分别为 2.62m 和 0.48m。当地大气压力为 100kPa。试计算：（1）泵入口真空表的读数，kPa；（2）若改送 60℃的清水，泵的安装高度是否合适。

【解】 由泵的性能表查得，当 $Q = 60\text{m}^3/\text{h}$ 时，$(\text{NPSH})_r = 3.5\text{m}$。60℃时，水的饱和蒸气压 $p_v = 19.923\text{kPa}$，密度为 983.2kg/m^3。

（1）泵入口真空表的读数。以水池液面为 0-0′截面（基准面），泵入口处为 1-1′截面，在两截面之间列伯努利方程，并整理得到真空表的读数为

$$p_a - p_1 = \left(z_1 + \frac{u_1^2}{2g} + H_{f,0-1} \right) \rho g = \left[(3.5 + 0.48 + 2.62) \times 9.81 \times 1000 \right]$$

$$= 64746\text{Pa} = 64.75\text{kPa}$$

（2）改送 60℃的清水时泵的允许安装高度。将 60℃清水的有关物性参数代入（1-62），便可求得泵的安装高度，即

$$H_g = \frac{p_a - p_v}{\rho g} - \text{NPSH} - H_{f,0-1}$$

$$= \left[\frac{(100 - 19.923 \times 10^3)}{983.2 \times 9.81} - (3.5 + 0.5) - 2.62 \right] = 1.682\text{m}$$

为安全起见，泵的实际安装高度应在 1.5m 以下，而原安装高度 3.5m 显然过高，需要降低 2m 左右。

1.8.1.7　离心泵的类型与选择

A　离心泵的类型

在化工生产过程中，由于被输送流体的种类或流量、压强的改变，要求选用不同的离心泵。离心泵的类型很多，按泵输送液体的性质不同，可分为清水泵、耐腐蚀泵和杂质泵等；按叶轮吸入方式不同，可分为单吸泵与双吸泵；按叶轮数目不同，可分为单级泵和多级泵。下面对这些泵做简要介绍。

a　清水泵

凡是输送清水以及物理、化学性质类似于水的清洁液体，都可以选用清水泵（IS 型、D 型、S 型）。

IS 型单级单吸离心泵是根据国标 ISO 2858 规定的性能和尺寸设计的，其结构如图 1-46 所示。

该系列泵结构可靠、振动小、噪声低、效率高，应用最为广泛；全系列扬程范围为 5~125m，流量范围 6.3~400m³/h。现以 IS 80-65-160 为例，说明型号的意义：

IS——国际标准单级单吸离心泵；

80——泵吸入口直径，mm，

65——泵排出口直径，mm.

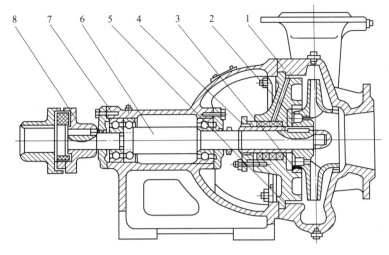

图 1-46 IS 型清水泵

1—泵体；2—叶轮；3—密封环；4—护轴套；5—后盖；6—泵轴；7—机架；8—联轴器部件

160——泵叶轮的尺寸，mm。

如果要求的压头（扬程）较高而流量不是太大时，可采用多级离心泵，其系列代号为 D。这种泵的一根轴上串联着多个叶轮，被输送液体多次从叶轮上得到能量，以达到较高的扬程，相当于多台泵的串联，其结构如图 1-47 所示。扬程范围 14～351m，流量范围 10.8～850m³/h。

如被输送流体流量很大而压头不是太高时，可采用单级双吸离心泵，其系列代号为 S。扬程范围 9～140m，流量范围 120～12500m³/h。

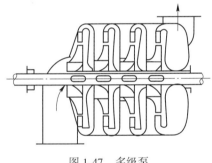

图 1-47 多级泵

b 耐腐蚀泵

当需要输送酸、碱、盐等腐蚀性液体时，应选用耐腐蚀泵。其主要特点是与液体接触的部件用耐腐蚀材料制成。各种材料制造的耐腐蚀泵在结构上基本相同，它们的系列代号多用 F 表示。耐腐蚀泵对密封性要求较高，因此多采用机械密封装置。

c 油泵

当被输送的流体为石油产品时，应选用油泵。由于油品易燃、易爆，因此对油泵的一个重要要求是密封完善。国产油泵的系列代号为 Y，也可分为单吸和双吸、单级和多级（2～6 级）油泵，全系列的扬程范围为 60～603m，流量范围为 6.25～500m³/h。

d 杂质泵

当被输送流体为悬浮液及黏稠的浆液时，应选用杂质泵，其系列代号为 P，又细分为污水泵 PW、砂泵 PS、泥浆泵 PN 等。这类泵叶轮流道宽，叶片数目少，常采用半闭式或开式叶轮，有些泵壳内还衬以耐磨的铸钢护板，因此不易被杂质堵塞，耐磨，容易拆洗。

B 离心泵的选择

离心泵的基本选择原则以能满足液体输送的工艺条件为前提，一般按以下步骤进行选择：

（1）根据被输送液体的性质和操作条件确定泵的类型。

（2）根据输送系统的流量和所需压头确定离心泵的型号：

1）查性能表或特性曲线，要求流量和压头与管路所需相适应；

2）若生产中流量有变动，以最大流量为准来查找，且也应以最大流量对应值查找；

3）若 H 和 Q 与所需不符，则应在邻近型号中找 H 和 Q 稍微大一点的；

4）若几个型号都满足，应选一个在操作条件下效率最高的；

5）考虑到操作条件的变化和各有一定的裕量，所选泵的流量和压头可稍大一点；但若太大，工作点离最高效率点太远，则能量利用程度较低。

（3）根据所需流体的性质，对所选泵的特性曲线进行校正；其次核算泵的轴功率。

1.8.2　其他类型泵

1.8.2.1　往复泵

往复泵是一种容积式泵，主要适用于输送流量较小、压力较高的流体。

A　往复泵的结构和工作原理

图 1-48 为往复泵装置简图。往复泵的结构主要由泵缸 1、活塞 2、活塞杆 3、吸入阀 4 和排出阀 5 组成。往复泵由电动机驱动，电动机与活塞杆相连接而使活塞做往复运动。吸入阀和排出阀都是单向阀。泵缸内活塞与阀门间的组成的空间成为工作室。

B　往复泵的性能参数

活塞往复一次，只吸入和排出液体各一次的泵，称为单动泵。单动泵的送液是不连续的。若在活塞两侧的泵体内都装有吸入阀和排出阀，则无论活塞向哪一侧运动，吸液和排液都同时进行。这类往复泵称为双动泵（图 1-49）。另外，三动泵是由三个单动泵并联而成，泵轴的曲柄角互成 120°。每当轴转一周时，有三次吸入和三次排出过程。

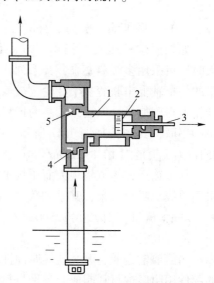

图 1-48　往复泵装置示意图
1—泵缸；2—活塞；3—活塞杆；
4—吸入阀；5—排出阀

往复泵内的低压是靠工作室的扩张造成的，所以在泵启动前无须灌泵。但是，与离心泵相同，往复泵的吸入高度也受的吸入口压强、输送液体的性质及温度的限制。

a　往复泵的流量

（1）往复泵的理论平均流量为

单缸单动泵　　　　$Q_T = ASn_r$　　　　　（1-63）

单缸双动泵　　　$Q_T = (2A - a)Sn_r$　　　（1-64）

式中　Q_T——理论平均流量，m^3/s；

　　　A——活塞截面积，m^2；

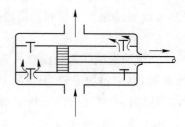

图 1-49　双动泵装置示意图

S——往复泵活塞左端点到右端点的距离即活塞冲程，m；

n——活塞往复频率，次/min；

a——活塞杆的截面积，m^2。

（2）往复泵的实际流量和工作点。由于单向阀门开关不及时或泄漏等原因，往复泵的实际流量低于理论流量的数值。

$$Q = \eta Q_{\mathrm{T}} \tag{1-65}$$

式中　Q——实际流量 m^3/h；

η——容积效率。

由上式可知，往复泵的排液能力由活塞截面积、行程及往复频率决定，与管路特性无关。这类泵称为容积式泵或正位移泵。往复泵是正位移泵的一种，往复泵的许多特性是正位移泵的共同特性。而往复泵提供的压头由管路特性决定，理论上与流量也无关。往复泵的特性曲线如图1-50（a）所示，随扬程的增大，流量稍有减小。往复泵工作点仍为往复泵的特性曲线与泵特性曲线的交点。

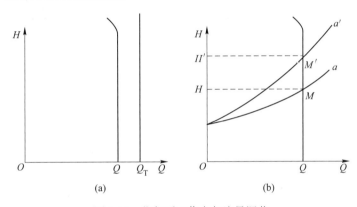

图 1-50　往复泵工作点与流量调节

b　往复泵的流量调节

往复泵流量不能用出口阀门来调节，根据理论流量的定义式，可知流量调节方法如下：

（1）改变往复泵转速，以调节活塞的往复频率；

（2）改变活塞的冲程；

（3）旁路调节。如图1-50（b）所示，泵的送液量不变，只是让部分被压出的液体返回贮池，使主管中的流量发生变化；但会造成一定的能量损失，只适用于流量变化幅度较小的经常性调节。

1.8.2.2　齿轮泵

齿轮泵壳内有两个齿轮，一个是靠电动机带动的主动轮，称为主动轮；另一个是从动轮，与主动轮相啮合而转动，如图1-51所示。两齿轮与泵体间形成吸入和排出两个空间。

当主动齿轮旋转带动从动轮旋转时，吸入空间内两轮的齿互相分开，形成了低压而将液体吸入，然后液体分为两路沿着齿槽与泵壳内壁形成的空间流到排出空间。排出空间内两轮的齿相互啮合时，齿槽内的液体被挤出。齿轮泵的特点是压头高而流量小，适用于输送黏性较大的液体以至膏状物，但不宜输送含有固体颗粒的悬浮液。

1.8.2.3　螺杆泵

螺杆泵的结构如图 1-52 所示，主要由泵壳和一根或一根以上的螺杆构成。与齿轮泵类似，利用两根相互啮合的螺杆来排送液体。当螺杆旋转时，泵壳内的液体在螺齿的挤压下获得能量，沿着轴向排出。当所需的压强较高时，可采用较长的螺杆。螺杆泵压头高、效率高、传动平稳、无噪声，适于在高压下输送黏稠液体；但加工工艺复杂、造价高，不能输送含有固体颗粒的流体。

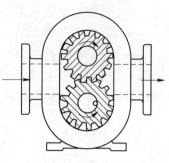

图 1-51　齿轮泵

1.8.2.4　旋涡泵

与离心泵相似，旋涡泵也是由泵壳和叶轮组成。如图 1-53（a）所示，圆盘形状的叶轮四周加工有凹槽而构成叶片。叶片数目可多达几十片，呈辐射状排列。泵壳内有引液道，吸入口和排出口由间壁隔开。泵壳内液体随叶轮旋转的同时，又在引液道与叶片间反复运动，因而被叶片拍击多次，获得较多的能量。旋涡泵的效率一般比离心泵低，由于随流量的增加，轴功率逐渐增大，因此旋涡泵在启动时，不能关闭出口阀；而流量调节一般采用旁路回流调节法。

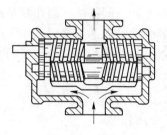

图 1-52　螺杆泵

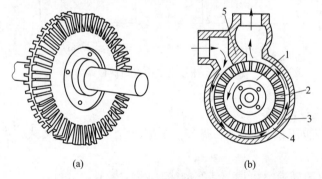

(a)　　　　　　　　(b)

图 1-53　旋涡泵

1—叶轮；2—叶片；3—泵壳；4—引液道；5—间壁

由于流体在泵内做旋涡状流动，能量损失较大，因此旋涡泵的效率较低，一般为 30%～40%。

旋涡泵的优点是构造简单，制造方便，扬程较高；适用于输送小流量、压头高而黏度不大的液体。也可作为耐腐蚀泵使用，此时叶轮和泵壳等可采用不锈钢或塑料等耐蚀材料制造。

1.8.3　气体输送设备

输送气体、产生高压或真空的设备称为气体输送机械，其结构和工作原理与液体输送设备相似，都是对流体做功。但由于气体与液体的物性不同，气体输送机械亦有自己的特点。

气体输送机械按工作原理分为离心式、旋转式、往复式以及喷射式等。也可按出口压力（终压）和压缩比不同分为：

(1) 通风机。终压（表压）不大于15kPa，压缩比不大于1.15。

(2) 鼓风机。终压15~300kPa，压缩比小于1.1~4。

(3) 压缩机。终压在100kPa以上，压缩比大于4。

(4) 真空泵。用于减压，出口压强为大气压或略高于大气压，压缩比由真空度决定。

1.8.3.1　离心式通风机

工业上常用的通风机有轴流式和离心式两类。轴流式通风机排送量大，所产生的风压甚小，一般只用来通风换气，而不用来输送气体；离心式通风机主要用于输送气体。

离心式通风机外形与离心泵相似，机壳为蜗壳形，机壳内的气体通道有圆形和矩形两种，如图1-54所示。低、中压风机多为矩形通道，高压的多为圆形通道。通风机一般为单级，根据叶轮上的叶片大小、形状，分为多翼式风机和涡轮式风机。为适应输送风量大的要求，通风机叶轮上叶片数目比较多。低压通风机的叶片多为平直的，呈辐射状安装，中高压通风机叶片多是弯曲的。

【**例1-15**】　某塔板冷模实验装置如图1-55所示。其中有三块塔板，塔径$D = 1.5\text{m}$，管路直径$d = 0.45\text{m}$，要求塔内最大气速为2.5m/s。已知在最大气速下，每块塔板的阻力损失约为1.2kPa，孔板流量计的阻力损失为4.0kPa，整个管路的阻力损失约为3.0kPa。设空气温度为30℃，大气压为98.6kPa，试选择一适用的通风机。

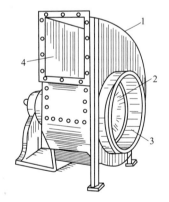

图1-54　离心通风机

1—机壳；2—叶轮；3—吸入口；4—排出口

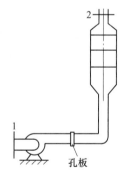

孔板

图1-55　例1-15图

【**解**】　首先计算管路系统所需要的全压。为此，可对通风机入口截面1和塔出口截面2做能量衡算（以1m³气体为基准）得

$$p_{\mathrm{T}} = (z_2 - z_1)\rho g + (p_2 - p_1) + \frac{\rho(u_2^2 - u_1^2)}{2} + \sum H_{\mathrm{f}}\rho g$$

式中，$(z_2 - z_1)\rho g$可忽略，$p_1 = p_2$，$u_1 = 0$，u_2和ρ可由如下计算得出：

$$u_2 = \frac{0.785 \times 1.5^2 \times 2.5}{0.785 \times 0.45^2} = 27.8(\text{m/s})$$

$$\rho = 1.29 \times \frac{273}{303} \times \frac{98.6}{101.3} = 1.13 (\mathrm{kg/m^3})$$

将 u_2，ρ 代入上式，得

$$p_\mathrm{T} = \frac{1.13 \times 27.8^2}{2} + (4 + 3 + 1.2 \times 3) \times 1000 = 1.10 \times 10^4 (\mathrm{Pa}) = 11.0 (\mathrm{kPa})$$

按上式将所需 p_T 换算成测定条件下的全压 p_T'，即

$$p_\mathrm{T}' = \frac{1.2}{1.13} \times 1.1 \times 10^4 = 1.17 \times 10^4 (\mathrm{Pa})$$

根据所需全压 $p_\mathrm{T}' = 11.7\mathrm{kPa}$ 和所需流量

$$q_V = 0.785 \times 1.5^2 \times 2.5 \times 3600 = 1.59 \times 10^4 (\mathrm{m^3/h})$$

从风机样本中查得 9-27-101No.7（$n = 2900\mathrm{r/min}$）可满足要求。该机性能为：全压 11.9kPa，风量 17100m³/h，轴功率 89kW。

1.8.3.2 离心鼓风机

离心式鼓风机的工作原理与离心泵相同，内部结构也很类似。例如，离心式鼓风机的蜗壳形通道亦为圆形，一般外壳直径与宽度比较大；叶轮上的叶片数目也较多，转速较高，适合大流量气体的输送；叶轮外周装有固定的导轮。单级鼓风机出口表压多在 30kPa 以内；多级可达 0.3 MPa。

1.8.3.3 往复压缩机

当输送压力较高的气体时，可采用往复压缩机，其结构与工作原理与往复泵相似，理想工作循环由吸入、压缩和排出三个阶段组成。实际工作中，气缸中存在余隙体积。一个工作循环是由膨胀、吸入、压缩和排出四个阶段组成。与往复泵不同，由于气体的密度小、可压缩，故压缩机的吸入和排出阀设计应更加灵巧精密。且由于气体压缩会使温度升高，因此气缸必须附冷却装置。当压缩比较大或终压要求较高时，应采用多级压缩，每级压缩比不得大于 8，且多级压缩间也要设置中间冷却器。

1.8.3.4 真空泵

真空泵是从容器中抽气产生真空的输送机械。若将前述任何一种气体输送机械的进口与某一设备接通，即成为从该设备抽气的真空泵。

A 水环真空泵

水环真空泵又称水环泵，外形呈圆形，其中的叶轮偏心安装。水环泵启动前，必须向泵内注入适量的水。当叶轮旋转时，由于离心力的作用，水被甩至壳壁形成一个近似等厚的水环，且水环具有密封作用，水环与叶轮轮毂间形成工作空间，被叶片分割形成多个大小不同的密封室。随着叶轮的旋转运动，密封室外由小变大形成真空，从吸入口吸入气体；继而密封室由大变小，使气体由压出口排出（图 1-56）。

此类泵结构简单、紧凑，易于制造和维修；且无机械摩擦，使用寿命长，操作可靠；适用于抽吸含有液体的气体，尤其在抽吸有腐蚀性或爆炸性气体时更为适宜。但水环泵的效率比较低，一般为 30% ~ 50%。

B 喷射泵

喷射真空泵简称喷射泵，利用流体流动时动能和静压能的相互转换来吸送流体，属于

流体动力作用式的流体输送机械。

喷射泵的工作介质一般为水蒸气或高压水，前者称为水蒸气喷射泵，后者称为水喷射泵。其结构如图 1-57 所示，由喷嘴、混合室和扩大室组成，水蒸气在高压下以很高的速度从喷嘴喷出，在喷射过程中，水蒸气的静压能转变为动能，产生低压将气体吸入。吸入的气体与水蒸气混合后进入扩散管，速度逐渐降低，压力随之升高，而后从压出口排出。

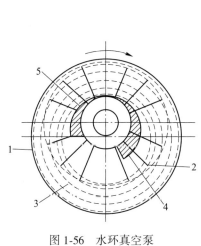

图 1-56 水环真空泵

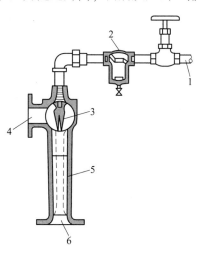

图 1-57 喷射泵
1—工作蒸汽入口；2—过滤器；3—喷嘴；
4—吸入口；5—扩散管；6—压出口

喷射泵的优点是抽气量大，结构简单，无活动部件；但效率较低，仅能达到 90% 的真空度，蒸汽消耗量较大。为获得更高的真空度，可采用多个水蒸气喷射泵串联，便可得到较高的真空度。

习 题

1-1 某烟道气的组成（体积分数）为：CO_2 13%，N_2 76%，H_2O 11%，试求此混合气体在温度为 500℃、压力为 101.3kPa 时的密度。

1-2 某地区大气压力为 101.3kPa，一操作中的吸收塔塔内表压为 130kPa。若在大气压力为 75kPa 的高原地区操作该吸收塔，且保持塔内绝压相同，则此时表压应为多少？

1-3 硫酸流经由大小管子组成的串联管路，管径分别为 ϕ68mm×4mm 和 ϕ57mm×3.5mm。已知硫酸的密度为 1840kg/m³，流量为 9m³/h，试分别求硫酸在大小管路中的流速和质量流量。

1-4 如图 1-58 所示，水在水平管内流动，截面 1 处管内径 d_1 为 0.2m，截面 2 处管内径 d_2 为 0.1m。现测得水在某流量下截面 1、2 处产生的水柱高度差 h 为 0.20m，若忽略水由 1 至 2 处的阻力损失，试求水的流量。

1-5 有一测量水在管道内流动阻力的实验装置，如图 1-59 所示。已知 $D_1 = 2D_2$，$\rho_{Hg} = 13.6 \times 10^3 kg/m^3$，$u_2 = 1m/s$，$R = 10mm$。试计算局部阻力 $h_{f,1-2}$ 值，以 J/kg 为单位。

1-6 一水平管内由内径分别为 33mm 及 47mm 的两端直管组成，水在小管内以 2.5m/s 的流速流向大管，在接头两侧相距 1m 的 1、2 两截面处各接一测压管，已知两截面间的压头损失为 70mmH₂O，问两测压管中的水位哪一个高，相差多少？并加以分析。

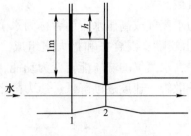

图 1-58　习题 1-4 图

1-7　用离心泵将 20℃水从贮槽送至水洗塔顶部，槽内水位维持恒定。泵吸入与压出管路直径相同，均为 $\phi76mm\times2.5mm$。水流经吸入与压出管路（不包括喷头）的能量损失分别为 $\sum h_{f1} = 2u^2$ 及 $\sum h_{f2} = 10u^2(J/kg)$（式中，$u$ 为水在管内的流速）。在操作条件下，泵入口真空表的读数为 26.6kPa，喷头处的压力为 98.1kPa（表压）。试求泵的有效功率。

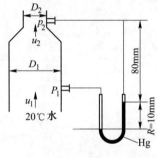

图 1-59　习题 1-5 图

1-8　运动黏度为 $3.2\times10^{-5}m^2/s$ 的有机液体在 $\phi76mm\times3.5mm$ 的管内流动，试确定保持管内层流流动的最大流量。

1-9　计算 10℃水以 $2.7\times10^{-3}m^3/s$ 的流量流过 $\phi57mm\times3.5mm$、长 20m 水平钢管时的能量损失、压头损失及压力损失（设管壁的粗糙度为 0.5mm）。

1-10　有两个敞口水槽，其底部用一水管相连，水从一水槽经水管流入另一水槽；水管内径为 0.1m，管长 100m。管路中有两个 90°弯头，一个全开球阀。如将球阀拆除，而管长及液面差 H 等其他条件均保持不变，试问管路中的流量能增加百分之几？（设摩擦因数 λ 为常数，$\lambda = 0.023$；90°弯头阻力系数 $\xi = 0.75$，全开球阀阻力系数 $\xi = 6.4$)

1-11　在内径为 80mm 的管路上安装一标准孔板流量计，孔径为 40mm，U 形管压差计的读数为 46.6kPa；管内流体的密度为 $1050kg/m^3$，黏度为 0.5mPa·s。试计算液体的体积流量。

1-12　用离心泵将水由水槽送至水洗塔中，水洗塔内的表压为 9.807×10^4Pa；水槽液面恒定，其上方通大气，水槽液面与输送管出口端的垂直距离为 20m。在某送液量下，泵对水做的功为 317.7J/kg，管内摩擦因数为 0.018，吸入和压出管路总长为 110m（包括管件进入口的当量长度，但不包括出口的当量长度），输送管尺寸为 $\phi108mm\times4mm$，水的密度为 $1000kg/m^3$。求输水量为多少（m^3/h）？

1-13　用离心泵从真空度为 360mmHg 的容器中输送液体，所用泵的必须汽蚀余量为 3m。该液体在输送温度下的饱和蒸气压为 200mmHg，密度为 $900kg/m^3$，吸入管路的压头损失为 0.8m。试确定泵的安装位置（当地大气压为 100kPa）。若将容器改为敞口，该泵又应如何安装？

1-14　用 IS65-50-125 离心泵将敞口贮槽中 80℃的水送出，流量为 $15m^3/h$，吸入管路的压头损失为 4m，当地大气压为 98kPa。试确定泵的安装高度。

1-15 用泵将密度为 $850kg/m^3$，黏度为 $190mPa \cdot s$ 的重油从敞口贮油池送至敞口高位槽中，升扬高度为 20m。输送管路为 $\phi108mm \times 4mm$ 的钢管，总长为 1000m（包括直管长度及所有局部阻力的当量长度）。管路上装有孔径为 80mm 的孔板以测定流量，其油水压差计的读数 $R = 500mm$。孔流系数 $C_0 = 0.62$，水的密度为 $1000kg/m^3$。试求：（1）输油量是多少（m^3/h）？（2）若泵的效率为 0.55，计算泵的轴功率。

思 考 题

1-1 如何选择 U 形管中的指示液？

1-2 压强与剪应力的方向及作用面有何不同？

1-3 连续性方程及伯努利方程推导依据是什么，应用条件是什么，如何选择截面与基准面？

1-4 试说明动力黏度的单位以及物理意义？

1-5 层流与湍流的本质区别是什么，何为层流内层，其厚度与哪些因素有关？

1-6 雷诺准数的物理意义是什么，简述雷诺数的物理意义以及如何评判流体类型？

1-7 并联管路与分支管路特点是什么，各分支管路中流量如何分配？

1-8 将某转子流量计钢制转子改为形状及尺寸相同的塑胶转子，在同一刻度下的实际流量是增大还是减小？

1-9 离心泵的汽蚀现象与气缚现象产生的原因、现象以及防治措施有哪些？

1-10 离心泵的工作点是如何确定的，有哪些调节流量的方法？各自优缺点是什么？

1-11 在实际中，会遇到离心泵在启动后没有液体流出的情形，试分析可能的原因。

1-12 往复泵的流量与压头如何确定的？

1-13 往复泵流量条件方法与离心泵有何不同？

2 ◆ 流体中颗粒的分离

【本章学习要求】

掌握重力沉降和离心沉降的基本原理，沉降速度的定义、意义、计算方法和应用；熟悉降尘室、旋风分离器的主要性能；熟悉过滤操作的基本概念、过滤基本方程式。重点掌握重力沉降基本原理、过滤基本原理和旋风分离器的操作原理。

【本章学习重点】

(1) 重力沉降速度；
(2) 重力沉降分离设备；
(3) 离心沉降速度；
(4) 旋风分离器；
(5) 过滤基本方程；
(6) 恒压过滤基本方程；
(7) 过滤设备计算。

2.1 概　　述

2.1.1　混合物的分类

自然界中的混合物按物系内部各处组成是否均匀，分为均相混合物和非均相混合物。在非均相物系中，处于分散状态的物质，称为分散物质或分散相；包围分散物质且处于连续状态的物质，称为分散介质或连续相。根据连续相的状态，非均相物系分为气态非均相物系和液态非均相物系。

2.1.2　非均相混合物的分离方法和目的

2.1.2.1　非均相混合物的分离方法

由于非均相物系中分散相和连续相具有不同的物理性质，因此工业上一般采用机械方法将两相分离。要达到分离的目的，必须使分散相与连续相之间发生相对运动。根据两相运动方式的不同，机械分离可分为沉降分离和过滤两种操作方式。

2.1.2.2　非均相混合物分离的目的

(1) 收集分散物质。例如收取从气流干燥器或喷雾干燥器出来的气体以及从结晶器出来的晶浆中带有的固体颗粒，这些悬浮的颗粒作为产品必须回收。

（2）净化分散介质。某些催化反应，原料气中夹带有杂质会影响触媒的效能，必须在气体进反应器之前清除催化反应原料气中的杂质，以保证触媒的活性。

（3）环境保护与安全生产。为了保护人类生态环境，消除工业污染，要求对排放的废气、废液中的有害物质加以处理，使其达到规定的排放标准。

2.1.3　颗粒和颗粒群的特性

表述颗粒特性的主要参数为颗粒的形状、大小（体积）及表面积。

2.1.3.1　单一颗粒

（1）球形颗粒。球形颗粒的各有关特性均可用单一参数——直径 d 表示。如：

体积
$$V = \frac{\pi d^3}{6} \tag{2-1}$$

表面积
$$S = \pi d^2 \tag{2-2}$$

比表面积
$$a = \frac{S}{V} = \frac{6}{d} \tag{2-3}$$

式中　d——球形颗粒的直径，m；

　　　S——球形颗粒的表面积，m^2；

　　　V——球形颗粒的体积，m^3；

　　　a——颗粒的比表面积，m^2/m^3。

（2）非球形颗粒。非球形颗粒必须用球形度和当量直径两个参数确定其特性。

令颗粒的体积等于球形颗粒的体积 $\left(V_p = \dfrac{\pi d_e^3}{6} \right)$，则体积当量直径定义为

$$d_e = \sqrt[3]{\frac{6V_p}{\pi}} \tag{2-4}$$

式中　d_e——颗粒的等体积当量直径，m；

　　　V_p——颗粒的体积，m^3。

2.1.3.2　形状系数

形状系数，定义为与该颗粒体积相等的球体的表面积除以颗粒的表面积，即

$$\varphi_s = \frac{S}{S_p} \tag{2-5}$$

式中　φ_s——颗粒的球形度或形状系数，无因次；

　　　S——与该颗粒体积相等的球体的表面积，m^2；

　　　S_p——颗粒的表面积，m^2。

由于同体积的颗粒中，球形颗粒的表面积最小，因此对非球形颗粒，总有 $\varphi_s < 1$，颗粒的形状越接近球形，φ_s 越接近 1；对球形颗粒，$\varphi_s = 1$。

用形状系数及当量直径表述非球形颗粒的特性，即

体积
$$V = \frac{\pi d_e^3}{6} \tag{2-1a}$$

表面积 $$S = \pi \frac{d_e^2}{\varphi_s}$$ (2-2a)

比表面积 $$a = \frac{6}{\varphi_s d_e}$$ (2-3a)

2.2 沉　　降

在外力场中，利用分散相和连续相之间的密度差异，使之发生相对运动而实现分离的操作，称为沉降分离操作。根据外力场的不同，沉降分离分为重力沉降和离心沉降。

本节从最简单的沉降过程——刚性球形颗粒的自由沉降入手，讨论沉降速度的计算，分析影响沉降速度的因素，介绍沉降设备的设计和操作原则。

2.2.1 重力沉降

在重力场中进行的沉降过程称为重力沉降。

2.2.1.1 沉降速度

将表面光滑的刚性球形颗粒置于静止的流体介质中，假定固体颗粒密度大于流体密度，则颗粒在流体中的降落，受重力、浮力和阻力三个力的作用，如图 2-1 所示。对于一定的流体和颗粒，重力与浮力是恒定的，阻力则随颗粒的降落速度而异。

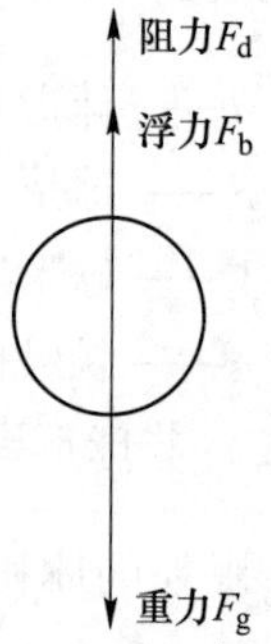

令颗粒的密度为 ρ_s，直径为 d，流体密度为 ρ，则：

重力 $$F_g = \frac{\pi}{6} d^3 \rho_s g$$

浮力 $$F_b = \frac{\pi}{6} d^3 \rho g$$

阻力 $$F_d = \xi A \frac{\rho u^2}{2}$$ (2-6)

图 2-1　沉降颗粒的
受力情况

式中　ξ——阻力系数，无量纲；

　　　A——颗粒在垂直于其运动方向平面上的投影面积，其值为 $A = \frac{\pi}{4} d^2$，m^2；

　　　u——颗粒相对于流体的降落速度，m/s。

由牛顿第二定律可知，上面三个力的合力等于颗粒的质量与其加速度 a 的乘积，即

$$F_g - F_b - F_d = ma$$

或 $$\frac{\pi}{6} d^3 (\rho_s - \rho) g - \xi \frac{\pi}{4} d^2 \left(\frac{\rho u^2}{2} \right) = \frac{\pi}{6} d^3 \rho_s \frac{du}{d\theta}$$ (2-7)

式中，m 为颗粒的质量，kg；a 为加速度，m/s^2；θ 为时间，s。

颗粒开始沉降的瞬间，初速度 u 为零，阻力 F_d 也为零，故加速度 a 具有最大值。颗粒开始沉降后，阻力随运动速度 u 的增加而增大，直至 u 达到某一数值 u_t 后，阻力、浮力与重力达到平衡，即合力为零。此时，加速度 a 为零，颗粒速度不再变化，开始做匀速沉降运动。

因此，静止流体中颗粒的沉降可分为两个阶段，起初为加速段，后为等速段。由于小颗粒的比表面积比较大，颗粒与流体间的接触面积很大，故阻力在很短时间内与颗粒所受的净重力（重力减浮力）接近平衡，所以，经历加速段的时间很短，在整个沉降过程中往往可以忽略。

等速阶段中颗粒相对于流体的运动速度 u_t 称为沉降速度。由于 u_t 是加速阶段终了时颗粒相对于流体的速度，故又称为"终端速度"。

当 $a=0$ 时，$u=u_t$，则有

$$u_t = \sqrt{\frac{4gd(\rho_s - \rho)}{3\xi\rho}} \tag{2-8}$$

式中　u_t——颗粒的自由沉降速度，m/s；

　　　　d——颗粒直径，m；

　　ρ_s, ρ——分别为颗粒和流体的密度，kg/m³；

　　　　g——重力加速度，m/s²。

2.2.1.2　阻力系数 ξ

用式（2-8）计算沉降速度时，首先需要确定阻力系数 ξ 值。通过量纲分析可知，ξ 是颗粒与流体相对运动时雷诺数 Re_t 的函数，由实验测得的综合结果如图 2-2 所示。图中雷诺数 Re_t 的定义为

$$Re_t = \frac{du_t\rho}{\mu}$$

式中，μ 为流体的黏度，Pa·s。

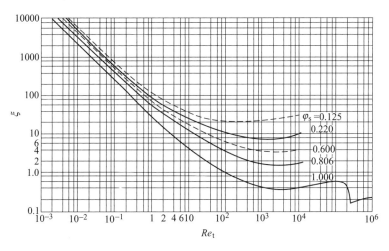

图 2-2　ξ-Re_t 关系曲线

由图 2-2 可看出，球形颗粒的曲线（$\varphi_s=1$）按 Re_t 值大致分为三个区，各区内的曲线可分别用相应的关系式表达。

层流区或斯托克斯（Stokes）定律区（$10^{-4} < Re_t < 1$）：

$$\xi = \frac{24}{Re_t} \tag{2-9}$$

过渡区或艾仑（Allen）定律区（$1<Re_t<10^3$）:

$$\xi = \frac{18.5}{Re_t^{0.6}} \tag{2-10}$$

湍流区或牛顿（Nuwton）定律区（$10^3<Re_t<2\times10^5$）:

$$\xi = 0.44 \tag{2-11}$$

将式（2-9）~式（2-11）分别带入式（2-8），可得到颗粒在各区相应的沉降速度公式，即

滞流区　　　　　　$u_t = \dfrac{d^2(\rho_s - \rho)g}{18\mu}$　　　斯托克斯公式 　　　　(2-12)

过渡区　　　　　　$u_t = 0.27\sqrt{\dfrac{d(\rho_s - \rho)}{\rho}Re_t^{0.6}}$　　　艾仑公式 　　　　(2-13)

湍流区　　　　　　$u_t = 1.74\sqrt{\dfrac{d(\rho_s - \rho)g}{\rho}}$　　　牛顿公式 　　　　(2-14)

球形颗粒在流体中的沉降速度，根据流型分别选用上述三式计算。由于沉降操作中涉及的颗粒直径都较小，操作通常处于层流区，因此斯托克斯公式应用较多。各区沉降速度关系式既可适用于 $\rho_s > \rho$ 的沉降操作，也可适用于 $\rho_s < \rho$ 的颗粒浮升运动。

2.2.1.3　沉降速度的计算

计算在给定介质中球形颗粒的沉降速度，可采用以下方法。

（1）试差法。根据式（2-12）~式（2-14）计算沉降速度 u_t 时，需要预先知道沉降雷诺数 Re_t 值才能选用相应的公式。但是，u_t 为待求，Re_t 值也就为未知。所以，沉降速度 u_t 的计算需要用试差法，即先假设沉降属于某一流型（譬如层流区），则可直接选用与该流型相应的沉降速度公式计算 u_t。然后按 u_t 检验 Re_t 值是否在原设的流型范围内。如果与原设一致，则求得的 u_t 有效；否则，按算出的 Re_t 值另选流型，并改用相应的公式求 u_t，直到按求得 u_t 算出的 Re_t 值恰与所选用公式的 Re_t 值范围相符为止。

（2）摩擦数群法。该法是把图 2-2 加以转换，使两个坐标轴之一变成不包含 u_t 的量纲为 1 的数群，进而便可求得 u_t。具体为：

$$\xi = \frac{4d(\rho_s - \rho)g}{3\rho u_t^2} \tag{2-15}$$

又有

$$Re_t^2 = \frac{d^2 u_t^2 \rho^2}{\mu^2} \tag{2-16}$$

令 ξ 与 Re_t^2 相乘，便可消去 u_t，即

$$\xi Re_t^2 = \frac{4d^3\rho(\rho_s - \rho)g}{3\mu^2} \Rightarrow K = d^3\sqrt{\frac{\rho(\rho_s - \rho)g}{\mu^2}} \Rightarrow \xi Re_t^2 = \frac{4}{3}K^3 \tag{2-17}$$

由已知数据算出 ξRe_t^2 值，再由 ξRe_t^2–Re_t 曲线查得 Re_t，则可由 Re_t 反算 u_t 值（图 2-3）。

如果要计算在一定介质中具有某一沉降速度 u_t 的颗粒的直径，也可用类似的方法。

【例 2-1】　玉米淀粉水悬浮液在 20℃时，颗粒的直径为 6~21μm，其平均值为 15μm。求沉降速度（假定吸水后淀粉颗粒的相对密度为 1.02）。

【解】　水在 20℃时，$\mu = 10^{-3}$ Pa·s，$\rho = 1000$kg/m³；$\rho_s = 1020$kg/m³。

假定在层流区沉降，则按斯托克斯公式：

$$u_t = \frac{d^2(\rho_s - \rho)g}{18\mu} = \frac{(15 \times 10^{-6})^2 \times (1020 - 1000) \times 9.81}{18 \times 10^{-3}} = 2.45 \times 10^{-6} \text{m/s}$$

$$Re_t = \frac{15 \times 10^{-6} \times 2.45 \times 10^{-6} \times 1000}{10^{-3}} = 3.68 \times 10^{-5} < 1$$

所以 u_t 正确。

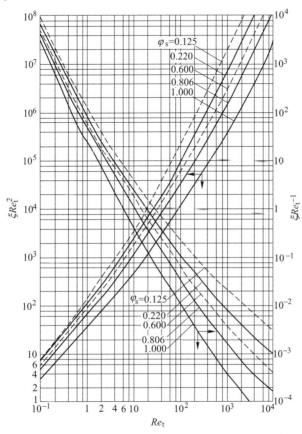

图 2-3　$\xi Re_t^2 - Re_t$ 和 $\xi Re_t^{-1} - Re_t$ 的关系曲线

2.2.2　重力沉降设备

2.2.2.1　降尘室

降尘室是依靠重力沉降从气流中分离出尘粒的设备。

A　单层降尘室

最常见的单层降尘室如图 2-4 所示。含尘气体进入沉降室后，颗粒随气流有一水平向前的运动速度 u，在重力作用下，以沉降速度 u_t 向下沉降。含尘气体因流道截面积扩大而速度减慢，只要颗粒能够在气体通过降尘室的时间段降至室底，便可从气流中分离出来。颗粒在降尘室内的运动情况如图 2-4（b）所示。

令　l 为降尘室的长度，m；H 为降尘室的高度，m；b 为降尘室的宽度，m；u 为气体

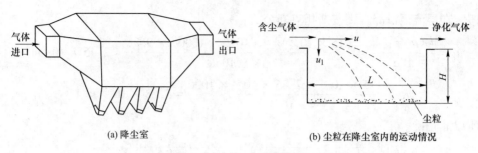

(a) 降尘室　　　　　　　　　　　　　　(b) 尘粒在降尘室内的运动情况

图 2-4　降尘室示意图

在降尘室的水平通过速度，m/s；V_s 为降尘室的生产能力（即含尘气体通过降尘室的体积流量），m^2/s。

则位于降尘室最高点的颗粒沉降至室底需要的时间为

$$\theta_t = \frac{H}{u_t}$$

气体通过降尘室的时间为

$$\theta = \frac{l}{u}$$

为满足除尘要求，气体在降尘室内的停留时间至少须等于颗粒的沉降时间，即

$$\theta \geqslant \theta_t \ \text{或} \ \frac{l}{u} \geqslant \frac{H}{u_t}$$

气体在降尘室内的水平通过速度为

$$u = \frac{V_s}{Hb} \tag{2-18}$$

单层降尘室的生产能力为

$$V_s \leqslant blu_t \tag{2-19}$$

B　多层降尘室

理论上，降尘室的生产能力只与其沉降面积 bl 及颗粒的沉降速度 u_t 有关，与降尘室高度 H 无关，故降尘室应设计成扁平形，或在室内均匀设置多层水平隔板，构成多层降尘室，如图 2-5 所示。隔板间距一般为 40~100mm。

若降尘室设置 n 层水平隔板，则多层降尘室的生产能力变为

$$V_s \leqslant (n+1)blu_t \tag{2-19a}$$

降尘室结构简单、流动阻力小，但是存在体积庞大、分离效率低等缺点，所以通常只适用于分离粒度大于 50μm 的粗颗粒，一般作为预除尘使用。多层降尘室虽能分离较细的颗粒且节省占用面积，但清灰比较麻烦。

【例 2-2】　拟采用降尘室回收常压炉气中所含的球形固体颗粒。降尘室底面积为 $10m^2$，宽和高均为 2m。操作条件下，气体的密度为 $0.75kg/m^3$，黏度为 $2.6 \times 10^{-5} Pa \cdot s$；固体的密度为 $3000kg/m^3$；降尘室的生产能力为 $3m^3/s$。试求：（1）理论上能完全捕集下来的最小颗粒直径；（2）粒径为 40μm 的颗粒的回收百分率；（3）如欲完全回收直径为 10μm 的尘粒，在原降尘室内需设置多少层水平隔板？

【解】　（1）理论上能完全捕集下来的最小颗粒直径。在降尘室中能够完全被分离出

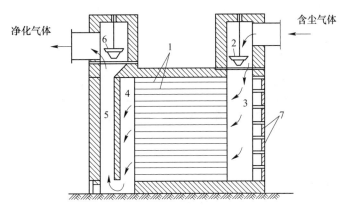

图 2-5　多层除尘室

1—隔板；2，6—调节闸阀；3—气体分配道；4—气体集聚道；5—气道；7—清灰口

米的最小颗粒的沉降速度为

$$u_{t} = \frac{V_{s}}{bl} = \frac{3}{10} = 0.3 \, \text{m/s}$$

由于粒径为待求参数，沉降雷诺准数 Re_{t} 和判断因子 K 都无法计算，故需采用试差法。假设沉降在层流区，则可用斯托克斯公式求最小颗粒直径，即

$$d_{min} = \sqrt{\frac{18\mu u_{t}}{(\rho_{s} - \rho)g}} = \sqrt{\frac{18 \times 2.6 \times 10^{-5} \times 0.3}{3000 \times 9.81}} = 6.91 \times 10^{-5} \, \text{m} = 69.1 \, \mu\text{m}$$

核算沉降流型

$$Re_{t} = \frac{d_{min}u_{t}\rho}{\mu} = \frac{6.91 \times 10^{-5} \times 0.3 \times 0.75}{2.6 \times 10^{-5}} = 0.598$$

因此，原设在层流区沉降假设正确，求得的最小粒径有效。

（2）40μm 颗粒的回收百分率。假设颗粒在炉气中的分布是均匀的，则在气体的停留时间内，颗粒的沉降高度与降尘室高度之比即为该尺寸颗粒被分离下来的分率。

由于各种尺寸颗粒在降尘室内的停留时间均相同，故 40μm 颗粒的回收率也可用其沉降速度 u'_{t} 与 69.1μm 颗粒的沉降速度 u_{t} 之比来确定，在斯托克斯定律区则有

$$\text{回收率} = u'_{t} / u_{t} = (d'/d_{min})^{2} = (40/69.1)^{2} = 0.335$$

即回收率为 33.5%。

（3）需设置的水平隔板层数。多层降尘室中需设置的水平隔板层数。

由（1）计算可知，10μm 颗粒的沉降在层流区，用斯托克斯公式计算沉降速度，即

$$u_{t} = \frac{d^{2}(\rho_{s} - \rho)g}{18\mu} \approx \frac{(10 \times 10^{-6})^{2} \times 3000 \times 9.81}{18 \times 2.6 \times 10^{-5}} = 6.29 \times 10^{-3} \, \text{m/s}$$

所以

$$n = \frac{V_{s}}{blu_{t}} - 1 = \frac{3}{10 \times 6.29 \times 10^{-3}} - 1 = 46.69$$

取 47 层隔板间距为

$$h = \frac{H}{n + 1} = \frac{2}{47 + 1} = 0.042 \, \text{m}$$

核算气体在多层降尘室内的流型：若忽略隔板厚度所占空间，则气体的流速为

$$u = \frac{V_s}{bH} = \frac{3}{2 \times 2} = 0.75\mathrm{m/s}$$

$$d_e = \frac{4bh}{2(b+h)} = \frac{4 \times 2 \times 0.042}{2(2+0.042)} = 0.082\mathrm{m}$$

所以
$$Re = \frac{d_e u\rho}{\mu} = \frac{0.082 \times 0.75 \times 0.75}{2.6 \times 10^{-5}} = 1774$$

即气体在降尘室的流动为层流，设计合理。

2.2.2.2　沉降槽

沉降槽是提高悬浮液浓度并得到澄清液体的重力沉降设备。沉降槽分为间歇操作和连续操作两类。

（1）间歇沉降槽，通常是略带有锥底的圆槽，需要处理的悬浮料浆在槽内静置一段时间后，清液由槽上部排出管抽出，增浓的沉渣由槽底排出。

（2）连续沉降槽，是底部略成锥状的大直径浅槽，如图2-6所示。料浆由中央进料口送到液面下0.3~1.0m处，在尽可能减小扰动的情况下，迅速分散到整个横截面上。液体向上流动，清液由槽顶端四周的溢流堰连续流出，称为溢流；固体颗粒下沉至底部，槽底用缓慢旋转的转耙将沉渣聚拢到底部中央的排渣口连续排出，排出的稠浆称为底流。

连续沉降槽的生产能力与沉降槽的高度无关。因此，有时可将数个沉降槽垂直叠放，共用一根中心竖轴带动各槽的转耙。多层沉降槽可以节省空间，但操作控制较复杂。连续沉降槽适用于处理量大、浓度不高、颗粒不太细的悬浮料浆。经处理后的沉渣仍含有约50%的液体。

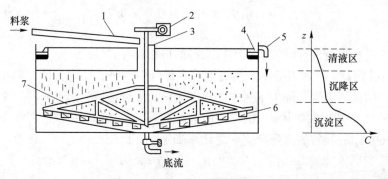

图2-6　连续沉降槽

1—进料槽道；2—转动机构；3—料井；4—溢流槽；5—溢流管；6—叶片；7—转耙

2.2.3　离心沉降

依靠惯性离心力实现沉降的过程称为离心沉降。

2.2.3.1　惯性离心力作用下的沉降速度

在与转轴距离为R、切向速度为u_T的位置上，惯性离心力场强度为u_T^2/R。惯性离心力场强度随位置及切向速度而变，其方向沿旋转半径从中心指向外周。

当流体带着颗粒旋转时，如果颗粒的密度ρ_s大于流体的密度ρ，则惯性离心力将使颗

粒在径向上与流体发生相对运动而飞离中心。惯性离心力场中颗粒在径向上也受到三个力的作用，即惯性离心力、向心力和阻力。如果球形颗粒的直径为 d，密度为 ρ_s，流体密度为 ρ，颗粒与中心轴的距离为 R，切向速度为 u_T，则上述三个力为

$$惯性离心力 = \frac{\pi}{6} d^3 \rho_s \frac{u_T^2}{R}$$

$$向心力 = \frac{\pi}{6} d^3 \rho \frac{u_T^2}{R}$$

$$阻力 = \xi \frac{\pi}{4} d^2 \frac{\rho u_r^2}{2}$$

三力达到平衡时，有 $\dfrac{\pi}{6} d^3 \rho_s \dfrac{u_T^2}{R} - \dfrac{\pi}{6} d^3 \rho \dfrac{u_T^2}{R} - \xi \dfrac{\pi}{4} d^2 \dfrac{\rho u_r^2}{2} = 0$

平衡时，颗粒在径向上相对于流体的运动速度 u_r，是它在此位置的离心沉降速度：

$$u_r = \sqrt{\frac{4d(\rho_s - \rho)}{3\rho\xi} \frac{u_T^2}{R}} \tag{2-20}$$

式（2-20）与式（2-12）相比可知，同一颗粒在同种介质中的离心沉降速度与重力沉降速度的比值：

$$K_c = \frac{u_r}{u_t} = \frac{u_T^2}{gR} \tag{2-21}$$

K_c 的物理意义：颗粒在离心力场中所受离心力为重力的倍数。它是反映离心设备性能的重要指标。旋风分离器的分离因数 $K_c = 5 \sim 2500$。

2.2.3.2 旋风分离器的操作原理

旋风分离器是利用惯性离心力的作用，从含尘气流中分离出尘粒的设备。图 2-7 所示为标准旋风分离器。含尘气体由圆筒上部的进气管切向进入，因器壁的约束向下做螺旋运动。在惯性离心力作用下，颗粒被抛向器壁而与气流分离，并沿壁面落至锥底的排灰口。净化后的气体在中心轴附近自下而上做螺旋运动，最后由顶部排气管排出（图 2-8）。通常，把下行的螺旋气流称为外旋流，上行的螺旋气流称为内旋流（又称气心）。

旋风分离器各部分的尺寸均有一定的比例，只要固定其中一个主要尺寸，则其他各部分的尺寸亦随之确定（见图 2-7 图注）。

旋风分离器因结构简单、造价低廉、没有活动部件、可用多种材料制造、操作条件范围宽广、分离效率较高，作为除尘、分离设备广泛应用于化工、采矿、冶金、机械、轻工等工业领域。

2.2.3.3 旋风分离器的性能

评价旋风分离器性能的主要指标是尘粒从气流中的分离效果及气体经过旋风分离器的压强降。

A 临界粒径

所谓临界粒径，是理论上在旋风分离器中能被完全分离下来的最小颗粒直径。临界粒径是判断分离效率高低的重要依据。

计算临界粒径的关系式，可在下述简化条件下推导出来。

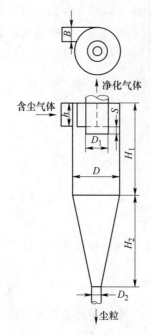

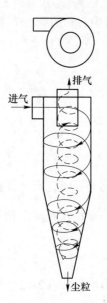

图 2-7　标准旋风分离器

图 2-8　气体在旋风分离
器内的运动情况

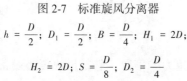

假定：颗粒与气体在旋风分离器内的切线速度 u_t 恒定，与所在位置无关，且等于在进口处的速度 u_i；颗粒沉降过程中所穿过的最大气层厚度等进气口宽度 B；颗粒与气流的相对运动为层流，其径向沉降速度可用式（2-20）计算。

因 $\rho \ll \rho_s$，故式（2-20）中的 $\rho_s - \rho \approx \rho_s$；又旋转半径 R 可取平均值 R_m，则气流中颗粒的离心沉降速度为 $u_r = \dfrac{d^2 \rho_s u_i^2}{18 \mu R_m}$。

根据第二条假设，颗粒到达器壁所需的沉降时间为 $\theta_t = \dfrac{B}{u_r} = \dfrac{18 \mu R_m B}{d^2 \rho_s u_i^2}$。

令气体进入气心以前在向内旋转的圈数为 N_e，它在器内运行的距离便是 $2\pi R_m N_e$，则有效停留时间为 $\theta = \dfrac{2\pi R_m N_e}{u_i}$。

若某种尺寸的颗粒所需的沉降时间 θ_t 恰好等于停留时间 θ，该颗粒就是理论上能被完全分离下来的最小颗粒。以 d_c 代表恰好能 100% 被分离出来的颗粒直径（即临界粒径），则 $\dfrac{18 \mu R_m B}{d_c^2 \rho_s u_i^2} = \dfrac{2\pi R_m N_e}{u_i}$，解得

$$d_c = \sqrt{\frac{9 \mu B}{\pi N_e \rho_s u_i}} \qquad\qquad (2\text{-}22)$$

　　由式（2-22）可见，临界直径与颗粒、气体的性质、旋风分离器的结构和处理量有关。处理量越小（u_i 越小）、颗粒密度越大、进口越窄、长径比越大（N 越大），则临界直径越小，或者说越容易分离。所以，当气体处理量很大时，常将若干个小尺寸的旋风分离器并联使用（称为旋风分离器组），以维持较高的除尘效率。

　　在推导式（2-22）时所作的前两项假设与实际情况差距较大，但这个公式非常简单，只要给出合适的 N_e 值即可，属粗略估计。N_e 的数值一般为 0.5~3.0，对标准旋风分离器，气体在器内旋转圈数 $N_e = 5$。

　　B　分离效率

　　旋风分离器的分离效率有两种表示法：一是总效率，以 η_0 表示；二是分效率，又称粒级效率，以 η_p 表示。

　　a　总效率 η_0

　　总效率是指进入旋风分离器的全部颗粒中被分离下来的质量分数，即

$$\eta_0 = \frac{C_1 - C_2}{C_1} \tag{2-23}$$

式中　C_1——旋风分离器进口气体含尘浓度，g/m^3；

　　　　C_2——旋风分离器出口气体含尘浓度，g/m^3。

　　总效率是工程中最常用的、也是最易测定的分离效率。这种表示方法的缺点是不能表明旋风分离器对各种尺寸粒子的不同分离效果。

　　b　粒级效率 $\eta_{p,i}$

　　按各种粒度分别表明其被分离下来的质量分率，称为粒级效率。通常把气流中所含颗粒的尺寸范围分成 n 个小段，而其中第 i 个小段范围的颗粒（平均粒径为 d_i）的粒级效率定义为

$$\eta_{p,i} = \frac{C_{1,i} - C_{2,i}}{C_{1,i}} \tag{2-24}$$

式中　$C_{1,i}$——进口气体中粒径在第 i 小段范围内的颗粒的浓度，g/m^3；

　　　　$C_{2,i}$——出口气体中粒径在第 i 小段范围内的颗粒的浓度，g/m^3。

　　粒级效率 η_p 与颗粒直径 d_i 的对应关系可用曲线表示，称为粒级效率曲线。有时也把旋风分离器的粒级效率 η_p 标绘成粒径比 $\dfrac{d}{d_{50}}$ 的函数曲线。d_{50} 是粒级效率恰为 50% 的颗粒直径，称为分割粒径。

　　C　压强降

　　气体经旋风分离器时，由于摩擦阻力、局部阻力以及气体旋转运动所产生的动能损失等，均造成气体的压强降。压强降计算式为：

$$\Delta p = \xi \frac{\rho u_i^2}{2} \tag{2-25}$$

式中，ξ 为比例系数，亦即阻力系数。对于同一结构形式及尺寸比例的旋风分离器，ξ 为常数，标准型旋风分离器 $\xi = 8.0$。旋风分离器的压强降一般为 500~2000Pa。

2.2.3.4　旋风分离器的结构形式与选用

旋风分离器的分离效率受含尘气的物理性质、含尘浓度、粒度分布及操作方法的影响，与设备的结构尺寸密不可分。

在旋风分离器的结构设计中，主要对以下两方面进行改进：

（1）采用细而长的器身。减小器身直径可增大惯性离心力，增加器身长度可延长气体停留时间，所以，细而长的器身有利于颗粒的离心沉降，使分离效率提高。

（2）减小涡流的影响。含尘气体自进气管进入旋风分离器后，有一小部分气体向顶盖流动，然后沿排气管外侧向下流动，当达到排气管下端时，汇入上升的内旋气流中。这部分气流称为上涡流。分散在这部分气流中的颗粒由短路而逸出器外，这是造成旋风分离器低效的主要原因之一。采用带有旁路分离室或采用异型进气管的旋风分离器，可以改善上涡流的影响。

此外，还可采用扩散式旋风分离器以及排气管和灰斗尺寸的合理设计，均可提高除尘效率。

2.3　过　滤

2.3.1　颗粒床层的特性

（1）床层空隙率 ε。由颗粒群堆积成的床层疏密程度可用空隙率来表示，其定义如下：

$$\varepsilon = \frac{床层空隙体积}{床层体积} = \frac{床层体积 - 颗粒体积}{床层体积} \qquad (2\text{-}26)$$

影响空隙率 ε 值的因素，有颗粒的大小、形状、粒度分布与充填方式等。一般乱堆床层的空隙率大致在 0.47~0.70 之间。

（2）床层的比表面积 a_b。单位床层体积（不是颗粒体积）具有的颗粒表面积称为床层的比表面积 a_b。若忽略颗粒之间接触面积的影响，则

$$a_b = (1 - \varepsilon)a \qquad (2\text{-}27)$$

式中　a_b——床层比表面积，m^2/m^3；

　　　a——颗粒的比表面积，m^2/m^3；

　　　ε——床层空隙率。

床层比表面积也可根据堆积密度估算，即

$$a_b = \frac{6\rho_b}{d\rho_s} \qquad (2\text{-}28)$$

式中，ρ_b、ρ_s 分别为堆积密度和真实密度，kg/m^3。ρ_b 和 ρ_s 之间的近似关系可用下式表示：

$$\rho_b = (1 - \varepsilon)\rho_s \qquad (2\text{-}29)$$

（3）床层的各向同性＼＼床层的平均自由截面积。单位床层截面上未被颗粒所占据的面积称为自由截面积。对颗粒均匀堆积的床层，平均自由截面积的数值与床层空隙率 ε 是相等的：

$$S_0 = \frac{\text{床层截面积} - \text{颗粒所占的平均截面积}}{\text{床层截面积}} \qquad (2\text{-}30)$$

（4）床层的简化模型。简化模型是将床层中不规则的通道假设成长度为 l、当量直径为 d_e 的一组平行细管，并且规定：细管的全部流动空间等于颗粒床层的空隙容积；细管的内表面积等于颗粒床层的全部表面积。

在上述简化条件下，以 $1m^3$ 床层体积为基准，细管的当量直径可表示为床层空隙率 ε 及比表面积 a_b 的函数，即

$$d_{eb} = \frac{4 \times \text{床层流动空间}}{\text{细管的全部内表面积}} = \frac{4\varepsilon}{a_b} = \frac{4\varepsilon}{(1-\varepsilon)a} \qquad (2\text{-}31)$$

2.3.2　过滤操作的基本概念

过滤是在外力（重力、压强差或惯性离心力）作用下，以某种多孔物质为介质（称为过滤介质），使悬浮液（称为滤浆或料浆）中的液体通过介质的孔道，固体颗粒则被截留在介质上，实现固、液分离的操作。过滤是分离悬浮液最普遍和最有效的单元操作之一。通过多孔通道的液体称为滤液，被截留的固体物质称为滤饼或滤渣。在化工生产中应用最多的是以压强差为推动力的过滤。

2.3.2.1　过滤方式

过滤操作分为饼层过滤和深床过滤两类。

（1）饼层过滤。饼层过滤的过程为：悬浮液于过滤介质的一侧，固体物沉积于介质表面形成滤饼层。由于过滤介质中微细孔道的直径可能大于悬浮液中部分颗粒的直径，因而过滤之初有一些细小颗粒穿过介质而造成浑浊滤液，但是颗粒会在孔道中迅速发生"架桥"现象（见图 2-9a），使小于介质孔道直径的细小颗粒也能被拦截。故当滤饼开始形成，滤液变清，此后过滤才能有效地进行。所以，在饼层过滤中，真正发挥拦截颗粒作用的主要是滤饼层而不是过滤介质。通常，过滤开始阶段得到的浑浊液，待滤饼形成后应返回滤浆槽重新处理。饼层过滤适用于处理固体含量较高（固相体积分数约在 1% 以上）的悬浮液。

（2）在深床过滤中，固体颗粒沉积于较厚的粒状过滤介质床层内部。这种过滤适用于生产能力大而悬浮液中颗粒小、含量甚微（固相体积分数在 0.1% 以下）的场合。自来水厂饮水的净化及从合成纤维纺丝液中除去极细固体物质等，均采用这种过滤方法。

另外，随着膜分离技术应用领域的扩大，作为精密分离技术的膜过滤（包括微孔过滤和超滤），近年来发展非常迅速。

化工过程中所处理的悬浮液固相浓度往往较高，故本节只讨论饼层过滤。

2.3.2.2　过滤介质

过滤介质是滤饼的支承物，它应具有足够的力学强度和尽可能小的流动阻力，以及一定的耐腐蚀性和耐热性。

工业上常用的过滤介质主要有下面 4 类。

（1）织物介质（又称滤布），包括由棉、毛、丝、麻等天然纤维及合成纤维制成的织物，以及由玻璃丝、金属丝等织成的网。这类介质能截留颗粒的最小直径为 5~65 μm。织物介质在工业上应用最为广泛。

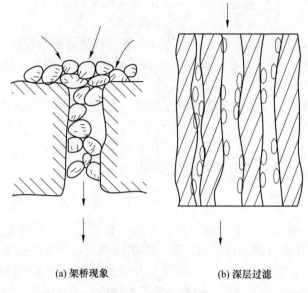

(a) 架桥现象　　　　　　(b) 深层过滤

图 2-9　过滤示意图

（2）堆积介质，由各种固体颗粒（细砂、木炭、石棉、硅藻土）或非编织纤维等堆积而成，多用于深床过滤。

（3）多孔固体介质，具有很多微细孔道的固体材料，如多孔陶瓷、多孔塑料及多孔金属制成的管或板，能拦截 $1\sim3\mu m$ 的微细颗粒。

（4）多孔膜，用于膜过滤的各种有机高分子膜和无机材料膜。

2.3.3　过滤基本方程式

过滤基本方程式是描述过滤速率（或过滤速度）与过滤推动力、过滤面积、料浆性质、介质特性及滤饼厚度等诸因素关系的数学表达式。

2.3.3.1　滤液通过饼层的流动

A　滤液通过滤饼层流动的特点

滤液通道细小曲折，形成不规则的网状结构；随着过滤的进行，滤饼厚度不断增加，流动阻力逐渐加大，因而过滤属非稳态操作；细小而密集的颗粒层提供了很大的液、固接触表面，滤液的流动大都在层流区。

B　滤液通过饼层流动的数学描述

对于滤液通过平行细管的层流流动，由康采尼方程式得到

$$u = \frac{\varepsilon^3}{5a^2(1-\varepsilon)^2}\left(\frac{\Delta p_c}{\mu L}\right) \tag{2-32}$$

式中　u——按整个床层截面积计算的滤液平均流速，m/s；

　　　Δp_c——滤液通过滤饼层的压强降，Pa；

　　　L——滤饼层厚度，m；

　　　μ——滤液黏度，Pa·s。

2.3.3.2 过滤速率和过滤速度

单位时间通过单位过滤面积的滤液体积，称为过滤速度，单位为 m/s。通常将单位时间获得的滤液体积称为过滤速率，单位为 m³/s。若过滤进程中其他因素维持不变，则由于滤饼厚度不断增加而使过滤速度逐渐变小。任一瞬间的过滤速度应写成

$$u = \frac{\mathrm{d}V}{A\mathrm{d}\theta} = \frac{\varepsilon^3}{5a^2(1-\varepsilon)^2}\left(\frac{\Delta p_c}{\mu L}\right) \tag{2-33}$$

而过滤速率为

$$\frac{\mathrm{d}V}{\mathrm{d}\theta} = \frac{\varepsilon^3}{5a^2(1-\varepsilon)^2}\left(\frac{A \cdot \Delta p_c}{\mu L}\right) \tag{2-34}$$

式中，V 为滤液量，m³；θ 为过滤时间，s；A 为过滤面积，m²。

2.3.3.3 滤饼的阻力

对于不可压缩滤饼，滤饼层中的空隙率 ε 可视为常数，颗粒的形状、尺寸也不改变，因而比表面 a 亦为常数。

$\dfrac{\varepsilon^3}{5a^2(1-\varepsilon)^2}$ 反映了颗粒的特性，其值随物料而不同。令 $\dfrac{\varepsilon^3}{5a^2(1-\varepsilon)^2} = \dfrac{1}{r}$ 则有

$$u = \frac{\mathrm{d}V}{A\mathrm{d}\theta} = \frac{\Delta p_c}{\mu r L} = \frac{\Delta p_c}{\mu R} \tag{2-35}$$

$$R = rL \tag{2-36}$$

式中，r 为滤饼的比阻，1/m²；R 为滤饼阻力 1/m。

式（2-35）表明，对不可压缩滤饼，任一瞬间单位面积上的过滤速率与滤饼上、下游两侧的压强差 Δp_c 成正比，Δp_c 是过滤操作的推动力；与滤饼厚度 L、比阻 r 和滤液黏度 μ 成反比；单位面积上的过滤阻力是 μrL。

比阻 r 是单位厚度滤饼的阻力，在数值上等于黏度为 1Pa·s 的滤液以 1m/s 的平均流速通过厚度为 1m 的滤饼层时所产生的压强降。比阻反映了颗粒形状、尺寸及床层空隙率对滤液流动的影响。床层空隙率 ε 愈小及颗粒比表面 a 愈大，则床层越致密，对流体流动的阻滞作用也愈大。

2.3.3.4 过滤介质的阻力

过滤介质的阻力与其厚度及本身的致密程度有关。通常把过滤介质的阻力视为常数，仿照滤饼阻力公式，可写出滤液穿过过滤介质层的速度关系式：

$$\frac{\mathrm{d}V}{A\mathrm{d}\theta} = \frac{\Delta p_m}{\mu R_m} \tag{2-37}$$

由于很难划定过滤介质与滤饼之间的分界面，更难测定分界面处的压强，所以过滤操作总是将过滤介质与滤饼放在一起考虑。

通常，滤饼与滤布的面积相同，所以两层的过滤速度相等，即

$$\frac{\mathrm{d}V}{A\mathrm{d}\theta} = \frac{\Delta p_c + \Delta p_m}{\mu(R + R_m)} = \frac{\Delta p}{\mu(R + R_m)} \tag{2-38}$$

假设以一层厚度为 L_e 的滤饼代替滤布，即 $rL_e = R_m$，

$$\frac{dV}{Ad\theta} = \frac{\Delta p}{\mu(rL + rL_e)} = \frac{\Delta p}{\mu r(L + L_e)} \tag{2-39}$$

式中　Δp_m——过滤介质上、下游两侧的压强差，Pa；

　　　R_m——过滤介质阻力，1/m；

　　　L_e——过滤介质的当量滤饼厚度，或称虚拟滤饼厚度，m。

在过滤介质和悬浮液确定时，L_e 为定值；但是相同介质不同过滤操作中，L_e 值不同。

2.3.3.5　过滤基本方程式

在滤饼过滤过程中，滤饼厚度 L 随着时间的增加，滤液量也不断增多。

若每获得 $1m^3$ 滤液形成的滤饼体积为 $\nu(m^3)$，则任一瞬间的滤饼厚度 L 与当时已经获得的滤液体积 V 之间的关系为

$$LA = \nu V \tag{2-40}$$

或

$$L = \frac{\nu V}{A} \tag{2-41}$$

如以 V_e 表示生成厚度为 L_e 的滤饼所应获得的滤液体积，则有

$$L_e = \frac{\nu V_e}{A} \tag{2-42}$$

过滤速度和过滤速率分别为

$$\frac{dV}{Ad\theta} = \frac{\Delta p}{\mu r\nu\left(\dfrac{V + V_e}{A}\right)}, \quad \frac{dV}{d\theta} = \frac{A^2 \Delta p}{\mu r\nu(V + V_e)} \tag{2-43}$$

式中　ν——滤饼体积与相应的滤液体积之比，量纲为 1，或 m^3/m^3；

　　　V_e——过滤介质的当量滤液体积，或称虚拟滤液体积，m^3。

不过，压缩滤饼的情况比较复杂，它的比阻是两侧压强差的函数。考虑到滤饼的压缩性，通常可借用下面的经验公式来粗略估算压强差增大时比阻的变化，即

$$r = r'(\Delta p)^s \tag{2-44}$$

式中　r'——单位压强差下滤饼的比阻，$1/m^2$；

　　　Δp——过滤压强差，Pa；

　　　s——滤饼的压缩性指数，量纲为 1，一般情况下，$s = 0 \sim 1$。

对于不可压缩滤饼，$s = 0$，故过滤基本方程式可表示为

$$\frac{dV}{d\theta} = \frac{A^2 \Delta p^{1-s}}{\mu r'\nu(V + V_e)} \tag{2-45}$$

式（2-45）为过滤基本方程式，表示过滤进程中任一瞬间的过滤速率与各有关因素间的关系，是过滤计算及强化过滤操作的基本依据。该式适用于可压缩滤饼及不可压缩滤饼。对于不可压缩滤饼，因 $s = 0$，上式即简化为式（2-45a）。

$$\frac{dV}{d\theta} = \frac{A^2 \Delta p^1}{\mu r'\nu(V + V_e)} \tag{2-45a}$$

应用过滤基本方程式时，需针对操作的具体方式而积分。过滤操作有两种典型的方式，即恒压过滤和恒速过滤。工业上还常常采用先恒速、后恒压的复合操作方式，过滤开始时以较低的恒定速率操作，当表压升至给定数值后，再转入恒压操作。

2.3.4　恒压过滤

在恒定压强差下进行的过滤操作称为恒压过滤。恒压过滤是最常见的过滤方式。连续过滤机内进行的过滤都是恒压过滤，间歇过滤机内进行的过滤也多为恒压过滤。

恒压过滤时，滤饼不断变厚，致使阻力逐渐增加，但推动力 Δp 恒定，因而过滤速率逐渐变小。对于一定的悬浮液，恒压过滤时，压强差 Δp 不变，若 μ、r'、s 及 ν 皆可视为常数，令

$$K = \frac{2\Delta p^{1-s}}{\mu r' \nu} = 2k\Delta p^{1-s} \tag{2-46}$$

式中，K 为由物料特性及过滤压力差所决定的常数，称为过滤常数，其单位为 m^2/s。

将式（2-46）代入式（2-45a），得

$$\frac{dV}{d\theta} = \frac{KA^2}{2(V + V_e)} \tag{2-47}$$

恒压过滤时，K、A、V_e 都是常数，故上式的积分形式为

$$\int (V + V_e) dV = \frac{KA^2}{2} \int d\theta$$

式中，V_e 为与过滤介质阻力相对应的虚拟滤液体积。假定获得体积为 V_e 的滤液所需的虚拟过滤时间为 θ_e（常数），则积分的边界条件为

过滤时间	滤液体积
$0 \to \theta_e$	$0 \to V_e$
$\theta_e \to \theta + \theta_e$	$V_e \to V + V_e$

此处过滤时间是指虚拟的过滤时间（θ_e）与实在的过滤时间（θ）之和；滤液体积是指虚拟滤液体积（V_e）与实在的滤液体积（V）之和，于是可写出：

$$\int_0^{V_e} (V + V_e) d(V + V_e) = \frac{KA^2}{2} \int_0^{\theta_e} d(\theta + \theta_e)$$

及

$$\int_{V_e}^{V+V_e} (V + V_e) d(V + V_e) = \frac{KA^2}{2} \int_{\theta_e}^{\theta+\theta_e} d(\theta + \theta_e)$$

积分上两式得到

$$V_e^2 = KA^2 \theta_e \tag{2-48}$$

及

$$V^2 + 2V_e V = KA^2 \theta \tag{2-49}$$

两式相加可得

$$(V + V_e)^2 = KA^2(\theta + \theta_e) \tag{2-50}$$

式（2-50）称为恒压过滤方程式，它表明恒压过滤时滤液体积与过滤时间的关系为抛物线方程。

当过滤介质阻力可以忽略时，$V_e = 0$，$\theta_e = 0$，则式（2-50）简化为

$$V^2 = KA^2 \theta \tag{2-51}$$

又令

$$q = \frac{V}{A} \text{ 及 } q_e = \frac{V_e}{A}$$

则式（2-48）～式（2-50）可分别写成如下形式：

$$q_e^2 = K\theta_e \tag{2-48a}$$

$$q^2 + 2q_e q = K\theta \tag{2-49a}$$

$$(q + q_e)^2 = K(\theta + \theta_e) \tag{2-50a}$$

上式也称恒压过滤方程式。

恒压过滤方程式中的 θ_e 与 q_e 是反映过滤介质阻力大小的常数，均称为介质常数，其单位分别为 s 及 m^3/m^2。θ_e、q_e 与 K 三者总称过滤常数，其数值由实验测定。当悬浮液、过滤压力差、过滤介质一定时，K，q_e 均为常数。

当介质阻力可以忽略时，$q_e = 0$，$\theta_e = 0$，则式（2-49a）或（2-50a）可简化为

$$q^2 = K\theta$$

【例 2-3】 拟在 $9.81 \times 10^3 Pa$ 的恒定压强差下过滤某悬浮液。已知该悬浮液由直径为 0.1mm 的球形颗粒状物质悬浮于水中组成，过滤时形成不可压缩滤饼，其空隙率为 60%，水的黏度为 $1.0 \times 10^{-3} Pa \cdot s$，过滤介质阻力可以忽略。若每获得 1m³ 滤液所形成的滤饼体积为 0.333m³，试求：（1）每平方米过滤面积上获得 1.5m³ 滤液所需的过滤时间；（2）若将此过滤时间延长一倍，可再得多少滤液？

【解】 （1）过滤时间。已知过滤介质阻力可以忽略的恒压过滤方程为 $q^2 = K\theta$

单位面积获得的滤液量　　$q = 1.5 m^3/m^2$

过滤常数

$$K = \frac{2\Delta p^{1-s}}{\mu r' \nu}$$

对于不可压缩滤饼，$s = 0$，$r' = r = $ 常数，则

$$K = \frac{2\Delta p}{\mu r \nu}$$

已知 $\Delta p = 9.81 \times 10^3 Pa$，$\mu = 1.0 \times 10^{-3} Pa \cdot s$，$\nu = 0.333 m^3/m^2$，根据式（2-37）知 $r = \frac{5a^2(1-\varepsilon)^2}{\varepsilon^3}$，又已知滤饼的空隙率 $\varepsilon = 0.6$，球形颗粒的比表面

$$a = \frac{\pi d^2}{\frac{\pi}{6}d^3} = \frac{6}{d} = \frac{6}{0.1 \times 10^{-3}} = 6 \times 10^4 m^2/m^3$$

所以　　　　$$r = \frac{5(6 \times 10^4)^2(1 - 0.6)^2}{0.6^3} = 1.333 \times 10^{10} 1/m^2$$

$$K = \frac{2 \times 9.81 \times 10^3}{(1.0 \times 10^{-3})(1.333 \times 10^{10})(0.333)} = 4.42 \times 10^{-3} m^2/s$$

$$\theta = \frac{q^2}{K} = \frac{(1.5)^2}{4.42 \times 10^{-3}} = 509s$$

（2）过滤时间加倍时增加的滤液量 $\theta' = 2\theta = 2 \times 509 = 1018s$ 则

$$q' = \sqrt{K\theta'} = \sqrt{(4.42 \times 10^{-3}) \times 1018} = 2.12 m^3/m^2$$

$$q' - q = 2.12 - 1.5 = 0.62 m^3/m^2$$

即每平方米过滤面积上将再得 0.62m³ 滤液。

2.3.5　恒速过滤与先恒速后恒压过滤

过滤设备内部空间是一定的，当料浆充满后，供料的体积流量就等于滤液流出的体积流量。所以，当用排量固定的正位移泵向过滤机供料而未打开支路阀时，过滤速率是恒定的。这种维持速率恒定的过滤方式称为恒速过滤。随着过滤的进行，滤饼不断增厚，过滤阻力不断增大，要维持过滤速率不变，必须不断增大过滤的推动力——压力差。

恒速过滤时的过滤速度为

$$\frac{\mathrm{d}V}{A\mathrm{d}\theta} = \frac{V}{A\theta} = \frac{q}{\theta} = u_R = 常数 \tag{2-52}$$

所以
$$q = u_R\theta \tag{2-53}$$

或
$$V = Au_R\theta \tag{2-53a}$$

式中，u_R 为恒速阶段的过滤速度，m/s。

上式表明，恒速过滤时，V（或 q）与 θ 的关系是通过原点的直线。

对于不可压缩滤饼，根据式（2-45）可写出

$$\frac{\mathrm{d}q}{\mathrm{d}\theta} = \frac{\Delta p}{\mu r \nu (q + q_e)} = u_R = 常数$$

在一定的条件下，式中的 μ、r、ν、u_R 及 q_e 均为常数，仅 Δp 及 q 随 θ 而变化，于是得到

$$\Delta p = \mu r \nu u_R^2 \theta + \mu r \nu u_R q_e \tag{2-54}$$

或写成
$$\Delta p = a\theta + b \tag{2-54a}$$

式中常数：$a = \mu r \nu u_R^2$，$b = \mu r \nu u_R q_e$。

对不可压缩滤饼进行恒速过滤时，其操作压强差随过滤时间呈直线增高。工程中很少采用把恒速过滤进行到底的操作方法，而是采用先恒速后恒压的复合式操作方法。这种复合式操作的装置见图 2-10。

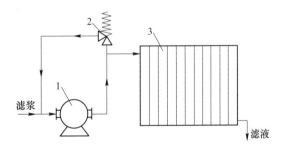

图 2-10　先恒速后恒压过滤示意图

1—泵；2—支路阀；3—压滤机

由于采用正位移泵，过滤初期维持恒定速率，泵出口表压强逐渐升高。经过 θ_R 时间后，获得体积为 V_R 的滤液，若此时表压强恰已升至能使支路阀自动开启的给定数值，则开始有部分料浆返回泵的入口，进入压滤机的料浆流量逐渐减小，而压滤机入口表压强维持恒定。后阶段的操作即为恒压过滤。

对于恒压阶段的 V-θ 关系，仍可用过滤基本方程式求得，即

$$\frac{\mathrm{d}V}{\mathrm{d}\theta} = \frac{kA^2 \Delta p^{1-s}}{V + V_e} \text{ 或 } (V + V_e)\mathrm{d}V = kA^2 \Delta p^{1-s}\mathrm{d}\theta$$

若令 V_R、θ_R 分别代表升压阶段终了瞬间滤液体积及过滤时间，上式积分形式为

$$\int_{V_R}^{V}(V + V_e)\mathrm{d}V = kA^2 \Delta p^{1-s}\int_{\theta_R}^{\theta}\mathrm{d}\theta$$

从而

$$(V^2 - V_R^2) + 2V_e(V - V_R) = KA^2(\theta - \theta_R) \tag{2-55}$$

式（2-55）即为恒压阶段的过滤方程，式中 $V-V_R$、$\theta-\theta_R$ 分别代表转入恒压操作后获得的滤液体积和其过滤时间。

2.3.6　过滤常数的测定

2.3.6.1　恒压下 K、q_e、θ_e 的测定

在某指定的压强差下对一定料浆进行恒压过滤时，过滤常数 K、q_e、θ_e 可通过恒压过滤实验测定。对 $(q + q_e)^2 = K(\theta + \theta_e)$ 微分，得

$$2(q + q_e)\mathrm{d}q = K\mathrm{d}\theta \quad \text{或} \quad \frac{\mathrm{d}\theta}{\mathrm{d}q} = \frac{2}{K}q + \frac{2}{K}q_e \tag{2-56}$$

上式表明，$\dfrac{\mathrm{d}\theta}{\mathrm{d}q}$ 与 q 应呈直线关系，直线的斜率为 $\dfrac{2}{K}$，截距为 $\dfrac{2}{K}q_e$。

为便于根据测定的数据计算过滤常数，上式左端的 $\dfrac{\mathrm{d}\theta}{\mathrm{d}q}$ 可用增量比 $\dfrac{\Delta\theta}{\Delta q}$ 代替，即

$$\frac{\Delta\theta}{\Delta q} = \frac{2}{K}q + \frac{2}{K}q_e \tag{2-57}$$

在过滤面积 A 上对待测的悬浮料浆进行恒压过滤实验，测出一系列时刻 θ 上的累计滤液量 V，并由此算出一系列 $q\left(= \dfrac{V}{A}\right)$ 值，从而得到一系列相互对应的 $\Delta\theta$ 与 Δq 之值。在直角坐标中标绘 $\dfrac{\Delta\theta}{\Delta q}$ 与 q 间的函数关系，可得一条直线，由直线的斜率 $\left(\dfrac{2}{K}\right)$ 及截距 $\left(\dfrac{2}{K}q_e\right)$ 的数值便可求得 K 与 q_e，再用式（2-48a）求出 θ_e 之值。这样得到的 K、q_e、θ_e 便是此种悬浮料浆在特定的过滤介质及压强差条件下的过滤常数。

在过滤实验条件比较困难的情况下，只要能够获得指定条件下的过滤时间与滤液量的两组对应数据，也可计算出三个过滤常数，因为

$$q^2 + 2q_e q = K\theta \tag{2-49a}$$

式（2-49a）中只有 K、q_e 两个未知量。将已知的两组 q-θ 对应数据代入该式，便可解出 q_e 及 K，再依式（2-48a）算出 θ_e。但是，如此求得的过滤常数，其准确性完全依赖于这仅有的两组数据，可靠程度往往较差。

2.3.6.2　压缩性指数 s 的测定

为了进一步求得滤饼的压缩性指数 s 以及物料特性常数 k，需要先在若干不同的压强差下对指定物料进行实验，求得若干过滤压强差下的 K 值，然后对 K-Δp 数据加以处理，即可求得 s 值。

对 $K = 2k\Delta p^{1-s}$ 两端取对数, 得 $\lg K = (1-s)\lg(\Delta p) + \lg(2k)$, 因 $k = 1/(\mu r'\nu) = $ 常数, 所以 K 与 Δp 的关系在对数坐标纸上是直线, 直线的斜率是 $1-s$, 截距是 $\lg(2k)$, 如此可得滤饼的压缩性指数 s 及物料特性常数 k。

2.3.7 过滤设备

由于不同生产工艺形成的悬浮液的性质差异很大, 过滤的目的、原料的处理量也不相同, 为适应各种不同要求而发展了多种形式的过滤机。这些过滤机可按产生压差的方式不同而分成两大类: 压滤和吸滤 (如叶滤机、板框压滤机、回转真空过滤机等)。此外还有离心过滤 (各种间歇卸渣和连续卸渣离心机)。

工业上应用最广泛的板框压滤机和加压叶滤机为间歇压滤型过滤机, 转筒真空过滤机则为吸滤型连续过滤机。

2.3.7.1 板框压滤机

板框压滤机 (图 2-11) 是间歇式压滤机, 由多块带凹凸纹路的滤板和滤框交替排列组装在机架上构成。滤板和滤框的个数在机座长度范围内可自行调节, 一般为 $10 \sim 60$ 块, 过滤面积为 $2 \sim 80 m^2$。

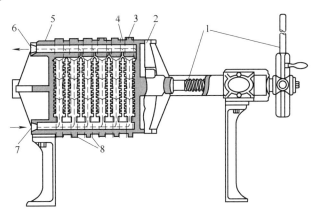

图 2-11 板框压滤机
1—压紧装置; 2—可动头; 3—滤框; 4—滤板;
5—固定头; 6—滤液出口; 7—滤浆进口; 8—滤布

滤板和滤框的构造如图 2-12 所示。板和框一般为正方形, 板和框的角端均开有圆孔, 装合、压紧后即构成供滤浆、滤液或洗涤液流动的通道 (图 2-13)。框的两侧覆以四角开孔的滤布, 空框与滤布围成了容纳滤浆及滤饼的空间。滤板又分为洗涤板与过滤板两种。洗涤板左上角的圆孔内还开有与板面两侧相通的侧孔道, 洗水可由此进入框内。为了便于区别, 常在板、框外侧铸有小钮或其他标志, 通常, 过滤板为一钮, 洗涤板为三钮, 而框则为二钮。装合时即按钮数以 1—2—3—2—1—2… 的顺序排列板与框。压紧装置的驱动可用手动、电动或液压传动等方式。

过滤时, 悬浮液在指定的压强下经滤浆通道由滤框角端的暗孔进入框内, 滤液分别穿过两侧滤布, 再经邻板板面流至滤液出口排走, 固体则被截留于框内。待滤饼充满滤框后, 即停止过滤。过滤过程中液体的流径如图 2-13 所示, 滤液的排出方式有明流与暗流

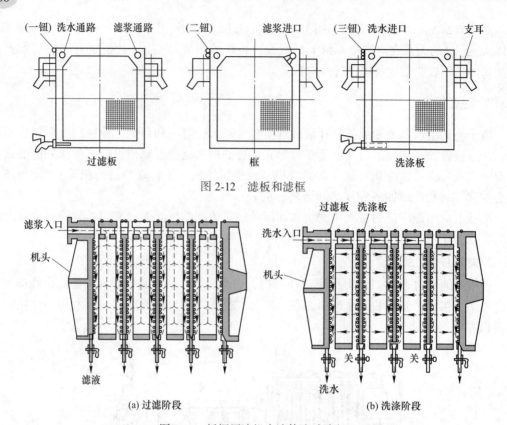

图 2-12　滤板和滤框

图 2-13　板框压滤机内液体流动路径

之分。若滤液经由每块滤板底部侧管直接排出，则称为明流；若滤液不宜暴露于空气中，则需将各板流出的滤液汇集于总管后送走，称为暗流。

若滤饼需要洗涤，可将水压入洗水通道，经洗涤板角端的暗孔进入板面与滤布之间。此时，应关闭洗涤板下部的滤液出口，洗水便在压强差推动下穿过一层滤布及整个厚度的滤饼，然后再横穿另一层滤布，最后由过滤板下部的滤液出口排出。这种操作方式称为横穿洗涤法，其作用在于提高洗涤效果。

洗涤结束后，旋开压紧装置并将板框拉开，卸出滤饼，清洗滤布，重新装合，进入下一个操作循环。

板框压滤机结构简单、制造方便、占地面积较小、过滤面积较大，主要用于过滤含固量多的悬浮液；操作压强高，其操作压强一般为 0.3~1.0MPa，适应能力强。由于它可承受较高的压差，因此可用以过滤细小颗粒或液体黏度较高的物料。其主要缺点是间歇操作，生产效率低，装卸、清洗大部分为手工操作，劳动强度大，滤布损耗也较快。

滤板和滤框的材料可由金属（如铸铁、碳钢、不锈钢、铝等）、塑料及木材制造。我国已制定板框压滤机系列标准及规定代号，如：

$$BMS20/635\text{-}25$$

其中，B——板框压滤机；M——明流式（若为 A，则表示暗流式）；S——手动压紧（若为 Y，则表示液压压紧）；20——过滤面积 20m²；635——框内每边长 635mm；25——框厚 25mm。

2.3.7.2　加压叶滤机

加压叶滤机由许多不同的矩形或圆形滤叶装合而成，如图 2-14 所示。滤叶由金属多孔板或金属网制造，内部有空间，外罩滤布。滤叶安装在能承受内压的密闭机壳内。工作时，滤浆用泵压送到机壳内，滤液穿过滤布进入叶内，汇集至总管后排出机外，颗粒则沉积于滤布外侧形成滤饼。滤饼的厚度通常为 5~35mm。

过滤时，滤液穿过滤布进入网状中空部分并汇集于下部总管中流出，滤渣沉积在滤叶外表面。若滤饼需要洗涤，则过滤完毕后通入洗水，洗水的路径与滤液相同。这种洗涤方法称为置换洗涤法。洗涤过后，打开机壳上盖，拔出滤叶，卸除滤饼。

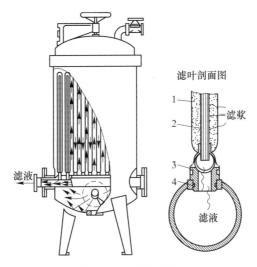

图 2-14　加压叶滤机
1—滤饼；2—滤布；3—拔出装置；4—橡胶圈

加压叶滤机的优点是密闭操作，过滤面积较大（一般为 $20~100m^2$）；过滤速度大，洗涤效果好；洗涤液与滤液通过的途径相同；滤布不用装卸，但一旦破损，更换较困难。其缺点是结构比较复杂造价较高，更换滤布（尤其对于圆形滤叶）比较麻烦。

2.3.7.3　转筒真空过滤机

转筒真空过滤机是一种连续操作的过滤机械。设备的主体是一个能转动的水平圆筒，其表面有一层金属网，网上覆盖滤布，筒的下部浸入滤浆中，如图 2-15 所示。圆筒沿径向分隔成若干扇形格，每格都有单独的孔道通至分配头上。圆筒转动时，分配头的作用使这些孔道依次分别与真空管及压缩空气管相通，因而在回转一周的过程中，每个扇形格表面即可顺序进行过滤、洗涤、吸干、吹松、卸饼等操作。

分配头由紧密贴合着的转动盘与固定盘构成。转动盘随着筒体一起旋转，固定盘内侧面各凹槽分别与各种不同作用的管道相通。在转动盘旋转一周的过程中，转筒表面的不同位置上，同时进行过滤—吸干—洗涤—吹松—卸饼等操作。如此连续运转，整个转筒表面上便构成了连续的过滤操作。

转筒真空过滤机连续自动操作，节省人力，生产能力大，特别适宜于处理量大且容易过滤的料浆；对难以过滤的胶体物系或细微颗粒的悬浮物，若采用预涂助滤剂措施，也比

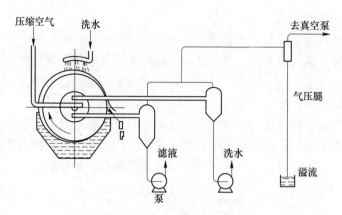

图 2-15　转筒真空过滤机装置示意图

较方便。其缺点是过滤机附属设备较多，投资费用高，过滤面积不大。由于是真空操作，因而过滤推动力有限，尤其不能过滤温度较高（饱和蒸气压高）的滤浆；滤饼的洗涤也不充分。

2.3.8　滤饼的洗涤

洗涤滤饼的目的在于回收滞留在颗粒缝隙间的滤液，或净化构成滤饼的颗粒。

单位时间内消耗的洗水容积称为洗涤速率，以 $\left(\dfrac{\mathrm{d}V}{\mathrm{d}\theta}\right)_{\mathrm{W}}$ 表示。由于洗涤过程中，滤饼不再增厚，故而阻力不变，在恒定的压力差推动下，洗涤速率基本为常数。若每次过滤终了以体积为 V_{W} 的洗水洗涤滤饼，则所需洗涤时间为

$$\theta_{\mathrm{W}} = \frac{V_{\mathrm{W}}}{\left(\dfrac{\mathrm{d}V}{\mathrm{d}\theta}\right)_{\mathrm{W}}} \tag{2-58}$$

式中，V_{W} 为流水用量，m^3；θ_{W} 为洗涤时间，s；下标 W 表示洗涤操作。

影响洗涤速率的因素可根据过滤基本方程式来分析，即

$$\frac{\mathrm{d}V}{\mathrm{d}\theta} = \frac{A\Delta p^{1-s}}{\mu r'(L + L_{\mathrm{e}})}$$

对于一定的悬浮液，r' 为常数。若洗涤推动力与过滤终了时的压强差相同，并假设洗水黏度与滤液黏度相近，则洗涤速率 $\left(\dfrac{\mathrm{d}V}{\mathrm{d}\theta}\right)_{\mathrm{W}}$ 与过滤终了时的过滤速率 $\left(\dfrac{\mathrm{d}V}{\mathrm{d}\theta}\right)_{\mathrm{E}}$ 有一定关系。这个关系取决于过滤设备上采用的洗涤方式。

叶滤机和转筒过滤机所采用的是置换洗涤法，洗水与过滤终了时的滤液流过的路径相同，故

$$(L + L_{\mathrm{e}})_{\mathrm{W}} = (L + L_{\mathrm{e}})_{\mathrm{E}}$$

式中下标 E 表示过滤终了时刻，而且洗涤面积与过滤面积也相同，故洗涤速率大致等于过滤终了时的过滤速率，即

$$\left(\frac{\mathrm{d}V}{\mathrm{d}\theta}\right)_{\mathrm{W}} = \left(\frac{\mathrm{d}V}{\mathrm{d}\theta}\right)_{\mathrm{E}} = \frac{KA^2}{2(V + V_{\mathrm{e}})} \tag{2-59}$$

式中，V 为过滤终了时所得滤液体积，m^3。

板框压滤机采用的是横穿洗涤法，洗水横穿两层滤布及整个厚度的滤饼，流径长度约为过滤终了时滤液流动路径的两倍，而供洗水流通的面积仅为过滤面积的一半，即

$$(L + L_e)_W = 2(L + L_e)_E$$

$$A_W = \frac{1}{2}A$$

将以上关系代入过滤基本方程式，可得

$$\left(\frac{dV}{d\theta}\right)_W = \frac{1}{4}\left(\frac{dV}{d\theta}\right)_E = \frac{KA^2}{8(V + V_e)} \tag{2-60}$$

即板框压滤机上的洗涤速率约为过滤终了时过滤速率的四分之一。

当洗水黏度、洗水表压与滤液黏度、过滤压强差有明显差异时，依照过滤基本方程式，所需的洗涤时间可按下式进行校正

$$\theta'_W = \theta_W\left(\frac{\mu_W}{\mu}\right)\left(\frac{\Delta p}{\Delta p_W}\right) \tag{2-61}$$

式中　θ'_W——校正后的洗涤时间，s；

　　　θ_W—— 未经校正的洗涤时间，s；

　　　μ_W——洗水黏度，Pa·s；

　　　Δp——过滤终了时刻的推动力，Pa；

　　　Δp_W——洗涤推动力，Pa。

2.3.9　过滤机的生产能力

过滤机的生产能力通常是指单位时间获得的滤液体积，少数情况下也有按滤饼的产量或滤饼中固相物质的产量来计算的。

2.3.9.1　间歇过滤机的生产能力

间歇过滤机的特点，是在整个过滤机上依次进行过滤、洗涤、卸渣、清理、装合等步骤的循环操作。在每一循环周期中，全部过滤面积只有部分时间在进行过滤，而过滤之外的各步操作所占用的时间也必须计入生产时间内。在计算生产能力时，应以整个操作周期为基准。

一个操作周期总时间为

$$T = \theta + \theta_W + \theta_D$$

式中　T——一个操作循环的时间，即操作周期，s；

　　　θ——一个操作循环内的过滤时间，s；

　　　θ_W——一个操作循环内的洗涤时间，s；

　　　θ_D——一个操作循环内的卸渣、清理、装合等辅助操作所需时间，s。

则生产能力的计算式为

$$Q = \frac{3600V}{T} = \frac{3600V}{\theta + \theta_W + \theta_D} \tag{2-62}$$

式中　V——一个操作循环内所获得的滤液体积，m^3；

　　　Q——生产能力，m^3/h。

【例 2-4】   拟用一台板框压滤机过滤悬浮液，板框尺寸为 450mm×450mm×25mm，有 40 个滤框。在 $\Delta p = 3\times10^5$Pa 下恒压过滤。待滤框充满滤渣后，用清水洗涤滤饼，洗涤水量为滤液体积的 1/10。已知每 $1m^3$ 滤液形成 $0.025m^3$ 滤饼；操作条件下过滤常数：$q_e = 0.0268m^3/m^2$；$\mu = 8.937\times10^{-4}$Pa · s；$r = 1.13\times10^{13}(\Delta p)^{0.274}$。

试求：（1）过滤时间；（2）洗涤时间；（3）若每次装卸清理的辅助时间为 60min，求此压滤机的生产能力。

【解】   （1）先确定 K 值：

$$K = 2k\Delta p^{1-s} = \frac{2\Delta p^{1-s}}{\mu r'\nu} = \frac{2\times(3\times10^5)^{1-0.274}}{8.937\times10^{-4}\times1.13\times10^{13}\times0.025} = 7.50\times10^{-5}(m^2/s)$$

计算滤框中充满滤饼时（$Y=1$）的 q 值：

$$q = \frac{V}{A} = \frac{\delta}{2\nu} = \frac{0.025}{2\times0.025} = 0.5(m^3/m^2)$$

由恒压过滤方程 $q^2 + 2q_e q = K\theta$，
得

$$\theta = \frac{q^2 + 2q_e q}{K} = \frac{0.5^2 + 2\times0.0268\times0.5}{7.5\times10^{-5}} = 3690(s)$$

（2）洗涤时间 θ_W。对板框压滤机，

$$\theta_W = \frac{8(q + q_e)q_W}{K} = \frac{8\times(0.5 + 0.0268)\times0.5/10}{7.5\times10^{-5}} = 2810(s)$$

（3）过滤机的生产能力。

$$V = qA = 0.5\times2\times40\times0.45^2 = 8.1(m^3)$$

$$Q = \frac{V}{T} = \frac{8.1}{3690 + 2810 + 3600} = 8.02\times10^{-4}(m^3/s)$$

2.3.9.2 连续过滤机的生产能力

以转筒真空过滤机为例，连续过滤机的特点是过滤、洗涤、卸饼等操作，在转筒表面的不同区域内同时进行；任何时刻，总有一部分表面浸没在滤浆中进行过滤；任何一块表面，在转筒回转一周过程中，都只有部分时间进行过滤操作。

转筒表面浸入滤浆中的分数称为浸没度，以 ψ 表示，即

$$\psi = \frac{浸没角度}{360°} \tag{2-63}$$

因转筒匀速运转，浸没度是转筒表面任何一小块过滤面积每次浸入滤浆中的时间（即过滤时间）θ 与转筒回转一周所用时间 T 的比值。若转筒转速为 n r/min，则 $T=60/n$。

在此时间内，整个转筒表面上任何一小块过滤面积所经历的过滤时间，均为

$$\theta = \psi T = \frac{60\psi}{n}$$

依照前面所述的间歇式过滤机生产能力的计算方法来解决连续式过滤机生产能力的计算。恒压过滤方程式（2-51）变为

$$(V + V_e)^2 = KA^2(\theta + \theta_e)$$

可知转筒每转一周所得的滤液体积为

$$V = \sqrt{KA^2(\theta + \theta_e)} - V_e = \sqrt{KA^2\left(\frac{60\psi}{n} + \theta_e\right)} - V_e$$

则每小时所得滤液体积，即生产能力为

$$Q = 60nV = 60(\sqrt{KA^2(60\psi n + \theta_e n^2)} - V_e n) \tag{2-64}$$

当滤布阻力可以忽略时，$\theta_e = 0$，$V_e = 0$，则上式简化为

$$Q = 60n\sqrt{KA^2\frac{60\psi}{n}} = 465A\sqrt{Kn\psi} \tag{2-64a}$$

所以，连续过滤机的转速愈高，生产能力也愈大。但若旋转过快，每一周期中的过滤时间便缩至很短，使滤饼太薄，难于卸除，也不利于洗涤，而且功率消耗增大。合适的转速需经实验决定。

【例 2-5】 用国产 GP2-1 型转鼓真空过滤机过滤某悬浮液，过滤机转鼓直径为 1m，转鼓长度 0.7m，浸没角 130°，转鼓转速 0.18r/min，在真空度 66.7kPa 下操作。悬浮液的过滤常数 $k = 9.90 \times 10^{-7} m^2/(\varepsilon \cdot kPa)$，滤饼不可压缩。试估计此过滤机的生产能力。

【解】 （1）过滤面积 A

$$A = \pi DH = \pi \times 1 \times 0.7 = 2.20(m^2)$$

（2）过滤常数 K。滤饼不可压缩，即 $s = 0$；$\Delta p = 66.7kPa$

所以

$$K = 2k(\Delta p)^{1-s} = 2 \times 9.90 \times 10^{-7} \times 66.7 = 1.32 \times 10^{-4}(m^2/s)$$

（3）转鼓的浸没度

$$\psi = 浸没角度/360° = 130/360 = 0.361$$

（4）过滤机的生产能力

设过滤介质阻力可忽略，则

$$Q = A\sqrt{Kn\psi} = 2.2 \times \sqrt{1.32 \times 10^{-4} \times \frac{0.18}{60} \times 0.361}$$

$$= 8.32 \times 10^{-4}(m^3/s) = 3.0(m^3/h)$$

2.4 固体流态化

将大量固体颗粒悬浮于流动的流体之中，并在流体作用下使颗粒做翻滚运动，这种状态为固体流态化。化学工业中固体流态化技术用来强化传热、传质，并实现某些化学反应、物理加工乃至颗粒的输送等过程，称为流态化技术。

2.4.1 流态化的基本概念

2.4.1.1 流态化现象

当一种流体自下而上流过颗粒床层时，随着流速的加大，会出现三种不同情况：

（1）固定床阶段。当流体通过床层的空塔速度较低时，颗粒基本上静止不动，颗粒层为固定床，如图 2-16（a）所示，床层高度为 L_0。

（2）流化床阶段。当流体的流速增大至一定程度时，颗粒开始松动，颗粒位置也在一

定的区间内进行调整，床层略有膨胀，但颗粒仍不能自由运动。这时床层处于起始或临界流化状态，如图 2-16（b）所示，床层高度为 L_{mf}。如果流体的流速升高到使全部颗粒刚好悬浮于向上流动的流体中而能做随机运动，此时流体与颗粒之间的摩擦阻力恰好与其净重力相平衡。

此后，床层高度 L 将随流速提高而升高，这种床层称为流化床，如图 2-16（c）、（d）所示。流化床阶段，每一个空塔速度对应一个相应的床层空隙率，流体的流速增加，空隙率也增大；但流体的实际流速总是保持颗粒的沉降速度不变，且原则上流化床有一个明显的上界面。

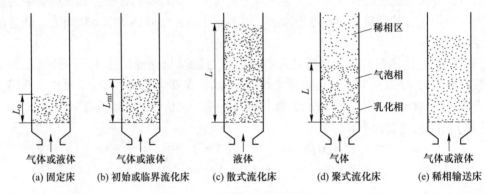

图 2-16　不同流速时床层的变化

（3）稀相输送阶段。当流体在床层中的实际流速超过颗粒的沉降速度时，流化床的上界面消失，颗粒将悬浮在流体中并被带出器外，如图 2-16(e)所示。此时，实现了固体颗粒的气力或液力输送，相应的床层称为稀相输送床层。

2.4.1.2　两种不同流化形式

（1）散式流化。散式流化状态的特点为固体颗粒均匀地分散在流化介质中，故亦称均匀流化。当流速增大时，床层逐渐膨胀而没有气泡产生，颗粒彼此分开，颗粒间的平均距离或床层中各处的空隙率均匀增大，床层高度上升，并有一稳定的上界面。通常两相密度差小的系统趋向散式流化，故大多数液-固流化属于"散式流化"。

（2）聚式流化。对于密度差较大的系统，则趋向于另一种流化形式——聚式流化。

由于气泡在上界面处破裂，所以上界面是以某种频率上下波动的不稳定界面，床层压强降也随之做相应的波动。

2.4.2　流化床的主要特征

2.4.2.1　流化床的压强降

A　理想流化床的压强降

理想情况下，流体通过颗粒床层时，克服流动阻力的压强降与空塔气速的关系示于图 2-17。大致可分为以下几个阶段：

（1）固定床阶段。在气体速度较低时，由固体颗粒所组成的床层静止不动，气体只从颗粒空隙中流过。因此，随着气速的增加，气体通过床层的摩擦阻力也相应增加，如图 2-17中 AB 段所示。

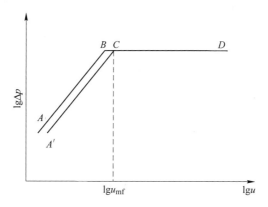

图 2-17　理想情况下 $\Delta p\text{-}u$ 关系曲线

当气速增大至某一定值，床层压强降等于单位面积床层净重力时，气体在垂直方向上给予床层的作用力刚好能够把全部床层颗粒托起，此时床层变松并略有膨胀，但固体颗粒仍保持接触而没有流化，如图中的 BC 段所示。

（2）流化床阶段。在流化床阶段，整个床层压强降保持不变，其值等于单位面积床层净重力。该阶段的 Δp 与 u 的关系如图 2-17 中的 CD 段所示。

如果降低流化床的气速，则床层高度、空隙率也随着降低，$\Delta p\text{-}u$ 关系仍沿 DE 线返回。当达到 C 点时，固体颗粒就互相接触，而成为静止的固定床。若继续降低流速，床层压强降不再沿 CBA 折线变化，而是沿 CA′线变化。比较 AB 线与 A′C 线可见，相同气速下，A′C 线的压强降较低。这是因为床层曾被吹松，比未被吹松过的固定床具有较大的空隙率。与 C 点相应的流速称为临界流化速度 u_{mf}，它是最小流化速度。

（3）气流输送阶段。在气流输送阶段，气流中颗粒浓度降低，由密相变为稀相，形成了两相同向流动的状态，使压强降降低。

B　实际流化床的压强降

实际流化床的情况较为复杂，其 $\Delta p\text{-}u$ 关系如图 2-18 所示，与理想流化床的 $\Delta p\text{-}u$ 曲线有显著区别。

（1）在固定床区域 AB 和流化区域 DE 之间有一个"驼峰" BCD，这是因为固定床颗粒之间相互靠紧，因而需要较大的推动力才能使床层松动，直至颗粒松动到刚能悬浮时，Δp 即从"驼峰"降到水平阶段 DE，此时压强降基本不随气速而变。最初的床层愈紧密，"驼峰"愈陡峻。当降低流化床气速时，压强降沿 EDC′A′变化。

（2）从图 2-18 可看出 DE 线近于水平而右端略为向上倾斜。这表明，气体通过床层时的压强降除绝大部分是用于平衡床层颗粒的重力外，还有很少一部分能量消耗于颗粒之间的碰撞及颗粒与容器壁面之间的摩擦。

（3）图 2-18 中 EDC′线和 C′A′线分别表示流化床阶段和固定床阶段。两线的交点 C′为临界点，对应该点的流速为临界流化速度 u_{mf}；相应的床层空隙率称为临界空隙率 ε_{mf}，它比没有流化过的原始固定床（AB 线段）的空隙率 ε_0 稍大一些。

（4）从图 2-18 中还可以见到 DE 线的上下各有一条虚线，这表示气体流化床的压强降波动范围，而 DE 线是这两条虚线的平均值。压强降的波动是因为从分布板进入的气体形

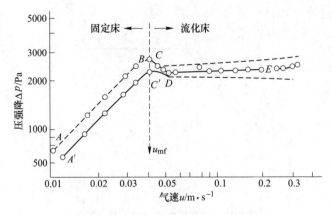

图 2-18　气体流化床实际 Δp-u 关系曲线

成气泡，在向上运动的过程中不断长大，到床面即行破裂。在气泡运动、长大、破裂的过程中产生压强降的波动。

2.4.2.2　类似液体的特点

流化床中的气-固运动状态宛如沸腾的液体状态，因此，流化床也称沸腾床。图 2-19 表示了这些特点的概况。流化床具有像液体那样的流动性：固体颗粒可以从容器壁的小孔喷出，并可从一容器流入另一容器；当容器倾斜时，床层的上表面保持水平；当两个床层连通时，能自行调整其床面至同一水平面。由于流化床具有类似液体的流动性，使操作易于实现连续化与自动化。

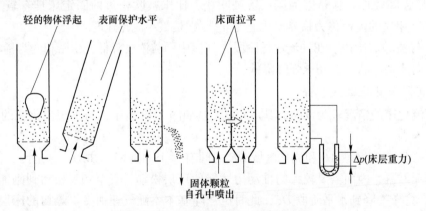

图 2-19　气体流化床类似于液体的特性

2.4.2.3　流化床的不正常现象

A　腾涌现象

腾涌现象主要发生在气-固流化床中。如果床层高度与直径之比值过大或气速过高时，就会发生气泡合并成为大气泡的现象。当气泡直径长大到与床径相等时，则将床层分为几段，形成相互间隔的气泡与颗粒层。颗粒层像活塞那样被气泡向上推动，在达到上部后气泡崩裂，而颗粒则分散下落。这种现象称为腾涌现象。在出现腾涌现象时，由于颗粒层与器壁的摩擦，致使压强降大于理论值，而在气泡破裂时又低于理论值，因此在 Δp-u 图上

表现为 Δp 在理论值附近做大幅度的波动,如图 2-20 所示。

床层发生腾涌现象,不仅使气-固两相接触不良,且使器壁受颗粒磨损加剧,同时引起设备振动,因此,应该采用适宜的床层高度与床径的比例及适宜的气速,以避免腾涌现象的发生。

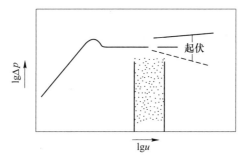

图 2-20 腾涌发生后 Δp-u 关系曲线

B 沟流现象

沟流现象是指气体通过床层时形成短路,大量气体没有能与固体粒子很好接触即穿过沟道上升。发生沟流现象后,床层密度不均匀且气 固相接触不良,不利于气-固两相间的传热、传质和化学反应;同时,由于部分床层变为死床,颗粒不悬浮在气流中,故在 Δp-u 图上反映出 Δp 低于单位床层面积上的重力,如图 2-21 所示。

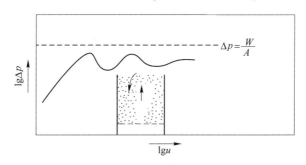

图 2-21 沟流发生后 Δp-u 关系曲线

沟流现象的出现主要与颗粒的特性和气体分布板的结构有关。粒度过细、密度大、易于黏结的颗粒,以及气体在分布板处的初始分布不均匀,都容易引起沟流。

通过测量流化床的压强降并观察其变化情况,可以帮助判断操作是否正常。实际压强降与正常压强降偏离的大小,反映了沟流现象的严重程度。

2.4.2.4 流化床的工作速度

要使固体颗粒床层在流化状态下操作,必须使气速高于临界流速 u_{mf},而最大气速又不得超过颗粒的沉降速度,以免颗粒被气流带走。

A 临界流化速度 u_{mf}

确定临界流化速度有实测和计算两种方法。

a 实测法

实测法测定实验装置如图 2-22 所示。测取流化床回到固定床的一系列压降与气体流

速的对应数值。将这些数值标在对数坐标上，得到如图
2-18 的曲线，曲线上 C' 点对应的流速，即为所测的临界
流化速度。

测定时，常用空气做流化介质，最后根据实际生产
中的不同条件将测得的值加以校正。令 u'_{mf} 代表以空气
为流化介质时测出的临界流化速度，则实际生产中 u_{mf}
可按下式推算：

$$u_{mf} = u'_{mf} \frac{(\rho_s - \rho)\mu_a}{(\rho_s - \rho_a)\mu} \qquad (2-65)$$

式中　ρ——实际流化介质的密度，kg/m^3；

ρ_a——空气的密度，kg/m^3；

μ——实际流化介质的黏度，$Pa \cdot s$；

μ_a——空气的黏度，$Pa \cdot s$。

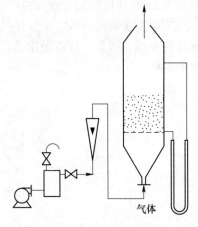

图 2-22　测定 u_{mf} 的实验装置

【例 2-6】　某气-固流化床反应器在 350℃、压强 $1.52 \times 10^5 Pa$ 条件下操作。此时气体
的黏度 $\mu = 3.13 \times 10^{-5} Pa \cdot s$，密度 $\rho = 0.85 kg/m^3$；催化剂颗粒直径为 0.45mm，密度 $\rho = 1200 kg/m^3$。为确定其临界流化速度，现用该催化剂颗粒及 30℃、常压下的空气进行流化
实验，测得临界流化速度为 0.049m/s。求操作状态下的临界流化速度。

【解】　查得 30℃、常压下的空气的黏度和密度分别为：$\mu' = 1.86 \times 10^{-5} Pa \cdot s$，$\rho' = 1.17 kg/m^3$

实验条件下的雷诺数

$$Re_P = \frac{d_P u'_{mf} \rho'}{\mu'} = \frac{0.45 \times 10^{-3} \times 0.049 \times 1.17}{1.86 \times 10^{-5}} = 1.39 < 20$$

由　$u_{mf} = \dfrac{d_P^2 (\rho_P - \rho)g}{1650\mu}$，得

$$\frac{u_{mf}}{u'_{mf}} = \frac{(\rho_P - \rho)\mu'}{(\rho_P - \rho')\mu} \approx \frac{\mu'}{\mu}$$

所以　$u_{mf} = u'_{mf} \dfrac{\mu'}{\mu} = 0.049 \times \dfrac{1.86 \times 10^{-5}}{3.13 \times 10^{-5}} = 0.029 m/s$

b　计算法

由于临界点是固定床与流化床的共有点，所以，临界点的压强降既符合流化床的规
律，也符合固定床的规律。

当颗粒直径较小时，Re_t 数大致小于 20，得到起始流化速度计算式为

$$u_{mf} = \frac{(\varphi_s d)^2 (\rho_s - \rho)g}{150\mu} \left(\frac{\varepsilon_{mf}^3}{1 - \varepsilon_{mf}} \right) \qquad (2-66)$$

对于大颗粒，Re_t 大致大于 1000，得

$$u_{mf} = \sqrt{\frac{\varphi_s d(\rho_s - \rho)g}{1.75\rho} \varepsilon_{mf}^3} \qquad (2-67)$$

若流化床由非均匀颗粒组成，则式 2-66 及 2-67 中的 d 应改为颗粒群的平均直径 $\bar{d}$。

对于许多不同的系统，发现存在以下经验关系

$$\frac{1 - \varepsilon_{mf}}{\varphi_s^2 \varepsilon_{mf}^3} \approx 11 \ \text{和} \ \frac{1}{\varphi_s \varepsilon_{mf}^3} \approx 14 \tag{2-68}$$

若 ε_{mf} 及 φ_s 之值未知时，便可将此两经验关系分别代入式 3-66 和式 3-67 而得到两个计算 u_{mf} 的近似式：

$$对于小颗粒 \quad u_{mf} = \frac{d^2(\rho_s - \rho)g}{1650\mu} \tag{2-69}$$

$$对于大颗粒 \quad u_{mf} = \sqrt{\frac{d(\rho_s - \rho)g}{24.5\rho}} \tag{2-70}$$

对非均匀颗粒群，式中的 d 为颗粒群的平均直径 $\bar{d}$。

上述简单的处理方法只适用于粒度分布较为均匀的混合颗粒床层，而不能用于固体粒度差异很大的混合物。

实测法是得到临界流化速度既准确又可靠的一种方法。但当缺乏实验条件时，可用计算法进行估算。上述计算公式也可用来分析影响 u_{mf} 的因素。

B　带出速度

当床层的表观速度达到颗粒的沉降速度时，大量颗粒将被流体带出器外，故流化床中颗粒的带出速度为单个颗粒的沉降速度 u_t，其计算通式为本章式（2-8），即

$$u_t = \left[\frac{4gd(\rho_s - \rho)}{3\rho\xi}\right]^{\frac{1}{2}}$$

式中，ξ 为阻力系数。对于球形颗粒，在不同的 Re_t 范围内，ξ 有不同的表达式，各种情况下的沉降速度公式见式（2-9）~式（2-11）。

值得注意的是，计算 u_{mf} 时要用实际存在于床层中不同粒度颗粒的平均直径 $\bar{d}$，而计算 u_t 时则必须用最小颗粒的直径。

2.4.2.5　流化床的操作范围

流化床的操作范围，为空塔速度的上下极限，可用比值 u_t/u_{mf} 的大小来衡量。u_t/u_{mf} 称为流化数。对于细颗粒，由式（2-69）和式（2-12）可得

$$u_t/u_{mf} = 91.7$$

对于大颗粒，由式（2-70）和式（2-14）可得

$$u_t/u_{mf} = 8.62$$

研究表明，上面两个 u_t/u_{mf} 的上下限值与实验数据基本相符，u_t/u_{mf} 比值常在 10~90 之间。细颗粒流化床较粗颗粒可以在更宽的流速范围内操作。

实际上，对于不同工业生产过程中的流化床来说，比值 u_t/u_{mf} 的差别很大。有些流化床的流化数高达数百，远远超过上述 u_t/u_{mf} 的高限值。在操作气速几乎超过床层的所有颗粒带出速度的条件下，夹带现象虽有，但未必严重。这是因为气流的大部分作为几乎不含固相的大气泡通过床层，而床层中的大部分颗粒则是悬浮在气速依然很低的乳化相中。此外，在许多流化床中都配有内部或外部旋风分离器以捕集被夹带的颗粒并使之返回床层，因此也可以采用较高的气速以提高生产能力。

【**例 2-7**】 欲使颗粒群直径范围为 $50 \sim 175\mu m$、平均粒径 $\bar{d}$ 为 $98\mu m$ 的固体颗粒床层流化，且必须避免颗粒的带出，求允许空塔气速的最小和最大值。已知条件如下：固体密度为 $1000kg/m^3$，颗粒的球形度为 1，初始流化时床层的空隙率为 0.4，流化空气温度为 20℃，流化床在常压下操作。

【**解**】 由附录 E 查得 20 ℃空气的黏度 $\mu = 18.1 \times 10^{-3} mPa \cdot s$、密度 $\rho = 1.205kg/m^3$。允许最小气速就是用平均粒径计算的 u_{mf}。假定颗粒的雷诺数 $Re_t < 20$，依式（2-67）可以写出临界流化速度为

$$u_{mf} = \frac{(\varphi_s \bar{d})^2 (\rho_s - \rho)g}{150\mu} \left(\frac{\varepsilon_{mf}^3}{1 - \varepsilon_{mf}} \right)$$

$$= \frac{(98 \times 10^{-6})^2}{150} \times \frac{(1000 - 1.205)}{0.0181 \times 10^{-3}} \times 9.81 \times \left(\frac{0.4^3}{1 - 0.4} \right) = 0.0037 (m/s)$$

校核雷诺数：

$$Re_t = \frac{\bar{d} u_{mf} \rho}{\mu} = \frac{98 \times 10^{-6} \times 0.0037 \times 1.205}{0.0181 \times 10^{-3}} = 0.024 (< 20)$$

由于不希望夹带，其最大气速不能超过床层最小颗粒的带出速度 u_t，因此，用 $d = 50\mu m$ 计算带出速度。先假定颗粒沉降属于层流区，其沉降速度用斯托克斯公式计算，即

$$u_t = \frac{d^2 (\rho_s - \rho)g}{18\mu} = \frac{(50 \times 10^{-6})^2 \times 1000 \times 9.81}{18 \times 0.0181 \times 10^{-3}} = 0.0753 (m/s)$$

复核流型：

$$Re_t = \frac{d u_t \rho}{\mu} = \frac{50 \times 10^{-6} \times 0.0753 \times 1.205}{0.0181 \times 10^{-3}} = 0.25 (< 2)$$

$$u_t / u_{mf} = \frac{0.0753}{0.0037} = 20$$

可见，这两个速度的比值为 20 : 1。一般情况下，所选气速不应太接近于这一允许气速范围的任一极端。

为了考核操作气速下大颗粒是否能被流化起来，尚需计算粒径为 $175\mu m$ 颗粒的临界流化速度。仍假定大颗粒的雷诺准数 $Re_t < 20$，则其临界流化速度可用式（2-67）计算，即

$$u_{mf} = \frac{(175 \times 10^{-6})^2}{150} \times \frac{1000 - 1.205}{0.0181 \times 10^{-3}} \times 9.81 \left(\frac{0.4^3}{1 - 0.4} \right) = 0.0118 (m/s)$$

核算雷诺数：

$$Re_t = \frac{d_{max} u_{mf} \rho}{\mu} = \frac{175 \times 10^{-6} \times 0.0118 \times 1.205}{0.0181 \times 10^{-3}} = 0.137 (< 20)$$

由上面计算结果看出，最大颗粒的临界流化速度为 0.0118m/s，小于实际流化速度 0.0753m/s，故整个床层流化良好。

2.4.3 流化设备简介

流化设备大致有单层与多层两种，本节仅简要介绍主要结构。

2.4.3.1 壳体

常见的为底部带有圆锥的圆柱体，在锥形底与圆柱体间设置多孔分布板。当气体进入圆锥部分之后，即通过分布板上的筛孔上升，使颗粒流化。

2.4.3.2 分布板

除前述的颗粒尺寸外，分布板的结构形式也是影响流化质量的重要因素。

a 分布板的作用

在流化床中，分布板的作用除了支承固体颗粒、防止漏料以及使气体得到均匀分布外，还有分散气流，使气流在分布板上方产生较小的气泡的作用。

设计良好的分布板，应对通过它的气流有足够大的阻力，以保证气流均匀分布于整个床层截面上；也只有当分布板的阻力足够大时，才能克服聚式流化的不稳定性，抑制床层中出现沟流现象的趋势。实验证明，当采用致密的多孔介质或低开孔率的分布板时，可使气固接触非常良好，但气体通过这种分布板的阻力必然要大。这会大大增加鼓风机的动力消耗，因此通过分布板的压强降应有个适宜值。

b 分布板的形式

工业生产用的气体分布板形式很多，常见的有直流式、侧流式和填充式等。

（1）直流式分布板。单层多孔板如图 2-23（a）所示。这种分布板结构简单，便于设计和制造。其缺点是气流方向与床层相垂直，易使床层形成沟流；小孔易于堵塞，停车时易漏料。图 2-23（b）所示的多层孔板能避免漏料，但结构稍为复杂。图 2-23（c）所示的为凹形多孔分布板，它能承受固体颗粒的重荷和热应力，有助于抑制鼓泡和沟流现象。

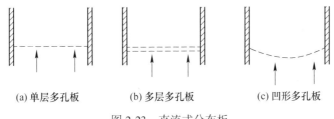

(a) 单层多孔板   (b) 多层多孔板   (c) 凹形多孔板

图 2-23　直流式分布板

（2）侧流式分布板。如图 2-24 所示，在分布板的孔上装有锥形风帽（或锥帽），气流从锥帽底部的侧缝或锥帽四周的侧孔流出。目前这种带锥帽的分布板应用最广，效果也最好，其中侧缝式锥帽采用最多。

（3）填充式分布板。如图 2-25 所示，填充式分布板是在直孔筛板或栅板和金属丝网层间铺上卵石-石英砂-卵石。这种分布板结构简单，能达到均匀布气的要求。

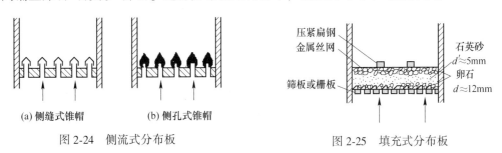

(a) 侧缝式锥帽   (b) 侧孔式锥帽

图 2-24　侧流式分布板

压紧扁钢
金属丝网
石英砂 $d'\approx5mm$
卵石 $d\approx12mm$
筛板或栅板

图 2-25　填充式分布板

2.4.3.3 设备内部构件

在流化床的不同高度上设置若干层水平挡板、挡网或垂直管束，便构成了内部构件。其作用是抑制气泡成长并破碎大气泡，改善气体在床层中的停留时间分布，减少气体返混，强化两相间的接触。

（1）挡网。当气速较低时，可采用挡网，它由金属丝网制成，常采用网眼为 15mm×15mm 和 25mm×25mm 两种规格。

（2）挡板。我国目前常采用百叶窗式的斜片挡板。这种挡板大致分为单旋挡板与多旋挡板两种类型。单旋挡板是使气流只有一个旋转中心。根据气流旋转方向的不同，又可分为内旋挡板（图 2-26a）及外旋挡板（图 2-26b）。由于内旋或外旋运动使粒子在床层中分布不均匀，这种现象随着床径的增大更加明显，影响了流化质量。因此，在大直径的流化床中，一般采用多旋挡板，如图 2-27 所示。

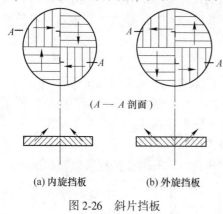

图 2-26　斜片挡板

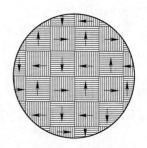

图 2-27　多旋挡板简图

当气流通过多旋挡板后，产生多个旋转气流，使气固相充分接触与混合，粒子的径向浓度趋于均匀。但多旋挡板结构复杂，制造困难，还存在一些返混现象。

挡板也具有不利的一面，它阻碍了颗粒的纵向混合，使颗粒沿床层高度按其粒径大小产生分级现象，也使床层的纵向温差变大，因而恶化了流化质量。

2.4.4 气力输送

气力输送主要是利用空气的动力作用，物料在空气动力作用下悬浮，然后被输送。流体速度增大至等于或大于固体颗粒的带出速度时，则颗粒在流体中形成悬浮状态的稀相，并随流体一起带出，称为气（液）力输送。作为输送介质的气体最常用的是空气；但在输送易燃易爆粉料时，也可采用其他惰性气体。

气力输送的优点是：（1）可进行长距离、任意方向的连续输送，劳动生产率高，结构简单、紧凑，占地小，使用、维修方便；（2）输送对象物料范围广，粉状、颗粒状、块状、片状等均可，且温度可高达 500 ℃；（3）输送过程中，可同时进行混合、粉碎、分级、干燥、加热、冷却等；（4）输送中，可防止物料受潮、污染或混入杂质，保持质量和卫生，且没有粉尘飞扬，保持操作环境良好。

气力输送的缺点是：（1）动力消耗大（不仅输送物料，还必须输送大量空气），颗粒尺寸受到一定限制（<30mm）；（2）易磨损物料，管壁也受到一定程度的磨损；（3）易使

含油物料分离；（4）潮湿易结块和黏结性物料不适用；（5）不适于输送黏附性或高速运动时易产生静电的物料。

习　题

2-1　有两种固体颗粒，一种是边长为 a 的正立方体，另一种是正圆柱体，其高度为 h，圆柱直径为 d。试分别写出其等体积当量直径 d_{ev} 和形状系数 Ψ。

2-2　直径为 $50\mu m$、密度为 $2650kg/m^3$ 的球形颗粒，在 $20℃$ 的空气中从静止状态到开始做自由沉降，需要多少时间才能完全达到其（终端）沉降速度，需要多少时间便能达到其沉降速度的 99%？

2-3　用光滑小球在黏性流体中自由沉降可测定该液体的黏度。测试时，用玻璃筒盛满待测液体，将直径为 $6mm$ 的钢球在其中自由沉降，下落距离为 $200mm$，记录钢球的沉降时间。现用此法测试一种密度为 $1300kg/m^3$ 的糖浆，记录的沉降时间为 7.32 秒，钢球的相对密度为 7.9，试求此糖浆的黏度。

2-4　气体中含有大小不等的尘粒，最小的粒子直径为 $10\mu m$。已知气体流量为 $3000m^3/h$（标准态），温度为 $500℃$，密度为 $0.43kg/m^3$，黏度为 $3.6\times10^{-5}Pa\cdot s$，尘粒的密度为 $2000\ kg/m^3$。今有一降尘室，共有 5 层，求每层的沉降面积。

2-5　一降尘室长 $5m$、宽 $3m$、高 $4m$，内部用隔板分成 20 层，用来回收含尘气体中的球形固体颗粒。操作条件下含尘气体的流量为 $36000m^3/h$，气体密度为 $0.9kg/m^3$，黏度为 $0.03mPa\cdot s$；尘粒密度为 $4300kg/m^3$。试求理论上能 100% 除去的最小颗粒直径。

2-6　某淀粉厂的气流干燥器每小时送出 $10^4 m^3$ 带淀粉颗粒（密度为 $1500kg/m^3$）的 $80℃$ 空气（密度 $1.0kg/m^3$，黏度 $2\times10^{-5}Pa\cdot s$），用标准型旋风分离器分离其中的淀粉颗粒。若分离器器身直径 $D=1000mm$，其他部分尺寸按图 2-7 所列比例确定。试估计理论上可分离的最小颗粒直径 d_c，并计算设备的流体阻力。

2-7　果汁中滤渣为可压缩的，测得其压缩指数为 0.6。在表压 $100kPa$ 下由压滤机过滤，最初 $1h$ 可得清汁 $2.5m^3$。问若其他条件相同，要在最初 $1h$ 得到 $3.5m^3$ 的清汁，要用多大压力？设介质阻力可忽略不计。

2-8　在 $202.7kPa$（$2atm$）操作压力下用板框过滤机处理某物料，操作周期为 $3h$，其中过滤 $1.5h$，滤饼不需洗涤。已知每获 $1m^3$ 滤液得滤饼 $0.05m^3$，操作条件下过滤常数 $K=3.3\times10^{-5}m^2/s$，介质阻力可忽略，滤饼不可压缩。试计算：（1）若要求每周期获 $0.6m^3$ 的滤饼，需多大过滤面积？（2）若选用板框长×宽的规格为 $1m\times1m$，则框数及框厚分别为多少？（3）经改进提高了工作效率，使整个辅助操作时间缩短 $1h$，则为使上述板框过滤机的生产能力达到最大时，其操作压力应提高至多少？

2-9　鲜豌豆近似球形，其直径 $6mm$，密度 $1080kg/m^3$，拟于 $-20℃$ 冷气流中进行流化冷冻。豆床在流化前的床层高度 $0.3m$，空隙率 0.4；冷冻时空气速度（空床）等于临界速度的 1.6 倍。试估计：（1）流化床的临界速度和操作速度；（2）通过床层的压力降。

思　考　题

2-1　阻力系数（曳力系数）是如何定义的，与哪些因素有关？

2-2　斯托克斯定律区的沉降速度与各物理量的关系如何，应用的前提是什么，颗粒的加速段在什么条件下可忽略不计？

2-3　重力降尘室的气体处理量与哪些因素有关，降尘室的高度是否会影响气体处理量？

2-4　悬浮液重力沉降分离设备按操作方式可分为哪几类，有什么异同点？

2-5　评价旋风分离器性能的主要指标有哪两个？

2-6　颗粒在旋风分离器内沿径向沉降的过程中，其沉降速度是否为常数？

2-7　提高流化质量的常用措施有哪些？

3 传 热

【本章学习要求】

掌握热传导的基本原理、傅里叶定律、平壁与圆筒壁的稳定热传导及计算;掌握对流传热的基本原理、牛顿冷却定律、对流传热系数关联式的用法和条件;熟练运用传热速率方程并对热负荷、平均温度差、总传热系数进行计算;能够根据计算结果及工艺要求选用合适的换热器;了解列管换热器的结构特点及其应用。

【本章学习重点】

(1) 热传导的基本定律、多层平壁和圆筒壁的导热计算;
(2) 对流传热速率方程式、管内强制湍流对流给热系数的计算式及应用范围和条件;
(3) 传热计算:热量衡算,平均温度差的计算;
(4) 总传热系数的计算及强化传热的途径;
(5) 列管式换热器的主要构造。

3.1 概　述

3.1.1 传热在化工生产中的应用

由热力学第二定律可知,凡是有温差的地方就有热量的传递。传热不仅是自然界普遍存在的现象,而且在科学技术、工业生产以及日常生活中都有很重要的地位。传热与化学工业的关系尤为密切。

化工生产中的化学反应通常是在一定的温度下进行的,为此需将反应物加热到适当的温度,而反应后的产物常常需冷却以移去热量。在一些单元操作中,如蒸馏、吸收、干燥等,对物料都有一定的温度要求,需要输入或输出热量。此外,高温或低温下操作的设备和管道都要求保温,以减少它们和外界的传热。近年来,随着能源价格的不断上升和对环保要求力度的增加,热量的合理利用和废热的回收越来越得到人们的重视。

化工对传热过程的要求通常有以下两方面:

(1) 强化传热过程:在传热设备中加热或冷却物料,希望以高传热速率来进行热量传递,使物料达到指定温度或回收热量,同时使传热设备紧凑,节省设备费用。

(2) 削弱传热过程:例如对高低温设备或管道进行保温,以减少热损失。

一般来说,传热设备在化工厂设备投资中可占到 40%左右。传热是化工中重要的单元操作之一，了解和掌握传热的基本规律，在化学工程中具有很重要的意义。

3.1.2　传热的三种基本方式

热量的传递只能以热传导、热对流、热辐射三种方式进行。传热可依靠其中的一种方式或几种方式同时进行，净的热流方向总是从高温处向低温处流动。

3.1.2.1　热传导

热量从物体内温度较高的部分传递到温度较低的部分，或传递到与之接触的另一物体的过程，称为热传导，又称导热。在纯的热传导过程中，物体各部分之间不发生相对位移，即没有物质的宏观位移。

热传导在固体、液体和气体中均可进行，但从微观角度来看，气体、液体、固体（导电固体和非导电固体）的导热机理各不相同。在气体中，热传导是气体分子做不规则热运动时相互碰撞的结果；在导电固体中，热传导起因于自由电子在晶格间的运动；而在非导电固体和大部分液休中，热传导是通过晶格结构的振动来实现的。

3.1.2.2　热对流

流体内部质点发生相对位移而引起的热量传递过程，称为热对流。热对流只能发生在流体中。由于引起质点发生相对位移的原因不同，可分为自然对流和强制对流。自然对流是指流体原来是静止的，但内部由于温度不同或密度不同，造成流体内部上升下降运动而发生对流。强制对流是指流体在某种外力的强制作用下运动而发生的对流。

3.1.2.3　热辐射

辐射是一种以电磁波传播能量的现象。物体会因各种原因发射出辐射能，其中物体因热的原因发出辐射能的过程，称为热辐射。物体放热时，热能变为辐射能，以电磁波的形式在空间传播，当遇到另一物体时，则部分或全部被吸收，重新又转变为热能。热辐射不仅是能量的转移，而且伴有能量形式的转化。此外，辐射能可以在真空中进行，不需要任何物质做媒介。

3.1.3　传热过程中冷热流体的接触方式

化工生产中常见的情况是冷热流体进行热交换。根据冷热流体的接触情况，工业上的传热过程可分为三大类：直接接触式、蓄热式、间壁式。

3.1.3.1　直接接触式传热

在直接接触式传热中，冷、热流体在传热设备中通过直接混合的方式进行热量交换，又称为混合式传热。其优点是方便和有效，而且设备结构较简单，常用于热气体的水冷或热水的空气冷却；缺点是在工艺上必须允许两种流体能够相互混合。

3.1.3.2　蓄热式传热

蓄热式传热如图 3-1 所示，这种传热方式是冷、热两种流体交替通过同一蓄热室时，即可通过填料将从热流体来的热量，传递给冷流体，达到换热的目的。其优点是结构较简单，可耐高温，常用于气体的余热或冷量的利用；缺点是由于填料需要蓄热，所以设备的体积较大，且两种流体交替时难免会有一定程度的混合。

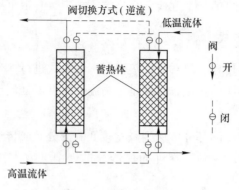

图 3-1　蓄热式换热器

3.1.3.3　间壁式传热

在多数情况下，化工工艺上不允许冷热流体直接接触，故直接接触式传热和蓄热式传热在化学工业上应用并不很多，应用最多的是间壁式传热。这类换热的特点是在冷、热两种流体之间用一层金属壁（或石墨等导热性能好的非金属壁）隔开，以便使两种流体在不相混合的情况下进行热量传递。这类换热器的典型代表是套管式换热器和列管式换热器。

如图 3-2 所示，套管式换热器是由两根不同直径的直管组成的同心套管。一种流体在内管内流动，而另一种流体在内外管间的环隙内流动，两种流体通过内管的管壁传热，即传热面为内管壁的表面积。

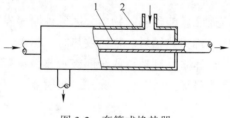

图 3-2　套管式换热器
1—内管；2—外管

列管式换热器又称为管壳式换热器，是最典型的间壁式换热器，广为应用。如图 3-3 所示为单程列管式换热器，由壳体、管束、管板、折流挡板和封头等组成。一种流体在管内流动，其行程称为管程；另一种流体在管外流动，其行程称为壳程。由于两流体间的传热是通过管壁进行的，故管壁表面积即为传热面积。显然，传热面积愈大，单位时间内传递的热量愈多。

对于特定的管壳式换热器，其传热面积可按下式计算，即

$$S = n\pi dL$$

式中，S 为传热面积，m^2；n 为管数；d 为管径，m；L 为管长，m。

应予指出，式中管径 d 可分别用管内径 d_i、管外径 d_o 或平均直径 d_m（即 $(d_i+d_o)/2$）来表示，则对应的传热面积分别为管内侧面积 S_i、外侧面积 S_o 或平均面积 S_m。对于一定的传热任务，确定换热器的传热面积是设计换热器的主题。

在换热器中两流体间传递的热，可能是伴随有流体相变化的潜热，例如冷凝或沸腾；

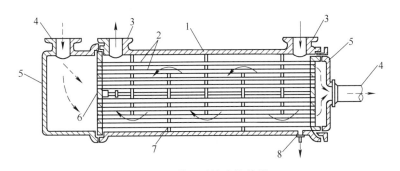

图 3-3　单程列管式换热器

1—外壳；2—管束；3，4—接管；5—封头；6—管板；7—挡板；8—泄水池

也可能是流体无相变化、仅有温度变化的显热，例如加热或冷却。换热器的热衡算是传热计算的基础之一。

3.1.4　热载体及其选择

为了将冷流体加热或热流体冷却，必须用另一种流体供给或取走热量，此流体称为热载体。起加热作用的热载体称为加热剂；而起冷却作用的热载体称为冷却剂。

3.1.4.1　加热剂

工业中常用的加热剂有热水（40~100℃）、饱和水蒸气（100~180℃）、矿物油和苯混合物（180~540℃）、烟道气（500~1000℃）等；此外还可用电来加热。

用饱和水蒸气冷凝放热来加热物料是最常用的加热方法，其优点是饱和水蒸气的压强和温度一一对应，调节其压强就可以控制加热温度，使用方便；其缺点是饱和水蒸气冷凝传热能达到的温度受压强的限制。

3.1.4.2　冷却剂

工业中常用的冷却剂有水、空气、冷冻盐水、液氨等。

水又可分为河水、海水、井水等，水的传热效果好，应用最为普遍。在水资源较缺乏的地区，宜采用空气冷却，但空气传热速度较慢。

3.1.5　间壁式换热器的传热过程

3.1.5.1　基本概念

（1）热负荷 Q：工艺要求热流体或冷流体达到指定温度需要吸收或放出的热量，J/s 或 W。

（2）传热速率 Q：又称热流量，单位时间内通过传热面传递的热量，J/s 或 W。

（3）热流密度 q：又称热通量，单位时间内通过单位传热面传递的热量，J/（s·m^2）或 W/m^2。

$$q = \frac{Q}{A}$$

式中，A 为总传热面积，m^2。

3.1.5.2　稳态与非稳态传热

（1）稳态传热：传热系统中传热速率、热通量及温度等有关物理量分布规律不随时间而变，仅为位置的函数。连续生产过程的传热多为稳态传热。

$$Q, q, t \cdots = f(x, y, z)$$

（2）非稳态传热：传热系统中传热速率、热通量及温度有关物理量分布规律不仅要随位置而变，也是时间的函数。

$$Q, q, t \cdots = f(x, y, z, \theta)$$

3.1.5.3　间壁式传热过程

如图 3-2 所示的套管换热器，它是由两根不同直径的管子套在一起组成的，热冷流体分别通过内管和环隙，热量自热流体传给冷流体，热流体的温度从 T_1 降至 T_2，冷流体的温度从 t_1 上升至 t_2。这种热量传递过程包括三个步骤：热流体以对流传热方式把热量 Q_1 传递给管壁内侧；热量 Q_2 从管壁内侧以热传导方式传递给管壁的外侧；管壁外侧以对流传热方式把热量 Q_3 传递给冷流体。

稳态传热：

$$Q_1 = Q_2 = Q_3 = Q$$

总传热速率方程：

$$Q = KA\Delta t_m = \frac{\Delta t_m}{1/(KA)} = \frac{总传热推动力}{总热阻}$$

式中　K——总传热系数或比例系数，$W/(m^2 \cdot ℃)$ 或 $W/(m^2 \cdot K)$；

　　　　Q——传热速率，W 或 J/s；

　　　　A——总传热面积，m^2；

　　　　Δt_m——两流体的平均温差，℃ 或 K。

3.2　热　传　导

热传导是由物质内部分子、原子和自由电子等微观粒子的热运动而产生的热量传递现象。热传导的机理非常复杂，非金属固体内部的热传导，是通过相邻分子在碰撞时传递振动能实现的；金属固体的导热，主要通过自由电子的迁移传递热量；在流体特别是气体中，热传导则是由于分子不规则的热运动引起的。

3.2.1　傅里叶定律

3.2.1.1　温度场和等温面

任一瞬间物体或系统内各点温度分布的空间，称为温度场。在同一瞬间，具有相同温度的各点组成的面称为等温面。因为空间内任一点不可能同时具有一个以上的不同温度，所以温度不同的等温面不能相交。

3.2.1.2　温度梯度

从任一点开始，沿等温面移动（如图 3-4 所示），因为在等温面上无温度变化，所以无热量传递；而沿着和等温面相交的任何方向移动，都有温度变化，在与等温面垂直的方向上温度变化率最大。将相邻两等温面之间的温度差 Δt 与两等

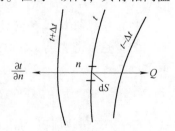

图 3-4　温度梯度
与傅里叶定律

温面之间的垂直距离 Δn 之比的极限称为温度梯度，其数学定义式为：

$$\operatorname{grad} t = \lim_{\Delta n \to 0} \frac{\Delta t}{\Delta n} = \frac{\partial t}{\partial n} \tag{3-1}$$

温度梯度 $\dfrac{\partial t}{\partial n}$ 为向量，它的正方向指向温度增加的方向。

对稳定的一维温度场，温度梯度可表示为：

$$\operatorname{grad} t = \frac{\mathrm{d}t}{\mathrm{d}x} \tag{3-2}$$

3.2.1.3 傅里叶定律

导热的机理相当复杂，但其宏观规律可用傅里叶定律来描述，其数学表达式为：

$$\mathrm{d}Q \propto - \mathrm{d}S \frac{\partial t}{\partial n} \quad \text{或} \quad \mathrm{d}Q = - \lambda \mathrm{d}S \frac{\partial t}{\partial n} \tag{3-3}$$

式中　$\dfrac{\partial t}{\partial n}$ —— 温度梯度，是向量，其方向指向温度增加方向，$℃/m$；

　　　Q ——导热速率，W；

　　　S —— 等温面的面积，m^2；

　　　λ ——比例系数，称为导热系数，$W/(m \cdot ℃)$。

式 3-3 中的负号表示热流方向总是和温度梯度的方向相反，如图 3-4 所示。

傅里叶定律表明：在热传导时，其传热速率与温度梯度及传热面积成正比。

必须注意，导热系数 λ 是表示材料导热性能的一个参数，λ 越大，表明该材料导热越快。和黏度 μ 一样，导热系数 λ 也是分子微观运动的一种宏观表现。

3.2.2 导热系数

式 (3-3) 改写后可得

$$\lambda = \frac{- \mathrm{d}Q}{\mathrm{d}S \dfrac{\partial t}{\partial n}}$$

导热系数表征物质导热能力的大小，是物质的物理性质之一。

物体的导热系数与材料的组成、结构、温度、湿度、压强及聚集状态等许多因素有关。一般说来，金属的导热系数最大，非金属次之，液体的较小，而气体的最小。各种物质的导热系数通常用实验方法测定。常见物质的导热系数可以从手册中查取。各种物质导热系数的大致范围见表 3-1。

表 3-1　导热系数的大致范围

物质种类	纯金属	金属合金	液态金属	非金属固体	非金属液体	绝热材料	气体
导热系数/$W \cdot (m \cdot K)^{-1}$	100~1400	50~500	30~300	0.05~50	0.5~5	0.05~1	0.005~0.5

3.2.2.1 固体的导热系数

固体材料的导热系数与温度有关，对于大多数均质固体，其 λ 值与温度大致呈线性关系：

$$\lambda = \lambda_0(1 + a't) \tag{3-4}$$

式中　λ——固体在 t℃时的导热系数，W/(m·℃)；

λ_0——固体在0℃时的导热系数，W/(m·℃)；

a'——温度系数，℃$^{-1}$，对大多数金属材料 a' 为负值，而对大多数非金属材料 a' 为正值。

同种金属材料在不同温度下的导热系数可在化工手册中查到，当温度变化范围不大时，一般采用该温度范围内的平均值。

3.2.2.2　液体的导热系数

液态金属的导热系数比一般液体高，而且大多数液态金属的导热系数随温度的升高而减小。在非金属液体中，水的导热系数最大。除水和甘油外，绝大多数液体的导热系数随温度的升高而略有减小。一般说来，纯液体的导热系数比其溶液的要大。溶液的导热系数在缺乏数据时，可按纯液体的 λ 值进行估算。各种液体导热系数见图3-5。

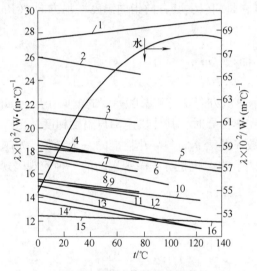

图 3-5　各种液体的导热系数

1—无水甘油；2—蚁酸；3—甲醇；4—乙醇；5—蓖麻油；6—苯胺；7—醋酸；8—丙酮；9—丁醇；
10—硝基苯；11—异丙醇；12—苯；13—甲苯；14—二甲苯；15—凡士林；16—水（用右面的比例尺）

3.2.2.3　气体的导热系数

气体的导热系数随温度升高而增大。在相当大的压强范围内，气体的导热系数与压强几乎无关。由于气体的导热系数太小，因而不利于导热，但有利于保温与绝热。工业上所用的保温材料，例如玻璃棉等，就是因为其空隙中有气体，所以导热系数低，适用于保温隔热。各种气体的导热系数见图3-6。

3.2.3　平壁热传导

3.2.3.1　单层平壁热传导

设有一面宽度和高度均很大的平壁，如图3-7所示，壁边缘处的热损失可以忽略；平壁内的温度只沿垂直于壁面的 x 方向变化，而且温度分布不随时间而变化；平壁材料均匀, 导热系数 λ 可视为常数 (或取平均值)。对于这种稳定的一维平壁热传导, 导热速率 Q 和传热面积 S 都为常量, 式 (3-3) 可简化为

$$Q = -\lambda S \frac{\mathrm{d}t}{\mathrm{d}x} \tag{3-5}$$

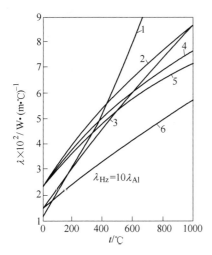

图 3-6 各种气体的导热系数

1—水蒸气; 2—氧; 3—CO_2;

4—空气; 5—氮; 6—氩

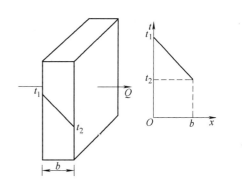

图 3-7 单层平壁的热传导

当 $x = 0$ 时, $t = t_1$; $x = b$ 时, $t = t_2$; 且 $t_1 > t_2$。将式 (3-5) 积分后, 可得:

$$Q = \frac{\lambda}{b} S(t_1 - t_2) \tag{3-6}$$

或

$$Q = \frac{(t_1 - t_2)}{\dfrac{b}{\lambda S}} = \frac{\Delta t}{R} \tag{3-7}$$

式中　b——平壁厚度, m;

　　　Δt——温度差, 导热推动力, ℃;

　　　R——导热热阻, ℃/ W。

当导热系数 λ 为常量时, 平壁内温度分布为直线; 当导热系数 λ 随温度变化时, 平壁内温度分布为曲线。

式 (3-7) 可归纳为自然界中传递过程的普遍关系式:

$$过程传递速率 = \frac{过程的推动力}{过程的阻力}$$

必须强调的是, 应用热阻的概念, 对传热过程的分析和计算都是十分有用的。

3.2.3.2　多层平壁的热传导

以三层平壁为例 (如图 3-8 所示), 各层的壁厚分别为 b_1、b_2 和 b_3, 导热系数分别为 λ_1、λ_2 和 λ_3。假设层与层之间接触良好, 即相接触的两表面温度相同; 各表面温度分别为 t_1、t_2、t_3 和 t_4, 且 $t_1 > t_2 > t_3 > t_4$。

在稳定导热时，通过各层的导热速率相等，即 $Q = Q_1 = Q_2 = Q_3$，或

$$Q = \frac{\lambda_1 S(t_1 - t_2)}{b_1} = \frac{\lambda_2 S(t_2 - t_3)}{b_2} = \frac{\lambda_3 S(t_3 - t_4)}{b_3}$$

由上式可得：

$$\Delta t_1 = t_1 - t_2 = Q \frac{b_1}{\lambda_1 S} , \qquad (3-8)$$

$$\Delta t_2 = t_2 - t_3 = Q \frac{b_2}{\lambda_2 S} , \qquad (3-9)$$

$$\Delta t_3 = t_3 - t_4 = Q \frac{b_3}{\lambda_3 S} , \qquad (3-10)$$

将式（3-8）~式（3-10）相加并整理，得

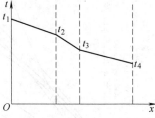

图 3-8　三层平壁的热传导

$$Q = \frac{\Delta t_1 + \Delta t_2 + \Delta t_3}{\dfrac{b_1}{\lambda_1 S} + \dfrac{b_2}{\lambda_2 S} + \dfrac{b_3}{\lambda_3 S}} = \frac{t_1 - t_4}{\dfrac{b_1}{\lambda_1 S} + \dfrac{b_2}{\lambda_2 S} + \dfrac{b_3}{\lambda_3 S}} \qquad (3-11)$$

式 3-11 即为三层平壁的热传导速率方程式。对 n 层平壁，热传导速率方程式为：

$$Q = \frac{t_1 - t_{n+1}}{\displaystyle\sum_{i=1}^{n} \frac{b_i}{\lambda_i S}} = \frac{\sum \Delta t}{\sum R} = \frac{总推动力}{总热阻} \qquad (3-12)$$

式中，下标 i 表示平壁的序号。

由式（3-12）可见，多层平壁热传导的总推动力为各层温度差之和，即总温度差，总热阻为各层热阻之和。

【例 3-1】　某平壁燃烧炉由一层耐火砖与一层普通砖砌成，两层的厚度均为 100mm，其导热系数分别为 0.9W/(m·℃) 及 0.7W/(m·℃)。待操作稳定后，测得炉膛的内表面温度为 700℃，外表面温度为 130℃。为了减少燃烧炉的热损失，在普通砖外表面增加一层厚度为 40mm、导热系数为 0.06W/(m·℃) 的保温材料。操作稳定后，又测得炉内表面温度为 740℃，外表面温度为 90℃。设两层砖的导热系数不变，试计算加保温层后炉壁的热损失比原来的减少了百分之几?

【解】　加保温层前单位面积炉壁的热损失为 $\left(\dfrac{Q}{S}\right)_1$，此时为双层平壁的热传导，其导热速率方程为：

$$\left(\frac{Q}{S}\right)_1 = \frac{t_1 - t_3}{\dfrac{b_1}{\lambda_1} + \dfrac{b_2}{\lambda_2}} = \frac{700 - 130}{\dfrac{0.1}{0.9} + \dfrac{0.1}{0.7}} = 2244 \text{W/m}^2$$

加保温层以后单位面积炉壁的热损失为 $\left(\dfrac{Q}{S}\right)_2$，此时为三层平壁的热传导，其导热速率方程为：

$$\left(\frac{Q}{S}\right)_2 = \frac{t_1 - t_4}{\dfrac{b_1}{\lambda_1} + \dfrac{b_2}{\lambda_2} + \dfrac{b_3}{\lambda_3}} = \frac{740 - 90}{\dfrac{0.1}{0.9} + \dfrac{0.1}{0.7} + \dfrac{0.04}{0.06}} = 706\,\mathrm{W/m^2}$$

故加保温层后热损失比原来减少的百分数为：

$$\frac{\left(\dfrac{Q}{S}\right)_1 - \left(\dfrac{Q}{S}\right)_2}{\left(\dfrac{Q}{S}\right)_1} \times 100\% = \frac{2244 - 706}{2244} \times 100\% = 68.5\%$$

3.2.4 圆筒壁的热传导

化工生产中通过圆筒壁的导热十分普遍，如圆筒形容器、管道和设备的热传导。它与平壁热传导的不同之处在于圆筒壁的传热面积随半径而变，温度也随半径而变。

3.2.4.1 单层圆筒壁的热传导

如图 3-9 所示，设圆筒的内、外半径分别为 r_1 和 r_2，内外表面分别维持恒定的温度 t_1 和 t_2，管长 l 足够长，则圆筒壁内的传热属一维稳定导热。若在半径 r 处沿半径方向取一厚度为 $\mathrm{d}r$ 的薄壁圆筒，则其传热面积可视为定值，即 $2\pi rL$。根据傅里叶定律：

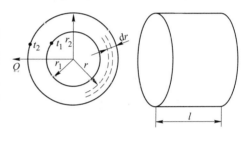

图 3-9　单层圆筒壁的热传导图

$$Q = -\lambda S \frac{\mathrm{d}t}{\mathrm{d}r} = -\lambda(2\pi rl)\frac{\mathrm{d}t}{\mathrm{d}r} \qquad (3\text{-}13)$$

分离变量后积分，整理得：

$$Q = \frac{2\pi l\lambda(t_1 - t_2)}{\ln\dfrac{r_1}{r_2}} \qquad (3\text{-}14)$$

或

$$Q = \frac{S_{\mathrm{m}}\lambda(t_1 - t_2)}{b} = \frac{S_{\mathrm{m}}\lambda(t_1 - t_2)}{r_2 - r_1}, \quad S_{\mathrm{m}} = \frac{2\pi l(r_2 - r_1)}{\ln\dfrac{r_2}{r_1}} = 2\pi r_{\mathrm{m}}l$$

$$r_{\mathrm{m}} = \frac{(r_2 - r_1)}{\ln\dfrac{r_2}{r_1}} \quad 或 \quad S_{\mathrm{m}} = \frac{2\pi l(r_2 - r_1)}{\ln\dfrac{2\pi lr_2}{2\pi lr_1}} = \frac{S_2 - S_1}{\ln\dfrac{S_2}{S_1}} \qquad (3\text{-}15)$$

式中　b——圆筒壁厚度，m，$b = r_2 - r_1$；

　　S_{m}——圆筒壁的对数平均面积，$\mathrm{m^2}$，$S_{\mathrm{m}} = 2\pi lr_{\mathrm{m}}$；

　　r_{m}——对数平均半径，m，$r_{\mathrm{m}} = \dfrac{r_2 - r_1}{\ln\dfrac{r_2}{r_1}}$。

当 $r_2/r_1 < 2$ 时，可采用算术平均值 $r_{\mathrm{m}} = \dfrac{r_1 + r_2}{2}$ 代替对数平均值进行计算。

3.2.4.2　多层圆筒壁的热传导

对层与层之间接触良好的多层圆筒壁（如图 3-10 所示，以三层为例），假设各层的导热系数分别为 λ_1、λ_2 和 λ_3，厚度分别为 b_1、b_2 和 b_3。仿照多层平壁的热传导公式，则三层圆筒壁的导热速率方程为：

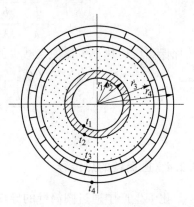

$$Q = \frac{\Delta t_1 + \Delta t_2 + \Delta t_3}{\dfrac{b_1}{\lambda_1 S_{m1}} + \dfrac{b_2}{\lambda_2 S_{m2}} + \dfrac{b_3}{\lambda_3 S_{m3}}} = \frac{t_1 - t_4}{R_1 + R_2 + R_3}$$

$$Q = \frac{2\pi l (t_1 - t_4)}{\dfrac{1}{\lambda_1}\ln\dfrac{r_2}{r_1} + \dfrac{1}{\lambda_2}\ln\dfrac{r_3}{r_2} + \dfrac{1}{\lambda_3}\ln\dfrac{r_4}{r_3}}$$

图 3-10　多层圆筒壁热传导

对 n 层圆筒壁，其导热速率方程为：

$$Q = \frac{t_1 - t_{n+1}}{\sum\limits_{i=1}^{n} \dfrac{b_i}{\lambda_i S_{mi}}} \text{ 或 } Q = \frac{t_1 - t_{n+1}}{\sum\limits_{i=1}^{n} \dfrac{1}{2\pi l \lambda_i}\ln\dfrac{r_{i+1}}{r_i}} \tag{3-16}$$

应当注意，在多层圆筒壁导热速率计算式中，计算各层热阻所用的传热面积不相等，应采用各自的对数平均面积。在稳定传热时，通过各层的导热速率相同，但热通量却并不相等。

【例 3-2】　在外径为 140mm 的蒸气管道外包扎保温材料，以减少热损失。蒸气管外壁温度为 390℃，保温层外表面温度不大于 40℃。保温材料的 λ 与 t 的关系为 $\lambda = 0.1 + 0.0002t$（t 的单位为℃，λ 的单位为 W/(m·℃)）。若要求每米管长的热损失 Q/l 不大于 450 W/m，试求保温层的厚度以及保温层中温度分布。

【解】　此题为圆筒壁热传导问题

已知：$r_2 = 0.07\text{m}$，$t_2 = 390℃$，$t_3 = 40℃$。先求保温层在平均温度下的导热系数，即

$$\lambda = 0.1 + 0.0002 \times \left(\frac{390 + 40}{2}\right) = 0.143 \text{W/(m·℃)}$$

（1）保温层厚度。将式（3-14）改写为

$$\ln\frac{r_3}{r_2} = \frac{2\pi\lambda(t_2 - t_3)}{Q/l}$$

$$\ln r_3 = \frac{2\pi \times 0.143 \times (390 - 40)}{450} + \ln 0.07$$

得

$$r_3 = 0.141\text{m}$$

故保温层厚度为　$b = r_3 - r_2 = 0.141 - 0.07 = 0.071\text{m} = 71\text{mm}$

（2）保温层中温度分布。设保温层半径 r 处的温度为 t，代入式（4-15）可得

$$\frac{2\pi \times 0.143 \times (390 - t)}{\ln\dfrac{r}{0.07}} = 450$$

解上式并整理得 $t = -501\ln r - 942$。

计算结果表明，即使导热系数为常数，圆筒壁内的温度分布也不是直线，而是曲线。

3.3 对流传热

流体流过固体壁面（流体与壁面之间存在温差）时的传热过程称为对流传热。它在化工传热过程（如间壁式换热器）中占有重要的地位。对流传热过程机理较复杂，其传热速率与很多因素有关。根据流体在传热过程中的状态，对流传热可分为两类：

（1）流体无相变的对流传热。流体在传热过程中不发生相变化，依据流体流动原因不同，可分为两种情况：1）强制对流传热，流体因外力作用而引起的流动；2）自然对流传热，由于温度差而产生流体内部密度差引起的流体对流流动。

（2）流体有相变时的对流传热。流体在传热过程中发生相变化，分两种情况：1）蒸气冷凝，气体在传热过程中全部或部分冷凝为液体；2）液体沸腾，液体在传热过程中沸腾汽化，部分液体转变为气体。

上述几类对流传热过程的机理不尽相同，影响对流传热速率的因素也有区别。这里先介绍对流传热的基本概念。

3.3.1 对流传热速率方程和对流传热系数

3.3.1.1 对流传热速率方程

对流传热是一种复杂的传热过程，影响对流传热速率的因素很多，不同的对流传热情况也有差别，因此对流传热的理论计算是很困难的，目前工程上仍按下述的半经验方法处理：

根据传递过程速率的普遍关系，壁面与流体间（或流体与壁面间）的对流传热速率，等于推动力和阻力之比，即

$$对流传热速率 = \frac{对流传热推动力}{对流传热阻力} = 系数 \times 推动力$$

上式中的推动力是壁面和流体间的温度差。影响阻力的因素很多，但阻力必与壁面的表面积成反比。需要指出的是，在换热器中沿流体流动方向上，流体和壁面的温度一般是变化的，在换热器不同位置上的对流传热速率也随之而变，所以对流传热速率方程应该用微分形式表示。

以热流体和壁面间的对流传热为例，对流传热速率方程可以表示为

$$dQ = \frac{T - T_w}{\dfrac{1}{\alpha dS}} = \alpha(T - T_w)dS \tag{3-17}$$

式中　dQ——局部对流传热速率，W；

　　　dS——微分传热面积，m^2；

　　　T——换热器的任一截面上热流体的平均温度，℃；

　　　T_w——换热器的任一截面上与热流体相接触一侧的壁面温度，℃；

　　　α——比例系数，又称局部对流传热系数，$W/(m^2 \cdot ℃)$。

方程式（3-17）又称牛顿（Newton）冷却定律。

在换热器中，局部对流传热系数 α 随管长而变化，但是在工程计算中，常使用平均对

流传热系数（一般也用 α 表示，应注意与局部对流传热系数的区别），此时牛顿冷却定律可以表示为

$$Q = \alpha S \Delta t = \frac{\Delta t}{1/(\alpha S)} \tag{3-18}$$

式中　α——平均对流传热系数，$W/(m^2 \cdot ℃)$；

　　　S——总传热面积，m^2；

　　　Δt——流体与壁面（或壁面与流体）间温度差的平均值，$℃$；

　　　$1/(\alpha S)$——对流传热热阻，$℃/W$。

注意：流体的平均温度是指将流动横截面上的流体绝热混合后测定的温度。在传热计算中，除另有说明外，流体的温度一般都是指这种横截面的平均温度。

还需要指出的是，换热器的传热面积有不同的表示方法，可以是管内侧或管外侧表面积。例如，如果热流体在换热器的管内流动，冷流体在管间（环隙）流动，则对流传热速率方程式可分别表示为

$$dQ = \alpha_i (T - T_w) dS_i \tag{3-19}$$

$$dQ = \alpha_o (t_w - t) dS_o \tag{3-20}$$

式中　S_i，S_o——换热器的管内侧和外侧表面积，m^2；

　　　α_i，α_o——换热器的管内侧和外侧流体的对流传热系数，$W/(m^2 \cdot ℃)$；

　　　t——换热器的任一截面上冷流体的平均温度，$℃$；

　　　t_w——换热器的任一截面上与冷流体相接触一侧的壁温，$℃$

3.3.1.2　对流传热系数

根据牛顿冷却定律

$$\alpha = \frac{Q}{S \Delta t}$$

对流传热系数 α 在数值上等于单位温度差下、单位传热面积的对流传热速率，反映了对流传热的快慢，α 越大表示对流传热愈快。但牛顿冷却定律并没有揭示出影响对流传热系数或对流传热速率的影响因素。因此，如何求对流传热系数 α，成为对流传热中的关键问题。

3.3.2　对流传热机理简介

如前所述，牛顿冷却定律并未揭示出对流传热的本质，各种对流传热情况的机理并不相同，本节仅对流体无相变时强制对流的情况进行简单的分析。

3.3.2.1　对流传热分析

当流体流过固体壁面时，由于流体的黏性作用，使壁面附近的流体减速而形成流动边界层，边界层内存在速度梯度。当边界层内流体流动处于层流状况时，称为层流边界层；当边界层内流动发展成为湍流时，称为湍流边界层。但即使是湍流边界层，靠近壁面处仍有一薄层（层流内层）存在，在此薄层内流体呈层流流动。层流内层和湍流主体之间为缓冲层。

处于层流状态下的流体，当流体和壁面之间因温度不同而进行对流传热时，由于在与

流动方向相垂直的方向上不存在流体质点的移动，故该方向上传热方式为热传导。由于流体的导热系数较低，使层流内层的导热热阻很大，因此该层中温度差及温度梯度较大。在湍流主体中，由于流体质点的剧烈混合并充满旋涡，因此湍流主体中温度差（温度梯度）极小，各处的温度基本上相同。在缓冲层区，热对流和热传导的作用大致相同，在该层内，温度发生较缓慢的变化。图 3-11 表示冷、热流体在壁面两侧的流动情况和与流体流动方向相垂直的某一截面上的流体温度分布情况。

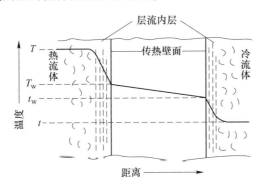

图 3-11　对流传热的温度分布情况

由以上分析可知，对流传热是集热对流和热传导于一体的综合现象。对流传热的热阻主要集中在层流内层，因此，减小层流内层的厚度，是强化对流传热的主要途径。

3.3.2.2　热边界层

正如流体流过固体壁面时形成流动边界层一样，若流体的温度和壁面的温度不同，必然会形成热边界面（又称温度边界层）。当温度为 t_∞ 的流体在表面温度为 t_w 的平板上流过时，流体和平板间进行换热。实验表明，在大多数情况下（导热系数很大的流体除外），流体的温度也和速度一样，仅在靠近板面的薄流体层中有显著的变化，即在此薄层中存在温度梯度；此薄层定义为热边界层。在热边界层以外的区域，流体的温度基本上相同，即温度梯度可视为零。热边界层的厚度用 δt 表示。通常规定 $t_w-t = 0.99(t_w-t_\infty)$ 处为热边界层的界限，式中 t 为热边界层任一局部位置的温度。大多数情况下，流动边界层的厚度 δ 大于热边界层的厚度 δt。显然，热边界层是进行对流传热的主要区域。平板上热边界层的形成和发展如图 3-12 所示。

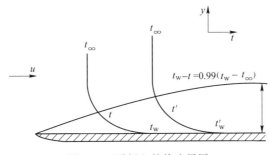

图 3-12　平板上的热边界层

从图 3-12 可以看出，热边界层愈薄，则层内的温度梯度愈大。若紧靠壁面附近薄层流体（层流内层）中的温度梯度用 $(\mathrm{d}t/\mathrm{d}y)_\mathrm{w}$ 表示，由于通过这一薄层的传热只能是流体间的热传导，因此传热速率可用傅里叶定律表示，即

$$\mathrm{d}Q = -\lambda \mathrm{d}S \left(\frac{\mathrm{d}t}{\mathrm{d}y} \right)_\mathrm{w} \tag{3-21}$$

式中　λ——流体的导热系数，$\mathrm{W/(m \cdot ℃)}$；

　　　　y——与壁面相垂直方向上的距离，m；

　　　　$\left(\dfrac{\mathrm{d}t}{\mathrm{d}y} \right)_\mathrm{w}$——壁面附近流体层内的温度梯度，$℃/\mathrm{m}$。

　　联立式（3-20）和式（3-21），消去 $\mathrm{d}Q/\mathrm{d}S$，则可得

$$\alpha = -\frac{\lambda}{T - T_\mathrm{w}} \left(\frac{\mathrm{d}t}{\mathrm{d}y} \right)_\mathrm{w} = -\frac{\lambda}{\Delta t} \left(\frac{\mathrm{d}t}{\mathrm{d}y} \right)_\mathrm{w} \tag{3-22}$$

式中　T——换热器的任一截面上热流体的平均温度，$℃$。

　　式（3-22）是对流传热系数 α 的另一定义式，是理论上分析和计算 α 的基础。该式表明，对于一定的流体和温度差，只要知道壁面附近的流体层的温度梯度，就可由该式求得 α。显然，由于影响 $\left(\dfrac{\mathrm{d}t}{\mathrm{d}y} \right)_\mathrm{w}$ 的因素很复杂，目前仅能获得少数较简单条件的 α 分析解，对其他情况仍需通过经验公式来计算 α。

　　热边界层的厚薄影响层内的温度分布，因而影响温度梯度。当边界层内、外侧的温度差一定时，热边界层越薄，则 $\left(\dfrac{\mathrm{d}t}{\mathrm{d}y} \right)_\mathrm{w}$ 越大，因而 α 也越大；反之，则相反。

3.3.3　对流传热系数的影响因素分析

　　由对流传热机理分析可知，对流传热系数取决于热边界层内的温度梯度；而温度梯度或热边界层的厚度，则与流体的物性、温度、流动状况以及壁面几何状况等诸多因素有关。

3.3.3.1　流体的种类和相变化的情况

　　液体、气体和蒸气的对流传热系数都不相同，牛顿型流体和非牛顿型流体也有区别。本书只限于讨论牛顿型流体的对流传热系数。本节后面也将分别讨论流体有无相变化时对传热的不同影响。

3.3.3.2　流体的特性

　　对 α 值影响较大的流体物性有导热系数、黏度、比热容、密度，以及对自然对流影响较大的体积膨胀系数。对于同一种流体，这些物性又是温度的函数，其中某些物性还与压强有关。

　　（1）导热系数。通常，对流传热的热阻主要由边界层内的导热热阻构成，因为即使流体呈湍流状态，湍流主体和缓冲层的传热热阻也较小，此时对流传热主要受层流内层热阻控制。当层流内层的温度梯度一定时，流体的导热系数愈大，对流传热系数也愈大。

　　（2）黏度。由流体流动规律可知，当流体在管中流动时，若管径和流速一定，流体的黏度愈大其 Re 值愈小，即湍流程度愈低，因此热边界层愈厚，对流传热系数就愈低。

　　（3）比热容和密度。ρc_p 代表单位体积流体所具有的热容量，ρc_p 值愈大，表示流体携

带热量的能力愈强，对流传热的强度愈强。

（4）体积膨胀系数。一般来说，流体的体积膨胀系数 β 值愈大，所产生的密度差别愈大，越有利于自然对流。由于绝大部分传热过程为非定温流动，即使在强制对流的情况下，也会产生附加的自然对流，因此 β 值对强制对流也有一定的影响。

3.3.3.3 流体的温度

流体温度对对流传热的影响表现在流体温度与壁面温度之差 Δt、流体物性随温度变化程度以及附加自然对流等方面的综合影响。因此，在对流传热计算中，必须修正温度对物性的影响。此外，由于流体内部温度分布不均匀，必然导致密度有差异，从而产生附加的自然对流。这种影响又与热流方向及管子安放情况等有关。

3.3.3.4 流体的流动状态

层流和湍流的传热机理有本质的区别。当流体呈层流时，流体沿壁面分层流动，即流体在热流方向上没有混杂运动，传热基本上依靠分子扩散作用的热传导来进行。当流体呈湍流时，湍流主体的传热为涡流作用引起的热对流，在壁面附近的层流内层中仍为热传导。涡流致使管子中心温度分布均匀，层流内层的温度梯度增大。由此可见，湍流时的对流传热系数远比层流时大。

3.3.3.5 流体流动的原因

自然对流和强制对流的流动原因不同，因而具有不同的流动和传热规律。自然对流的原因是流体内部存在温度差，因而各部分的流体密度不同，引起流体质点相对位移。

强制对流是由于外力的作用，例如泵、搅拌器等迫使流体流动。通常，强制对流传热系数要比自然对流传热系数大几倍至几十倍。

3.3.3.6 传热面的形状、位置和大小

传热面的形状（如管、板、环隙、翅片等）、布置（如水平或垂直放置，管束的排列方式）和传热面方位及流道尺寸（如管径、管长、板高和进口效应）等都直接影响对流传热系数。表示传热面的形状、位置和大小的尺寸称为特征尺寸，用 l 表示。

以上 6 种影响因素比较复杂，使得对流传热系数的计算也比较复杂。目前主要通过量纲分析法来计算对流传热系数，先得到无量纲特征数，在大量实验的基础上，得到一些经验的、有使用范围限制的关联式：

$$Nu = \frac{\alpha l}{\lambda} \qquad 努塞尔（Nusselt）数 \qquad (3-23)$$

Nu 反映对流作用使给热系数增大；

$$Re = \frac{lu\rho}{\mu} \qquad 雷诺（Reynolds）数 \qquad (3-24)$$

Re 的物理意义是流体所受的惯性力与黏性力之比，用以表征流体的运动状态；

$$Pr = \frac{c_p\mu}{\lambda} \qquad 普朗特（Prandtl）数 \qquad (3-25)$$

Pr 只包含流体的物理性质，它反映物性对给热过程的影响。气体的 Pr 值大多数接近于 1，液体的 Pr 值则远大于 1；

$$Gr = \frac{\beta g \Delta t l^3 \rho^2}{\mu^2} \qquad 格拉晓夫（Grashof）数 \qquad (3-26)$$

式中，β 为液体的体积膨胀系数。Gr 表征自然对流的流动状态。

于是，描述给热过程的特征数关系式为

$$Nu = K\,Re^a\,Pr^b\,Gr^c \tag{3-27}$$

各特征数中所包含物理量的意义和单位是：

μ——流体的黏度，$Pa \cdot S$；

l——传热面的特征尺寸，可以是管内径或外径，或平板高度等，m；

Δt——流体与壁面间的温度差，℃；

β——流体的体积膨胀系数，1/℃；

λ——流体的导热系数，$W/(m \cdot ℃)$；

α——对流传热系数，$W/(m^2 \cdot ℃)$；

c_p——流体的比定压热容，$kJ/(kg \cdot ℃)$；

g——重力加速度，m/s^2；

u——流体的流速，m/s。

在传热过程中，流体的温度各处不同，流体的物性也必随之而变。因此，在计算上述各特征数的数值时，存在一个定性温度的确定问题，即以什么温度为基准查取所需的物性数据。一般地，流体主体的平均温度便成为一个工程上广为使用的定性温度。

对传热过程产生直接影响的固体壁面几何尺寸称为特征尺寸。

3.3.4 无相变对流给热系数的经验关联式

3.3.4.1 流体在圆形管内做强制湍流

（1）低黏度（大约低于 2 倍常温下水的黏度）的流体，可应用迪特斯（Dittus）和贝尔特（Boelter）关联式，即

$$Nu = 0.023Re^{0.8}Pr^n$$

或 $$\alpha = 0.023\frac{\lambda}{d_i}\left(\frac{d_i u\rho}{\mu}\right)^{0.8}\left(\frac{c_p\mu}{\lambda}\right)^n \tag{3-28}$$

式中，n 值视热流方向而定，当流体被加热时，$n = 0.4$；被冷却时，$n = 0.3$。

应用范围：$Re > 10000$，$0.7 < Pr < 120$；管长与管径比 $L/d_i > 60$。若 $L/d_i < 60$ 时，可乘系数进行校正。

特征尺寸：Nu、Re 数中的 l，取管内径 d_i。

定性温度：取流体进、出口温度的算术平均值。

（2）高黏度液体，可应用西德尔（Sieder）和塔特（Tate）关联式，即

$$Nu = 0.027\,Re^{0.8}\,Pr^{1/3}\varphi_w$$

或 $$\alpha = 0.027\frac{\lambda}{d_i}\left(\frac{d_i u\rho}{\mu}\right)^{0.8}\left(\frac{c_p\mu}{\lambda}\right)^{1/3}\left(\frac{\mu}{\mu_w}\right)^{0.14} \tag{3-29}$$

式中，$\varphi_w = \left(\dfrac{\mu}{\mu_w}\right)^{0.14}$ 为考虑热流方向的校正项；μ_w 为壁面温度下流体的黏度。

应用范围：$Re > 10000$，$0.7 < Pr < 1700$；$\dfrac{L}{d_i} > 60$（L 为管长）。

特征尺寸：管内径 d_i。

定性温度：除 μ_w 取壁温外，均取流体进、出口温度的算术平均值。

式（3-29）中引入 φ_w 是为了校正热流方向对 α 的影响。当流体被加热时，$\varphi_w \approx 1.05$；当流体被冷却时，$\varphi_w \approx 0.95$；对气体，则不论加热或冷却，均取 $\varphi_w \approx 1.0$。

【例 3-3】 在长为 3m，内径为 53mm 的管内加热苯溶液。苯的质量流速为 172kg/(s·m²)。苯在定性温度下的物性数据：$\mu = 0.49$mPa·s；$\lambda = 0.14$W/(m·K)；$c_p = 1.8$kJ/(kg·℃)。试求苯对管壁的对流传热系数。

已知：$L = 3$m，$d = 53$mm，$G = 172$kg/(s·m²)；被加热苯物性：$\mu = 0.49$mPa·s，$\lambda = 0.14$W/(m·K)；$c_p = 1.8$kJ/(kg·℃)。求：α。

【解】
$$Re = \frac{dG}{\mu} = \frac{0.053 \times 172}{0.49 \times 10^{-3}} = 1.86 \times 10^4 (> 10^4)$$

$$Pr = \frac{c_p \mu}{\lambda} = \frac{1.8 \times 10^3 \times 0.49 \times 10^{-3}}{0.14} = 6.3 (> 0.7)$$

$$\frac{L}{d} = \frac{3}{0.053} = 56.6 (> 40)$$

苯被加热，取 $n = 0.4$，故可用 $Nu - 0.023 Re^{0.8} Pr^{0.4}$ 公式

$$\alpha = 0.023 \frac{\lambda}{d} Re^{0.8} Pr^{0.4} = 0.023 \times \frac{0.14}{0.053} \times (1.86 \times 10^4)^{0.8} \times 6.3^{0.4} = 330\text{W}/(\text{m}^2 \cdot ℃)$$

3.3.4.2 流体在圆形直管内做强制层流

流体在管内做强制层流时，应考虑自然对流的效应，并且热流方向对 α 的影响更加显著，情况比较复杂，关联式的误差比湍流的要大。

当管径较小，流体与壁面间的温度差较小，流体的 μ/ρ 值较大时，自然对流对强制对流传热的影响可以忽略，此时对流传热系数可用西德尔（Sieder）和泰特（Tate）关联式，即

$$Nu = 1.86 Re^{1/3} Pr^{1/3} \left(\frac{d_i}{L}\right)^{1/3} \left(\frac{\mu}{\mu_w}\right)^{0.14} \tag{3-30}$$

应用范围：$Re < 2300$，$0.6 < Pr < 6700$，$\left(Re Pr \frac{d_i}{L}\right) > 10$

特征尺寸：管内径 d_i

定性温度：除 μ_w 取壁温外，均取流体进、出口温度的算术平均值

3.3.4.3 流体在圆形直管中做过渡流

当 $Re = 2300 \sim 10000$ 时，对流传热系数可先用湍流时的公式计算，然后把算得的结果乘以校正系数 φ，即得到过渡流下的对流传热系数

$$\varphi = 1 - \frac{6 \times 10^5}{Re^{1.8}}$$

3.3.4.4 流体在弯管内做强制对流

流体在弯管内流动时，由于受惯性离心力的作用，增大了流体的湍动程度，使对流传热系数较直管内的大，此时可用下式计算

$$\alpha' = \alpha\left(1 + 1.77\frac{d_i}{r'}\right)$$

式中　α——直管中的对流传热系数，$W/(m^2 \cdot ℃)$；

　　　α'——弯管中的对流传热系数，$W/(m^2 \cdot ℃)$；

　　　r'——弯管轴的弯曲半径，m。

对管外强制对流、大容积自然对流的给热系数经验计算式，可参阅有关文献。

3.3.5　流体有相变时的对流传热系数

蒸气冷凝和液体沸腾都是伴有相变化的对流传热过程。这类传热过程的特点是相变流体要放出或吸收大量的潜热，但流体温度不发生变化，因此在壁面附近流体层中的温度梯度较高，从而对流传热系数较无相变时更大。例如水的沸腾或水蒸气冷凝时的 α 较水单相流的 α 要大得多。

3.3.5.1　蒸气冷凝

当饱和蒸气与温度较低的壁面相接触时，蒸气放出潜热，并在壁面上冷凝成液体。蒸气冷凝有膜状冷凝和滴状冷凝两种方式。

A　蒸气冷凝

a　膜状冷凝

若冷凝液能够润湿壁面，则在壁面上形成一层完整的液膜，称为膜状冷凝，如图 3-13（a）和（b）所示。

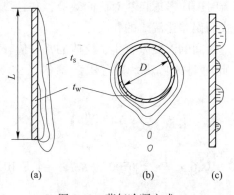

图 3-13　蒸气冷凝方式

壁面上一旦形成液膜后，蒸气的冷凝只能在液膜的表面上进行，即蒸气冷凝时放出的潜热，必须通过液膜后才能传给冷壁面。由于蒸气冷凝时有相的变化，一般热阻很小，因此这层冷凝液膜往往成为膜状冷凝的主要热阻。若冷凝液膜在重力作用下沿壁面向下流动，则所形成的液膜愈往下愈厚，故壁面愈高或水平放置的管径愈大，整个壁面的平均对流传热系数也就愈小。

b　滴状冷凝

若冷凝液不能润湿壁面，由于表面张力的作用，冷凝液在壁面上形成许多液滴，并沿壁面落下。此种冷凝称为滴状冷凝，如图 3-13（c）所示。

在滴状冷凝时，壁面大部分的面积直接暴露在蒸气中，可供蒸气冷凝。由于没有液膜阻碍热流，因此滴状冷凝传热系数比膜状冷凝可高几倍甚至十几倍。

工业上遇到的大多是膜状冷凝，因此冷凝器的设计总是按膜状冷凝来处理。纯净饱和蒸汽膜状冷凝传热系数的计算方法可参阅有关文献。

B 影响冷凝传热的因素

单组分饱和蒸气冷凝时，气相内温度均匀，都是饱和温度 t_s，没有温度差，故热阻集中在冷凝液膜内。因此，对一定的组分，液膜的厚度及其流动状况是影响冷凝传热的关键因素。凡有利于减薄液膜厚度的因素，都可提高冷凝传热系数。这些因素总结如下：

（1）冷凝液膜两侧的温度差 Δt。当液膜呈层流流动时，若 Δt 加大，则液膜蒸气冷凝速率增加，因而液膜层厚度增厚，使冷凝传热系数降低。

（2）流体物性。由膜状冷凝传热系数计算式可知，液膜的密度、黏度及导热系数，蒸气的冷凝热，都影响着冷凝传热系数。

（3）蒸气的流速和流向。蒸气以一定的速度运动时，和液膜间产生一定的摩擦力，若蒸气和液膜同时流动，则摩擦力将使液膜加速，厚度减薄，使 α 增大；若逆向流动，则 α 减小。但这种力若超过液膜重力，液膜会被蒸气吹离壁面，此时随蒸气流速的增加，α 急剧增大。

（4）蒸气中不凝气体含量的影响。若蒸气中含有空气或其他不凝性气体，则壁面可能为气体（导热系数很小）层所遮盖，增加了一层附加热阻，使 α 急剧下降。因此，在冷凝器的设计和操作中，都必须考虑排除不凝气。含有大量不凝气的蒸气冷凝设备，称为冷凝冷却器。

（5）冷凝壁面的影响。若沿冷凝液流动方向积存的液体增多，则液膜增厚，使传热系数下降，故在设计和安装冷凝器时，应正确安放冷凝壁面。

对于管束，冷凝液面从上面各排流到下面各排，使液膜逐渐增厚，因此下面管子的 α 比上排的要低。为了减薄下面管排上液膜的厚度，一般需减少垂直列上的管子数目，或把管子的排列旋转一定的角度，使冷凝液沿下一根管子的切向流动。

此外，冷凝壁面的表面情况对 α 的影响也很大，若壁面粗糙不平或有氧化层，则会使膜层加厚，增加膜层阻力，因而 α 降低。

3.3.5.2 液体的沸腾

在液体的对流传热过程中，伴有由液相变为气相，即在液相内部产生气泡或气膜的过程，这称为液体沸腾（又称沸腾传热）。工业上液体沸腾的方法有两种：一是将加热面浸没在液体中，液体在壁面受热沸腾，称为大容积沸腾；另一种是液体在管内流动时受热沸腾，称为管内沸腾。下面主要讨论大容积沸腾。

A 液体沸腾曲线

大容器内饱和液体沸腾的情况随温度差 Δt（即 $t_w - t_s$）改变而呈现出不同的沸腾状态。下面以常压下水在大容器中沸腾传热为例，分析沸腾温度差 Δt 对沸腾传热系数 α 和热通量 q 的影响。

当温度差较小（$\Delta t \leqslant 5℃$）时，加热面上的液体轻微过热，使液体内产生自然对流，但没有气泡从液体中逸出液面，仅在液体表面发生蒸发，此阶段 α 和 q 都较低，如图 3-14 中 AB 段所示。

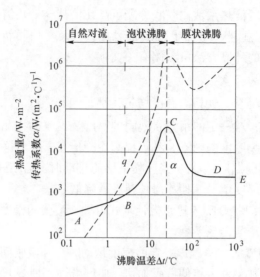

图 3-14　水的沸腾曲线

当温度差 Δt 逐渐升高（$\Delta t = 5 \sim 25℃$）时，在加热面的局部位置上产生气泡，此局部位置称为气化核心。气泡产生的速度随 Δt 上升而增加，且不断地离开壁面上升至蒸气空间。由于气泡的生成、脱离、上升，使液体受到剧烈的扰动，因此 α 和 q 都急剧增大，如图 3-14 中 BC 段所示。此段称为泡核沸腾或泡状沸腾。

当温度差 Δt 再增大（$\Delta t > 25℃$）时，加热面上产生的气泡也大大增多，且气泡产生的速度大于脱离表面的速度。气泡在脱离表面前连接起来，形成一层不稳定的蒸气膜，使液体不能和加热面直接接触。由于蒸气的导热性能差，气膜的附加热阻使 α 和 q 都急剧下降。气膜一开始形成时是不稳定的，有可能形成大气泡脱离表面。此阶段称为不稳定的膜状沸腾或部分泡状沸，如图 3-14 中 CD 段所示。由泡核沸腾向膜状沸腾过渡的转折点 C 称为临界点。临界点上的温度差、传热系数和热通量分别称为临界温度差 Δt_{c}、临界沸腾传热系数 α_{c} 和临界热通量 q_{c}。当达到 D 点时，传热面几乎全部为气膜所覆盖，开始形成稳定的气膜。以后随着 Δt 的增加，α 基本上不变，q 又上升。这是由于壁温升高，辐射传热的影响显著增加所致，如图 3-14 中 DE 段所示。实际上一般将 CDE 段称为膜状沸腾。

其他液体在一定压强下的沸腾曲线与水的有类似的形状，仅临界点的数值不同而已。应予指出，由于泡核沸腾传热系数较膜状沸腾的大，工业生产中一般总是设法控制在泡核沸腾下操作，因此，确定不同液体在临界点下的有关参数具有实际意义。

由于沸腾传热机理复杂，人们曾提出了各种沸腾理论来推导出计算沸腾传热系数的公式，但计算结果往往差别较大。按照对比压强计算泡核沸腾传热系数的计算式，即莫斯廷凯（Mostinki）公式，其具体方法可参阅有关文献。

B　影响沸腾传热的因素

（1）液体的性质。液体的导热系数、密度、黏度和表面张力等均对沸腾传热有重要的影响。一般情况下，α 随 λ、ρ 的增加而增大，而随 μ 及 σ 的增加而减小。

（2）温度差 Δt。前已述及，温度差（$t_{\mathrm{w}} - t_{\mathrm{s}}$）是控制沸腾传热过程的重要参数。曾经有人在特定的实验条件（沸腾压强、壁面形状等）下，对多种液体进行泡核沸腾时传热系数的测定，整理得到下面的经验式：

$$\alpha = a (\Delta t)^n \tag{3-31}$$

式中，a 和 n 为随液体种类和沸腾条件而异的常数，其值由实验测定。

（3）操作压强。提高沸腾压强相当于提高液体的饱和温度，使液体的表面张力和黏度均降低，有利于气泡的生成和脱离，强化了沸腾传热，在相同 Δt 下，α 和 q 都更高。

（4）加热壁面。加热壁面的材料和粗糙度对沸腾传热有重要的影响。一般新的或清洁的加热面，α 较高；当壁面被油脂沾污后，会使 α 急剧下降。壁面愈粗糙，气泡核心愈多，有利于沸腾传热。此外，加热面的布置情况，对沸腾传热也有明显的影响。

应特别指出，对于不同类型的换热器及不同的传热情况，已有许多求算 α 的关联式。在进行传热的设计计算时，有关 α 的关联式可查阅相关的传热文献，但选用时一定要注意公式的应用条件和适用范围，否则计算结果的误差较大。

3.4 传热过程计算

化工原理中所涉及的传热过程计算主要有两类：

一类是设计计算，即根据生产要求的热负荷，确定换热器的传热面积；另一类是校核（操作型）计算，即计算给定换热器的传热量、流体的流量或温度等。两者都是以换热器的热量衡算和传热速率方程为计算基础的。

在应用前面的热传导速率方程和对流传热速率方程时，需要知道壁面的温度。而实际上壁温通常是未知的，为了避开壁温，引出间壁两侧流体间的总传热速率方程。

3.4.1 热量衡算

换热器的传热量（又称热负荷）可通过热量衡算来获得。根据能量守恒原理，假设换热器的热损失可忽略时，那么单位时间内热流体放出的热量等于冷流体吸收的热量：

$$Q = W_h(H_{h1} - H_{h2}) = W_c(H_{c2} - H_{c1}) \tag{3-32}$$

式中　W——流体的质量流量，kg/h 或 kg/s；

　　　H——流体的焓，kJ/kg；

　　　Q——换热器的热负荷，kJ/h 或 kW；

　　　下标 c 和 h 分别表示冷流体和热流体；

　　　下标 1 和 2 分别表示换热器的进口和出口。

若换热器中两流体无相变化，且流体的比热容不随温度而变，或可取平均温度下的比热容时，式（3-32）可分别表示为

$$Q = W_h c_{ph}(T_1 - T_2) = W_c c_{pc}(t_2 - t_1) \tag{3-33}$$

式中　c_p——流体的平均比热容，kJ/(kg·℃)；

　　　t——冷流体的温度，℃；

　　　T——热流体的温度，℃。

若换热器中的热流体有相变化，例如饱和蒸气冷凝时，

$$Q = W_h r_h = W_c c_{pc}(t_2 - t_1) \tag{3-34}$$

式中　W_h——饱和蒸气（即热流体）的冷凝速率，kg/h；

r_h——饱和蒸气的冷凝热，kJ/kg。

上式是冷凝液在饱和温度下离开换热器。若冷凝液的温度低于饱和温度时，

$$Q = W_h [r + c_{ph}(T_s - T_2)] = W_c c_{pc}(t_2 - t_1) \tag{3-35}$$

式中　c_{ph}——冷凝液的比热容，kJ/(kg·℃)；

　　　T_s——冷凝液的饱和温度，℃。

3.4.2 总传热速率微分方程和总传热系数

热传导速率方程和对流传热速率方程是进行传热过程计算的基本方程。但是利用上述方程计算传热速率时，必须知道壁温，而壁温通常不易获得。为了避开壁温，直接使用已知的热、冷流体温度进行计算，就需要导出以两流体温度差为传热推动力的传热速率方程。该方程即为总传热速率方程。

3.4.2.1 总传热速率微分方程

通过换热器中任一微元面积 dS 的间壁两侧流体的传热速率方程，可以仿照对流传热速率方程写出，即

$$dQ = K(T - t)dS = K\Delta t dS \tag{3-36}$$

式中　K——局部总传热系数，W/(m²·℃)；

　　　T——换热器的任一截面上热流体的平均温度，℃；

　　　t——换热器的任一截面上冷流体的平均温度，℃。

式（3-36）为总传热速率微分方程式，也是总传热系数的定义式，表明总传热系数在数值上等于单位温度差下的总传热通量。总传热系数 K 和对流传热系数 α 的单位完全一样，但应注意其中温度差所代表的区域并不相同。总传热系数的倒数 $1/K$ 代表间壁两侧流体传热的总热阻。

应指出，总传热系数必须和所选择的传热面积相对应，选择的传热面积不同，总传热系数的数值也不同。因此，式（3-36）可表示为

$$dQ = K_i(T - t)dS_i = K_o(T - t)dS_o = K_m(T - t)dS_m \tag{3-37}$$

式中　K_o，K_i，K_m——基于管内表面积、外表面积和内外表面平均面积的总传热系数，

　　　　　　　　　　　　W/(m²·℃)；

　　　S_i，S_o，S_m——换热器管内表面积、外表面积和内外表面平均面积，m²。

由于 dQ 及 T–t 两者与选择的基准面积无关，故可得

$$\frac{K_o}{K_i} = \frac{dS_i}{dS_o} = \frac{d_i}{d_o} \qquad 及 \qquad \frac{K_o}{K_m} = \frac{dS_m}{dS_o} = \frac{d_m}{d_o}$$

式中，d_i、d_o、d_m 分别为管内径、管外径和管内外径的平均直径，m。

在传热计算中，选择何种面积作为计算基准，结果完全相同，但工程上大多以外表面积作为基准。因此，在后面讨论中，都以外表面积作为基准，除非另有说明。

3.4.2.2 总传热系数

A　总传热系数的计算

如前所述，两流体通过管壁的传热包括以下过程：

（1）热流体在流动过程中把热量传给管壁的对流传热；

（2）通过管壁的热传导；

（3）管壁与流动中的冷流体之间的对流传热。

对稳态传热过程，各串联环节的传热速率必然相等，即

$$dQ = \alpha_i(T - T_w)dS_i = \frac{\lambda(T_w - t_w)}{b}dS_m = \alpha_o(t_w - t)dS_o \tag{3-38}$$

或

$$dQ = \frac{T - T_w}{\dfrac{1}{\alpha_i dS_i}} + \frac{T_w - t_w}{\dfrac{b}{\lambda dS_m}} + \frac{t_w - t}{\dfrac{1}{\alpha_o dS_o}} \tag{3-38a}$$

式中　S_i，S_o，S_m——分别为管内、外表面积和平均表面积，m^2；

　　　　α_i，α_o——分别为间壁管内、外侧流体的对流传热系数，$W/(m^2 \cdot \text{℃})$；

　　　　T_w——与热流体相接触一侧的壁温，℃；

　　　　t_w——与冷流体相接触一侧的壁温，℃

　　　　b——间壁的厚度，m；

　　　　λ——间壁的导热系数，$W/(m \cdot \text{℃})$。

根据串联热阻叠加原理，可得

$$dQ = \frac{(T - T_w) + (T_w - t_w) + (t_w - t)}{\dfrac{1}{\alpha_i dS_i} + \dfrac{b}{\lambda dS_m} + \dfrac{1}{\alpha_o dS_o}} = \frac{T - t}{\dfrac{1}{\alpha_i dS_i} + \dfrac{b}{\lambda dS_m} + \dfrac{1}{\alpha_o dS_o}}$$

上式两边均除以 dS_o，有

$$\frac{dQ}{dS_o} = \frac{T - t}{\dfrac{dS_o}{\alpha_i dS_i} + \dfrac{b dS_o}{\lambda dS_m} + \dfrac{1}{\alpha_0}}$$

再由

$$\frac{dS_o}{dS_i} = \frac{d_o}{d_i}, \frac{dS_o}{dS_m} = \frac{d_o}{d_m}$$

得到

$$\frac{dQ}{dS_o} = \frac{T - t}{\dfrac{d_o}{\alpha_i d_i} + \dfrac{b d_o}{\lambda d_m} + \dfrac{1}{\alpha_o}} \tag{3-39}$$

令

$$K_o = \frac{1}{\dfrac{d_o}{\alpha_i d_i} + \dfrac{b d_o}{\lambda d_m} + \dfrac{1}{\alpha_o}} \tag{3-40}$$

则

$$dQ = K_o(T - t)dS_o \tag{3-41}$$

同理，令

$$K_i = \frac{1}{\dfrac{1}{\alpha_i} + \dfrac{b d_i}{\lambda d_m} + \dfrac{d_i}{\alpha_o d_o}} \tag{3-40a}$$

$$K_m = \frac{1}{\dfrac{d_m}{\alpha_i d_i} + \dfrac{b}{\lambda} + \dfrac{d_m}{\alpha_o d_o}} \tag{3-40b}$$

则

$$dQ = K_i(T - t)dS_i \tag{3-41a}$$

$$dQ = K_m(T - t)dS_m \tag{3-41b}$$

式中　K_o，K_i，K_m——基于管内表面积、外表面积和内外表面平均面积的总传热系数，

W/（m^2 · ℃）；

T，t——换热器的任一截面上热、冷流体的平均温度,℃

式（3-41）、式（3-41a）和式（3-41b）称为总传热速率微分方程，又称传热基本方程，它们是换热器传热计算的基本关系式。总传热速率系数也可以表示为热阻的形式。由式（3-40）得

$$\frac{1}{K_o} = \frac{d_o}{\alpha_i d_i} + \frac{b d_o}{\lambda d_m} + \frac{1}{\alpha_o}$$

B 污垢热阻

换热器的实际操作中，传热表面上常有污垢积存，对传热产生附加热阻，使总传热系数降低。在估算 K 值时，一般不能忽略污垢热阻。由于污垢层的厚度及其导热系数难以准确估计，因此通常选用污垢热阻的经验值作为计算 K 值的依据。若管壁内、外侧表面上的污垢热阻分别用 R_{si} 及 R_{so} 表示，则总传热系数式变为

$$\frac{1}{K_o} = \frac{d_o}{\alpha_i d_i} + R_{si} \frac{d_o}{d_i} + \frac{b d_o}{\lambda d_m} + R_{so} + \frac{1}{\alpha_o} \qquad (3-42)$$

式中，R_{si} 及 R_{so} 分别为管内和管外的污垢热阻，又称污垢系数，m^2 · ℃/W。

某些常见流体的污垢热阻的经验值可查有关文献。

应指出，污垢热阻将随换热器操作时间延长而增大，因此换热器应根据实际的操作情况，定期清洗。这是设计和操作换热器时应考虑的问题。

C 提高总传热系数途径的分析

式（3-42）表明，间壁两侧流体间传热的总热阻等于两侧流体的对流传热热阻、污垢热阻及管壁热传导热阻之和。

若传热面为平壁或薄管壁时，d_i、d_o 和 d_m 相等或近于相等，则式（3-42）可简化为

$$\frac{1}{K_o} = \frac{1}{\alpha_i} + R_{si} + \frac{b}{\lambda} + R_{so} + \frac{1}{\alpha_o} \qquad (3-43)$$

当管壁热阻和污垢热阻均可忽略时，上式简化为

$$\frac{1}{K_o} = \frac{1}{\alpha_i} + \frac{1}{\alpha_o} \qquad (3-43a)$$

当 $\alpha_i \gg \alpha_o$ 时，则 $\frac{1}{K} \approx \frac{1}{\alpha_o}$，由此可知总热阻是由热阻大的那一侧的对流传热所控制，即当两个对流传热系数相差较大时，要提高 K 值，关键在于提高对流传热系数较小一侧的 α 值。若两侧 α 相差不大时，则必须同时提高两侧的 α 值才能提高 K 值。若污垢热阻为控制因素，则必须设法减慢污垢形成速率或及时清除污垢。

【例 3-4】 在管壳式换热器中用冷水冷却油。水在直径为 $\phi19\text{mm} \times 2\text{mm}$ 的列管内流动。已知管内水侧对流传热系数为 3490W/（m^2 · ℃），管外油侧对流传热系数为 258W/（m^2 · ℃）。换热器在使用一段时间后，管壁两侧均有污垢形成，水侧污垢热阻为 0.00026m^2 · ℃/W，油侧污垢热阻为 0.000176m^2 · ℃/W。管壁导热系数 λ 为 45W/（m · ℃）。试求：

（1）基于管外表面积的总传热系数 K_o；

（2）产生污垢后热阻增加的百分数。

解：（1）总传热系数

$$K_o = \cfrac{1}{\cfrac{1}{\alpha_o} + R_{so} + \cfrac{bd_o}{\lambda d_m} + R_{si}\cfrac{d_o}{d_i} + \cfrac{d_o}{\alpha_i d_i}}$$

$$= \cfrac{1}{\cfrac{1}{258} + 0.000176 + \cfrac{0.002 \times 19}{45 \times 17} + 0.00026 \times \cfrac{19}{15} + \cfrac{19}{3490 \times 15}}$$

$$= \frac{1}{0.0048} = 208 W/(m^2 \cdot ℃)$$

（2）产生污垢后热阻增加百分数为

$$\frac{0.000176 + 0.00026 \times \dfrac{19}{15}}{0.0048 - \left(0.000176 + 0.00026 \times \dfrac{19}{15}\right)} \times 100\% = 11.8\%$$

3.4.3　平均温度差法和总传热速率方程

式（3-41）是总传热速率的微分方程式，积分后才有实际意义。积分结果是用平均温度差代替局部温度差，为此必须考虑两流体在换热器的温度变化情况，以及流体的流动方向。

为了积分式（3-41），应做以下简化假定：

（1）传热为稳态操作过程；

（2）两流体的比热容均为常量（可取为换热器进、出口下的平均值）；

（3）总传热系数 K 为常量，即 K 值不随换热器的管长而变化；

（4）换热器的热损失可以忽略。

3.4.3.1　恒温传热时的平均温度差

换热器的间壁两侧流体均有相变化时，例如蒸发器中，饱和蒸气和沸腾液体间的传热就是恒温传热。此时，冷、热流体的温度均不沿管长变化，两者间温度差处处相等，即 $\Delta t = T - t$。流体的流动方向对 Δt 无影响。根据前述假定，积分式（3-41）可得

$$Q = KS(T - t) = KS\Delta t \tag{3-44}$$

上式是恒温传热时适用于整个换热器的总传热速率方程式。

3.4.3.2　变温传热时的平均温度差

变温传热时，若两流体的流动方向不同，对温度差的影响也不相同，需分别予以讨论。

A　逆流和并流时的平均温度差

在换热器中，两流体若以相反的方向流动，称为逆流；若以相同的方向流动，称为并流，如图 3-15 所示。

由图可见，温度差是沿管长而变化的，因此需求出平均温度差。下面以逆流为例，推导出计算平均温度差的通式。

由换热器的热量衡算微分式知

$$dQ = -W_h c_{ph} dT = W_c c_{pc} dt$$

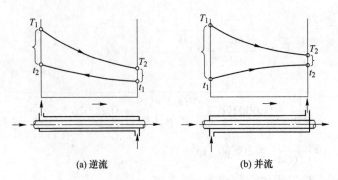

(a) 逆流　　　　　　　　　　(b) 并流

图 3-15　变温传热时的温度差变化

根据前述假定，由上式可得

$$\frac{\mathrm{d}Q}{\mathrm{d}T} = - W_h c_{ph} = 常量,\ \frac{\mathrm{d}Q}{\mathrm{d}T} = - W_c c_{pc} = 常量$$

如果将 Q 对 T 及 t 作图，由上式可知 Q-T 和 Q-t 都是直线关系，可分别表示为

$$T = mQ + k,\ t = m'Q + k'$$

上两式相减，可得

$$T - t = \Delta t = (m - m')Q + (k - k')$$

由上式可知，Δt 与 Q 也呈直线关系。将上述直线定性地绘于图 3-16 中。

由图 3-16 可以看出，Q-Δt 的直线斜率为

$$\frac{\mathrm{d}(\Delta t)}{\mathrm{d}Q} = \frac{\Delta t_2 - \Delta t_1}{Q}$$

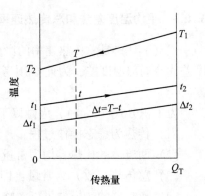

图 3-16　逆流时平均温度差的推导

将 $Q = KS(T - t) = KS\Delta t$ 带入上式，可得：

$$\frac{d(\Delta t)}{KdS\Delta t} = \frac{\Delta t_2 - \Delta t_1}{Q}$$

由前述假定可知 K 为常量，积分上式：

$$\frac{1}{K}\int_{\Delta t_2}^{\Delta t_1}\frac{d(\Delta t)}{\Delta t} = \frac{\Delta t_2 - \Delta t_1}{Q}\int_0^S \mathrm{d}S$$

得

$$\frac{1}{K}\ln\frac{\Delta t_2}{\Delta t_1} = \frac{\Delta t_2 - \Delta t_1}{Q}S$$

则

$$Q = KS\frac{\Delta t_2 - \Delta t_1}{\ln\dfrac{\Delta t_2}{\Delta t_1}} = KS\Delta t_m \tag{3-45}$$

式（3-45）为适用于整个换热器的总传热方程式，式是传热计算的基本方程式。由该式可知，平均温度差 Δt_m 等于换热器两端温度差的对数平均值，即

$$\Delta t_m = \frac{\Delta t_2 - \Delta t_1}{\ln\dfrac{\Delta t_2}{\Delta t_1}} \tag{3-46}$$

式中，Δt_m 称为对数平均温度差，其形式与对数平均半径相同。在工程计算中，当 $\Delta t_2/\Delta t_1$ <2 时，可用算术平均温度差代替对数平均温度差，其误差不大。

应指出，若换热器中两流体做并流流动，也可以导出与式（3-46）完全相同的结果，因此该式是计算逆流和并流时平均温度差的通式。

B 错流和折流时的平均温度差

在大多数管壳式换热器中，两流体并非做简单的并流和逆流，而是比较复杂的多程流动，或是互相垂直的交叉流动，如图3-17所示。

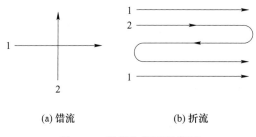

(a) 错流   (b) 折流

图3-17 错流和折流示意图

在图3-17（a）中，两流体的流向互相垂直，称为错流；在图3-17（b）中，一流体只沿一个方向流动，而另一流体反复折流，称为简单折流。若两流体均做折流，或既有折流又有错流，则称为复杂折流。

对于错流和折流时的平均温度差，可采用安德伍德（Underwood）和鲍曼（Bowman）提出的图算法。该法是先按逆流时计算对数平均温度差，再乘以考虑流动方向的校正因素。即

$$\Delta t_m = \varphi_{\Delta t} \Delta t'_m \tag{3-47}$$

式中 $\Delta t'_m$——按逆流计算的对数平均温差，℃；

$\varphi_{\Delta t}$——温度差校正系数，量纲为1。

温度差校正系数 $\varphi_{\Delta t}$ 与冷热流体温度变化有关，是 P 和 R 两因数的函数，即

$$\varphi_{\Delta t} = f(P, R)$$

式中 $P = \dfrac{t_2 - t_1}{T_1 - t_1} = \dfrac{冷流体的温升}{两流体的最初温度差}$；

$R = \dfrac{T_1 - T_2}{t_2 - t_1} = \dfrac{热流体的温降}{冷流体的温升}$。

温度差校正系数 $\varphi_{\Delta t}$ 值可根据 P 和 R 两因数查相关传热文献。

需要说明的是：

（1）当一边流体温度有变化，而另一侧无变化时，如用蒸汽加热另一种流体，蒸汽冷凝放出潜热，冷凝液的温度是不变的；或热流体温度从 T_1 下降为 T_2，放出热量去加热一个在较低温度下进行沸腾的液体，液体的温度始终保持沸点。此时并流和逆流的对数平均温度差是相等的，即 $\Delta t_{m并} = \Delta t_{m逆}$。

（2）两侧流体温度都有变化时，由于流体的流动方向不同，两端的温度差也不相同，即 $\Delta t_{m并} \neq \Delta t_{m逆}$。

【例 3-5】 用一换热器加热原油。原油在管外流动，进口那温度为 120℃，出口温度为 160℃，机油在管内流动，进口温度为 245℃，出口温度为 175℃。试分别计算并流和逆流时的平均温度差；又若单位时间内传过的热量一定，问逆流和并流说需要的传热面积差多少？

【解】 $T_1 = 245℃$，$T_2 = 175℃$；$t_1 = 120℃$，$t_2 = 160℃$

$$\Delta t_{m逆} = \frac{\Delta t_1 - \Delta t_2}{\ln \dfrac{\Delta t_1}{\Delta t_2}} = \frac{(245 - 160) - (175 - 120)}{\ln \dfrac{85}{55}} = 69℃$$

$$\Delta t_{m并} = \frac{\Delta t_1 - \Delta t_2}{\ln \dfrac{\Delta t_1}{\Delta t_2}} = \frac{(245 - 120) - (175 - 160)}{\ln \dfrac{125}{15}} = 52℃$$

由于并流和逆流时的传热系数大致相同，因此在传热量相同时

$$\frac{S_{并}}{S_{逆}} = \frac{\dfrac{Q}{K(\Delta t_m)_{并}}}{\dfrac{Q}{K(\Delta t_m)_{逆}}} = \frac{\Delta t_{m逆}}{\Delta t_{m并}} = \frac{69}{52} = 1.33$$

C 流向的选择

两流体均为变温传热时，且在两流体进、出口温度各自相同的条件下，逆流时的平均温度差最大，并流时的平均温度差最小，其他流向的平均温度差介于逆流和并流两者之间。因此，就传热推动力而言，逆流优于并流和其他流动形式。当换热器的传热量 Q 及总传热系数 K 一定时，采用逆流操作，所需的换热器传热面积较小。

逆流的另一优点是可节省加热介质或冷却介质的用量。这是因为，当逆流操作时，热流体的出口温度 T_2 可以降低至接近冷流体的进口温度 t_1；而采用并流操作时，T_2 只能降低至接近冷流体的出口温度 t_2，即逆流时热流体的温降较并流时的温降大，因此逆流时加热介质用量较少。同理，逆流时冷流体的温升较并流时的温升为大，故冷却介质用量可少些。

从以上分析可知，换热器应尽可能采用逆流操作。但是在某些生产工艺要求下，若对流体的温度有所限制，如冷流体被加热时不得超过某一温度，或热流体被冷却时不得低于某一温度，此时则宜采用并流操作。

采用折流或其他流动形式的原因，除了为满足换热器的结构要求外，就是为了提高总传热系数，但平均温度差较逆流时的低。在选择流向时应综合考虑，$\varphi_{\Delta t}$ 值不宜过低，一般设计时应取 $\varphi_{\Delta t} > 0.9$，至少不能低于 0.8，否则须另选其他流动形式。

当换热器中某一侧流体有相变而保持温度不变时，不论何种流动形式，只要流体的进、出口温度各自相同，其平均温度差都相同。

3.4.4 总传热速率方程的应用

3.4.4.1 传热面积的计算

确定传热面积是换热器设计计算的基本内容。需要用到的基本关系是总传热速率方程

和热量衡算式。

A　总传热系数 K 为常数

总传热速率方程是在假设冷、热流体的热容流量 W_{c_p}，和总传热系数 K 沿整个换热器的传热面为常量下推导出的。对某些物系，若流体的物性随温度变化不大，则总传热系数变化也很小，工程上可将换热器进、出口处总传热系数的算术平均值按常量处理。此时换热器的传热面积可按下式计算，即

$$S = \frac{Q}{K\Delta t_m}$$

B　总传热系数 K 为变数

具体计算方法参见有关文献。

3.4.4.2　实验测定总传热系数 K

对现有的换热器，通过实验测定有关的数据，如流体的流量和温度等，然后由下式即可求得 K 值

$$Q = KS \frac{\Delta t_2 - \Delta t_1}{\ln \dfrac{\Delta t_2}{\Delta t_1}} = KS\Delta t_m$$

3.4.4.3　换热器的操作型计算

对现有的换热器，判断其对指定的传热任务是否适用，或预测在生产中某些参数变化对传热的影响等，均属于换热器的操作型计算。为此需用的基本关系与设计型计算的完全相同，仅后者计算较为复杂，往往需要试差或迭代。

【例 3-6】　在逆流换热器中，用初温为 20℃ 的水将 1.25kg/s 的液体（比热容为 1.9kJ/(kg·℃)，密度为 850kg/m³），由 80 ℃ 冷却到 30℃。换热器的列管直径为 $\phi 25 \times 2.5$mm，水走管方。水侧和液体侧的对流传热系数分别为 0.85kW/(m²·℃) 和 1.70kW/(m²·℃)，污垢热阻可忽略。若水的出口温度不能高于 50℃，试求换热器的传热面积。

【解】　由传热速率方程知

$$S_o = \frac{Q}{K_o \Delta t_m}$$

其中　　　　　$Q = W_h c_{ph}(T_1 - T_2) = 1.25 \times 1.9 \times (80 - 30) = 119\text{kW}$

$$\Delta t_m = \frac{\Delta t_2 - \Delta t_1}{\ln \dfrac{\Delta t_2}{\Delta t_1}} = \frac{(80 - 50) - (30 - 20)}{\ln \dfrac{30}{10}} = 18.2℃$$

$$K_o = \frac{1}{\dfrac{1}{\alpha_o} + \dfrac{b}{\lambda}\dfrac{d_o}{d_m} + \dfrac{1}{\alpha_i} \times \dfrac{d_o}{d_i}} = \frac{1}{\dfrac{1}{1700} + \dfrac{25}{22.5} + \dfrac{1}{850} \times \dfrac{25}{20}}$$

$$= \frac{1}{0.00212} = 472\text{W}/(\text{m}^2 \cdot ℃)$$

所以　　　　　　　　　　$S_o = \frac{119 \times 10^3}{472 \times 18.2} = 13.9\text{m}^2$

【例 3-7】　在并流换热器中，用水冷却油。水的进、出口温度分别为 15℃ 和 40℃，油的进、出口温度分别为 150℃ 和 100℃。现因生产任务要求油的出口温度降至 80℃，假设油和水的流量、进口温度及物性均不变，若原换热器的管长为 1m，试求此换热器的管长增至若干米才能满足要求。设换热器的热损失可忽略。

【解】　平均温度差为

$$\Delta t_m = \frac{(150-15)-(100-40)}{\ln\frac{135}{60}} = 92.5℃$$

由热量衡算得

$$\frac{W_h c_{ph}}{W_c c_{pc}} = \frac{t_2 - t_1}{T_2 - T_1} = \frac{40-15}{150-100} = 0.5$$

当油的出口温度降至 80℃ 时，由热量衡算得

$$Q = W_h c_{ph}(150-80) = W_c c_{pc}(t_2' - 15)$$

解得　$t_2' = 50℃$，$\Delta t_m' = \dfrac{(150-15)-(80-50)}{\ln\dfrac{135}{30}} = 70℃$

由传热速率方程可分别得

原换热器　$W_h c_{ph}(150-100) = KS\Delta t_m = K \times n\pi dl \times 92.5$

新换热器　$W_h c_{ph}(150-80) = KS'\Delta t_m' = K \times n\pi dl' \times 70$

所以　　$l' = \dfrac{70}{50} \times \dfrac{92.5}{70} \times 1 = 1.85\text{m}$

3.5　辐 射 传 热

3.5.1　基本概念

物体以电磁波形式传递能量的过程称为辐射，所传递的能量称为辐射能。物体可由不同的原因产生电磁波，其中因热的原因引起的电磁波辐射称为热辐射。在热辐射过程中，物体的热能转变为辐射能，只要物体的温度不变，则发射的辐射能也不变。物体在向外辐射能量的同时，也可能不断地吸收周围其他物体发射来的辐射能。所谓辐射传热，就是不同物体间相互辐射和吸收能量的综合过程。辐射传热的净结果是能量从高温物体传向低温物体。

热辐射和光辐射的本质相同，不同的仅仅是波长的范围。理论上热辐射的电磁波波长从零到无穷大，但是具有实际意义的波长范围为 0.4~20μm，其中可见光线的波长范围为 0.4~0.8μm，红外光线的波长范围为 0.8~20μm。可见光线和红外光线统称热射线。不过红外光线的热射线对热辐射起决定作用；只有在很高的温度下，才能觉察到可见光线的热效应。

热射线和可见光线一样，都服从反射和折射定律，能在均一介质中做直线传播。在真空和大多数的气体（惰性气体和对称的双原子气体）中，热射线可完全透过；但对大多数

的固体和液体，热射线则不能透过。因此，只有能够互相照见的物体间才能进行辐射传热。

如图 3-18 所示，假设投射在某一物体上的总辐射能量为 Q，则其中有一部分能量 Q_A 被吸收，一部分能量 Q_R 被反射，余下的能量 Q_D 透过物体。根据能量守恒定律，可得

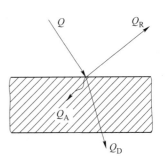

图 3-18　辐射能的吸收、
反射和透过

$$Q_A + Q_R + Q_D = Q$$

即

$$\frac{Q_A}{Q} + \frac{Q_R}{Q} + \frac{Q_D}{Q} = 1 \tag{3-48}$$

或

$$A + R + D = 1 \tag{3-48a}$$

式中　$A = \dfrac{Q_A}{Q}$——物体的吸收率，量纲为 1；

$R = \dfrac{Q_R}{Q}$——物体的反射率，量纲为 1；

$D = \dfrac{Q_D}{Q}$——物体的透过率，量纲为 1。

能全部吸收辐射能，即吸收率 $A=1$ 的物体，称为黑体或绝对黑体；能全部反射辐射能，即反射率 $R=1$ 的物体，称为镜体或绝对白体；能透过全部辐射能，即透过率 $D=1$ 的物体，称为透热体。一般单原子气体和对称的双原子气体均可视为透热体。

黑体和镜体都是理想物体，实际上并不存在。但是，某些物体如无光泽的黑煤，其吸收率约为 0.97，接近于黑体；磨光的金属表面反射率约等于 0.97，接近于镜体。引入黑体等概念，只是作为一种实际物体的比较标准，以简化辐射传热的计算。

物体的吸收率 A、反射率 R、透过率 D 的大小决定于物体的性质、表面状况、温度及辐射线的波长等。一般来说，固体和液体都是不透热体，即 $D=0$，故 $A+R=1$。气体则不同，其反射率 $R=0$，故 $A+D=1$。某些气体只能部分地吸收一定波长范围的辐射能。实际物体，如一般的固体，能部分地吸收由零到 ∞ 的所有波长范围的辐射能。凡能以相同的吸收率且部分地吸收由零到 ∞ 所有波长范围的辐射能的物体，定义为灰体。灰体有以下特点：

（1）灰体的吸收率 A 不随辐射线的波长而变；

（2）灰体是不透热体，即 $A+R=1$。

灰体也是理想物体，大多数的工程材料都可视为灰体，从而可使辐射传热的计算大为简化。

3.5.2　物体的辐射能力和有关的定律

物体的辐射能力是指物体在一定的温度下，单位表面积、单位时间内所发射的全部波长的总能量，用 E 表示，其单位为 W/m^2。因此，辐射能力表征物体发射辐射能的本领。在相同的条件下，物体发射特定波长的能力，称为单色辐射能力，用 E_Λ 表示。

若在 Λ 至 $\Lambda+\Delta\Lambda$ 的波长范围内的辐射能力为 ΔE，则

$$\lim_{\Lambda \to 0} \frac{\Delta E}{\Delta \Lambda} = \frac{dE}{d\Lambda} = E_\Lambda \tag{3-49}$$

$$E = \int_0^{\Lambda} E_{\Lambda} \mathrm{d}\Lambda \tag{3-49a}$$

式中，Λ 为波长，m 或 μm；E_{Λ} 为单色辐射能力，W/m^3。

若用下标 b 表示黑体，则黑体的辐射能力和单色辐射能力分别用 E_b 和 $E_{b\Lambda}$ 表示。

3.5.2.1　普朗克（Plank）定律

普朗克（Plank）定律揭示了黑体的辐射能力按照波长的分配规律，即表示黑体的单色辐射能力 $E_{b\Lambda}$ 随波长和温度变化的函数关系。根据量子理论，可以推导出如下的数学式

$$E_{b\Lambda} = \frac{c_1 \Lambda^{-5}}{\mathrm{e}^{c_2/(\Lambda T)} - 1} \tag{3-50}$$

式中　T——黑体的热力学温度，K；

　　　e——自然对数的底；

　　　C_1——常数，其值为 3.743×10^{-16} W·m^2；

　　　C_2——常数，其值为 1.4387×10^{-2} m·K。

式（3-50）称为普朗克定律。若在不同的温度下，将黑体的单色辐射能力 $E_{b\Lambda}$ 与波长 Λ 进行标绘，可得到如图 3-19 所示的黑体辐射能力按波长的分布规律曲线。

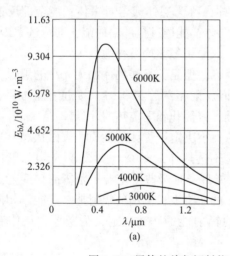
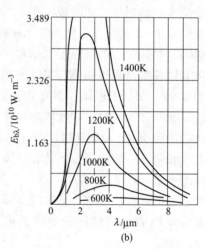

图 3-19　黑体的单色辐射能力随温度及波长的分布规律

3.5.2.2　斯蒂芬-玻耳兹曼（Stefan-Boltzmann）定律

斯蒂芬-玻耳兹曼定律揭示黑体的辐射能力与其表面温度的关系：

$$E_b = \int_0^{\infty} \frac{c_1 \Lambda^{-5}}{\mathrm{e}^{c_2/(\Lambda T)} - 1} \mathrm{d}\Lambda$$

积分上式并整理得

$$E_b = \sigma_0 T^4 = C_0 \left(\frac{T}{100}\right)^4 \tag{3-51}$$

式中　σ_0——黑体的辐射常数，其值为 5.67×10^{-8} W/(m^2·K^4)；

　　　C_0——黑体的辐射系数，其值为 5.67 W/(m^2·K^4)。

式（3-51）即为斯蒂芬-玻耳兹曼定律，通常称为四次方定律。它表明黑体的辐射能

力仅与热力学温度的四次方成正比。

应予指出，四次方定律也可推广到灰体，此时，式（3-51）可表示为

$$E = C \left(\frac{T}{100} \right)^4 \tag{3-52}$$

式中，C 为灰体的辐射系数，$W/(m^2 \cdot K^4)$。

不同的物体辐射系数 C 值不相同，其值与物体的性质、表面状况和温度等有关。C 值恒小于 C_0，在 0~5.67 范围内变化。前已述及，在辐射传热中，黑体是用来作为比较标准的，通常将灰体的辐射能力与同温度下黑体辐射能力之比，定义为物体的黑度（又称发射率），用 ε 表示，即

$$\varepsilon = E/E_b = \frac{C}{C_0} \tag{3-53}$$

或

$$E = \varepsilon E_b = \varepsilon C_0 \left(\frac{T}{100} \right)^4 \tag{3-53a}$$

只要知道物体的黑度，便可由上式求得该物体的辐射能力。黑度 ε 值取决于物体的性质、表面状况（如表面粗糙度和氧化程度），一般由实验测定，其值在 0~1 范围内变化。

3.5.2.3 克希霍夫（Kirchhoff）定律

克希霍夫定律揭示了物体的辐射能力 E 与吸收率 A 之间的关系：

$$\frac{E_1}{A_1} = \frac{E_2}{A_2} = \cdots = \frac{E}{A} = E_b = f(T) \tag{3-54}$$

式（3-54）为克希霍夫定律的数学表达式。该式表明，任何物体的辐射能力和吸收率的比值恒等于同温度下黑体的辐射能力，即仅和物体的绝对温度有关。将式（3-51）带入式（3-54），可以得出

$$E = AC_0 \left(\frac{T}{100} \right)^4 \tag{3-55}$$

比较式（3-53a）和式（3-55）可以看出，在同一温度下，物体的吸收率和黑度在数值上是相同的。但是 A 和 ε 两者的物理意义则完全不同。前者为吸收率，表示由其他物体发射来的辐射能可被该物体吸收的分数；后者为发射率，表示物体的辐射能力占黑体辐射能力的分数。由于物体吸收率的测定比较困难，因此工程计算中大都用物体的黑度来代替吸收率。

3.6 换 热 器

换热器是化工厂中重要的设备之一，换热器的类型很多，特点不一，可根据生产工艺要求进行选择。依据传热原理和实现热交换的方法，换热器可分为间壁式、混合式及蓄热式三类，其中以间壁式换热器应用最普遍，以下讨论仅限于此类换热器。

3.6.1 间壁式换热器的类型

间壁式换热器的特点是冷、热两流体被固体壁面隔开，不相混合，通过间壁进行热量的交换。间壁式换热器的类型包括管式换热器、板式换热器、翅片式换热器和热管换热

器，其中以管式换热器中的管壳式应用最广，本节将作重点介绍，其他管式换热器做简要介绍。板式换热器、翅片式换热器和热管换热器可参见相关文献。

3.6.1.1 管壳式换热器

管壳式（又称列管式）换热器是最典型的间壁式换热器，在工业上的应用有着悠久的历史，而且至今仍在所有换热器中占据主导地位。管壳式换热器主要由壳体、管束、管板和封头等部分组成（图 3-20）。壳体多呈圆形，内部装有平行管束；管束两端固定于管板上。在管壳式换热器内进行换热的两种流体，一种在管内流动，其行程称为管程；一种在管外流动，其行程称为壳程。管束的壁面即为传热面。

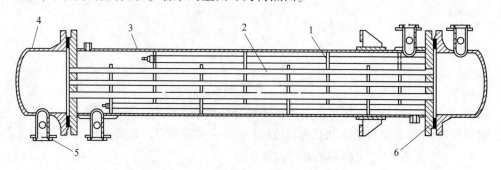

图 3-20 固定管板式换热器

1—挡板；2—管束；3—壳体；4—封头；5—接管；6—管板

为提高管外流体给热系数，通常在壳体内安装一定数量的横向折流挡板。折流挡板不仅可防止流体短路、增加流体速度，还迫使流体按规定路径多次错流通过管束，使湍动程度大为增加（图 3-21）。常用的挡板有圆缺形和圆盘形两种（图 3-22），前者应用更为广泛。

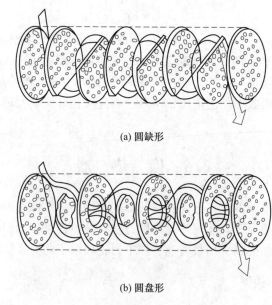

(a) 圆缺形

(b) 圆盘形

图 3-21 流体在壳内的折流

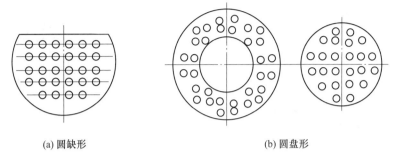

(a) 圆缺形　　　　　　　　(b) 圆盘形

图 3-22　折流挡板的形式

　　流体在管内每通过管束一次称为一个管程，每通过壳体一次称为一个壳程，即单壳程单管程换热器，通常称为 1-1 型换热器。为提高管内流体的速度，可在两端封头内设置适当隔板，将全部管子平均分隔成若干组。这样，流体可每次只通过部分管子而往返管束多次，称为多管程。同样，为提高管外流速，可在壳体内安装纵向挡板，使流体多次通过壳体空间，称多壳程。图 3-23 所示为两壳程四管程即 2-4 型换热器。

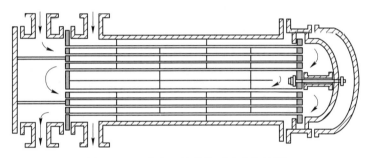

图 3-23　两壳程四管程的浮头式换热器

　　在管壳式换热器内，由于管内外流体温度不同，壳体和管束的温度也不同。如两者温差很大，换热器内部将出现很大的热应力，可能使管子弯曲、断裂，或从管板上松脱。因此，当管束和壳体温度差超过 50℃时，应采取适当的温差补偿措施，消除或减小热应力。根据所采取的温差补偿措施，换热器可分为以下三种主要形式：

　　（1）固定管板式。图 3-20 所示的单程管壳式换热器即为固定管板式换热器。固定管板式的两端管板和壳体连接成一体，因此具有结构简单和造价低廉的优点。但是由于壳程不易检修和清洗，因此壳方流体应是较洁净且不易结垢的物料。当两流体的温度差较大时，应考虑热补偿。即在外壳的适当部位焊上一个补偿圈，当外壳和管束热膨胀不同时，补偿圈发生弹性变形（拉伸或压缩），以适应外壳和管束不同的热膨胀程度。这种热补偿方法简单，但不宜用于两流体温度差太大（不大于 70℃）和壳方流体压强过高（一般不高于 600kPa）的场合。

　　（2）U 形管换热器。U 形管换热器如图 3-24 所示。管子弯成 U 形，管子的两端固定在同一管板上，因此每根管子可以自由伸缩，而与其他管子及壳体无关。这种类型换热器的结构也较简单，重量轻，适用于高温和高压场合。其主要缺点是：管内清洗比较困难，因此管内流体必须洁净；因管子需一定的弯曲半径，故管板的利用率较差。

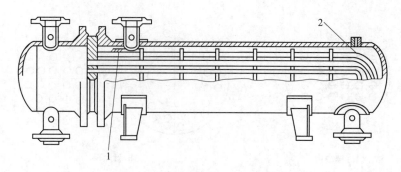

图 3-24　U 形管式换热器

1—内导流筒；2—U 形管

（3）浮头式换热器。浮头式换热器如图 3-25 所示。两端管板其中之一不与外壳固定连接，该端称为浮头。当管子受热（或受冷）时，管束连同浮头可以自由伸缩，而与外壳的膨胀无关。浮头式换热器不但可以补偿热膨胀，而且由于固定端的管板是以法兰与壳体相连接的，因此管束可从壳体中抽出，便于清洗和检修，故应用较为普遍。但该种换热器结构较复杂，金属耗量较多，造价也较高。

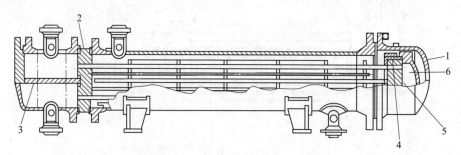

图 3-25　浮头式换热器

1—壳盖；2—固定管板；3—隔板；4—浮头勾圈法兰；5—浮动管板；6—浮头盖

3.6.1.2　沉浸式蛇管换热器

蛇管大多是用金属管子弯制而成，或制成适应容器要求的形状，沉浸在容器中，两种流体分别在蛇管内、外流动而进行热量交换。几种常用蛇管的形式如图 3-26 所示。这类蛇管换热器的优点是结构简单，价格低廉，便于防腐蚀，能承受高压。由于容器的体积较蛇管的体积大得多，故管外流体的 α 较小，因而总传热系数 K 值也较小。若在容器内增设搅拌器或减小管外空间，则可提高传热系数。

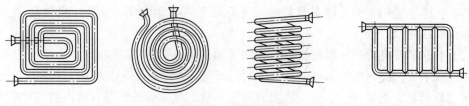

图 3-26　蛇管的形状

3.6.1.3 喷淋式换热器

喷淋式换热器如图 3-27 所示，多用作冷却器。固定在支架上的蛇管排列在同一垂直面上，热流体在管内流动，自下部的管进入，由上部的管流出。冷水由最上面的多孔分布管（淋水管）流下，分布在蛇管上，并沿其两侧下降至下面的管子表面，最后流入水槽而排出。冷水在各管表面上流过时，与管内流体进行热交换。这种设备常放置在室外空气流通处，冷却水在空气中汽化时可带走部分热量，以提高冷却效果。它和沉浸式蛇管换热器相比，还具有便于检修和清洗、传热效果也较好等优点，其缺点是喷淋不易均匀。

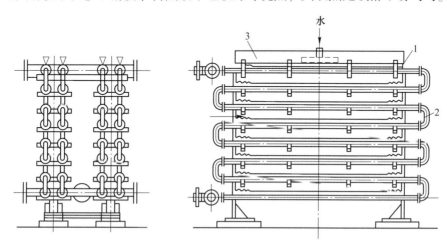

图 3-27 喷淋式换热器
1—直管；2—U 形管；3—水槽

3.6.1.4 套管式换热器

套管式换热器系用管件将两种尺寸不同的标准管连接成为同心圆的套管，然后用 180°的回弯管将多段套管串联而成，如图 3-28 所示。每一段套管称为一程，程数可根据传热要求而增减。每程的有效长度为 4~6m，若管子太长，管中间会向下弯曲，使环形中的流体分布不均匀。

套管换热器的优点为：构造简单；能耐高压；传热面积可根据需要而增减；适当地选择管内、外径，可使流体的流速较大；双方的流体做严格的逆流，有利于传热。其缺点为：管间接头较多，易发生泄漏；单位长度传热面积较小。在需要传热面积不太大且要求压强较高或传热效果较好时，宜采用套管式换热器。

3.6.2 管壳式换热器的设计和选用

3.6.2.1 管壳式换热器计算和选用时应考虑的问题

A 冷、热流体流动通道的选择

在管壳式换热器内，冷、热流体流动通道可根据以下原则进行选择：

（1）不洁净和易结垢的液体宜在管程，因管内清洗方便；

（2）腐蚀性流体宜在管程，以免管束和壳体同时受到腐蚀；

（3）压强高的流体宜在管内，以免壳体承受压力；

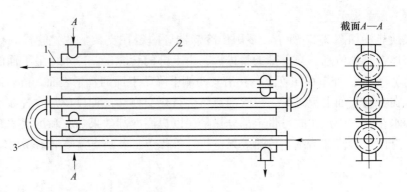

图 3-28　套管式换热器

1—内管；2—外管；3—U 形管

（4）饱和蒸汽宜走壳程，因饱和蒸汽比较清净，给热系数与流速无关，而且冷凝液容易排出；

（5）被冷却的流体宜走壳程，便于散热；

（6）若两流体温差较大，对于刚性结构的换热器，宜将给热系数大的流体通入壳程，以减小热应力；

（7）流量小而黏度大的流体一般以壳程为宜，因在壳程，$Re > 100$ 即可达到湍流。但这不是绝对的，如流动阻力损失允许，将这种流体通入管内并采用多管程结构，反而能得到更高的给热系数。

B　流动方式的选择

除逆流和并流之外，在管壳式换热器中，冷、热流体还可做各种多管程多壳程的复杂流动。当流量一定时，管程或壳程越多，给热系数越大，对传热过程越有利。但是，采用多管程或多壳程必将导致流体阻力损失，即输送流体的动力费用增加。因此，在决定换热器的程数时，需权衡传热和流体输送两方面的得失。

C　换热管规格和排列的选择

换热管直径越小，换热器单位容积的传热面积越大。因此，对于洁净的流体，管径可取得小些。但对于不洁净或易结垢的流体，管径应取得大些，以免堵塞。考虑到制造和维修的方便，加热管的规格不宜过多。目前我国试行的系列标准规定采用 $\phi 25 \times 2.5$mm 和 $\phi 19 \times 2$mm 两种规格，对一般流体是适用的。

管长的选择是以清洗方便和合理使用管材为准。我国生产的钢管长多为 6m、9m，因此系列标准中管长有 1.5m、2m、3m、4.5m、6m 和 9m 六种，其中以 3m 和 6m 更为普遍。

管子的排列方式有等边三角形和正方形两种（图 3-29a，图 3-29b）。与正方形相比，等边三角形排列比较紧凑，管外流体湍动程度高，给热系数大。正方形排列虽比较松散，给热效果也较差，但管外清洗方便，对易结垢流体更为适用。如将正方形排列的管束斜转45°如图 3-29（c）所示安装，可在一定程度上提高给热系数。

D　折流挡板

安装折流挡板的目的是为提高管外给热系数，为取得良好效果，挡板的形状和间距必须适当。对圆缺形挡板而言，弓形缺口的大小对壳程流体的流动状况有重要影响。从图

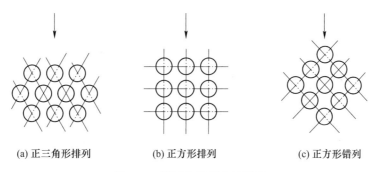

(a) 正三角形排列 (b) 正方形排列 (c) 正方形错列

图 3-29 管子在管板上的排列

3-30可以看出，弓形缺口太大或太小都会产生"死区"，既不利于传热，又往往会增加流体阻力。一般来说，弓形缺口的高度可取为壳体内径的 10%～40%，最常见的是 20% 和 25%两种。

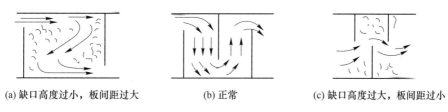

(a) 缺口高度过小，板间距过大 (b) 正常 (c) 缺口高度过大，板间距过小

图 3-30 挡板切除对流动的影响

挡板的间距对壳程的流动亦有重要的影响。间距太大，不能保证流体垂直流过管束，使管外给热系数下降；间距太小，不便于制造和检修，阻力损失亦大。一般取挡板间距为壳体内径的 0.2～1.0 倍。我国系列标准中采用的挡板间距为：固定管板式有 100mm、150mm、200mm、300mm、450mm、600mm、700mm 七种；浮头式有 100mm、150mm、200mm、250mm、300mm、350mm、450mm（或 480mm）、600mm 八种。

管壳式换热器的计算涉及其管程给热系数、换热器的阻力损失（含管程和壳程）等的计算，有关内容可参考相关文献。

E 对数平均温差的修正

前面推导的对数平均温差 Δt_m 仅适用于并流或逆流的情况。当采用多管程或多壳程时，管壳式换热器内的流动形式复杂，平均推动力可根据具体流动形式另行推出。在这些复杂的流动情况下，平均推动力 Δt_m 的计算式相当复杂。为方便起见，将这些复杂流型的平均推动力的计算结果与进出口温度相同的纯逆流相比较，求出修正系数 φ 并列出相应的线图以供查取。典型复杂流动形式和其他流型的 φ 值线图可参考各种传热书籍。

在工程计算中，可利用相应线图按下列步骤计算复杂流型的平均推动力：

（1）先以给定的冷、热流体进出口温度，算出纯逆流条件下的对数平均推动力。

（2）将（1）中求得的推动力乘以修正系数 φ 得到各种复杂流型的平均推动力。修正系数可根据

$$P = \frac{t_2 - t_1}{T_1 - t_1} = \frac{冷流体的温升}{两流体的最初温度差}$$

$$R = \frac{T_1 - T_2}{t_2 - t_1} = \frac{热流体的温降}{冷流体的温升}$$

两个参数，从相应的线图求得，R、P 中各温度为冷、热流体进、出口温度。

（3）根据纯逆流平均推动力与修正系数计算实际平均推动力，即

$$\Delta t_m = \varphi \Delta t_{m逆}$$

由于热平衡的限制，并不是任何一种流动方式都能完成给定的换热任务。若根据已知参数 P、R 在某线图上找不到相应的点，即表明此种流型无法完成指定换热任务，应改为其他流动方式。

3.6.2.2　管壳式换热器的选用和设计计算步骤

设有流量为 W_h 的热流体，需从温度 T_1 冷却至 T_2，可用的冷却介质温度 t_1，出口温度选定为 t_2。由此已知条件可算出换热器的热负荷 Q 和逆流操作平均推动力 $\Delta t_{m逆}$。根据传热基本方程式

$$Q = KS\Delta t_m = KS\varphi \Delta t_{m逆}$$

当 Q 和 $\Delta t_{m逆}$ 已知时，要求取传热面积 S，必须先知道 K 和 φ；而 K 和 φ 则是由传热面积 S 的大小和换热器结构决定的。可见，在冷、热流体的流量及进、出口温度皆已知的条件下，选用或设计换热器必须通过试差计算。试差计算可按下列步骤进行：

（1）初选换热器的尺寸规格

1）初步选定换热器的流动方式，由冷、热流体的进、出口温度计算温差修正系数 φ。φ 的数值应大于 0.8，否则应改变流动方式重新计算；

2）根据经验（或由表 3-2）估计传热系数 $K_{估}$，计算传热面积 $S_{估}$；

表 3-2　管壳式换热器的 K 值大致范围

热流体	冷流体	传热系数 K 值/W·$(m^2 \cdot ℃)^{-1}$
水	水	850～1700
轻油	水	340～910
重油	水	60～280
气体	水	17～280
水蒸气冷凝	水	1420～4250
水蒸气冷凝	气体	30～300
低沸点烃类蒸气冷凝（常压）	水	455～1140
低沸点烃类蒸气冷凝（减压）	水	60～170
水蒸气冷凝	水沸腾	2000～4250
水蒸气冷凝	轻油沸腾	455～1020
水蒸气冷凝	重油沸腾	140～425

注：以工程单位值表示的 K 值，由 SI 换算并经过圆整后列出。

3）根据 $S_{估}$ 的数值，参照系列标准选定换热管直径、长度及排列；如果是选用，可根据 $S_{估}$ 在系列标准中选择适当的换热器型号。

（2）计算管程的压降和给热系数

1）参考表3-3和表3-4选定流速，确定管程数目，计算管程压降 Δp_t。若管程允许压降 $\Delta p_允$ 已有规定，可以直接选定管程数目，计算 Δp_t；若 $\Delta p_t > \Delta p_允$，必须调整管程数目重新计算。

表 3-3　管壳式换热器内常用的流速范围　　　　　　　　　　　　　　　（m/s）

流 体 种 类	流　　速	
	管程	壳程
一般液体	0.5~3	0.2~1.5
易结垢液体	>1	>0.5
气体	5~30	3~15

表 3-4　不同黏度液体在管壳式换热器中的流速（在钢管中）

液体黏度/mPa·s	最大流速/m·s^{-1}	液休黏度/mPa·s	最大流速/m·s^{-1}
>1500	0.6	100~35	1.5
1000~500	0.75	35~1	1.8
500~100	1.1	<1	2.4

2）计算管内给热系数 α_i。如 $\alpha_i < K_估$，则应改变管程数重新计算。若改变管程数不能同时满足 $\Delta p_t < \Delta p_允$、$\alpha_i > K_估$ 的要求，则应重新估计 $K_估$ 值，另选一换热器型号进行试算。

（3）计算壳程压降和给热系数

1）参考表3-4的流速范围选定挡板间距，计算壳程压降 Δp_s。若 $\Delta p_s > \Delta p_允$，可增大挡板间距。

2）计算壳程给热系数 α_o。如 α_o 太小，可减小挡板间距。

（4）计算传热系数、校核传热面积。

根据流体的性质选择适当的垢层热阻 R，由 R、α_i、α_o 计算传热系数 $K_计$，再由传热基本方程式计算所需传热面积 $S_计$。当此传热面积 $S_计$ 小于初选换热器实际所具有的传热面积 S，则原则上以上计算可行。考虑到所用传热计算式的准确程度及其他未可预料的因素，应使选用换热器的传热面积留有15%~25%的裕度，使 $S/S_计 = 1.15~1.25$；否则，需重新估计一个 $K_估$，重复以上计算。

3.6.3　传热的强化途径

所谓强化传热过程，就是指提高冷、热流体间的传热速率。从传热速率方程 $Q = KS\Delta t_m$ 不难看出，增大总传热系数 K、传热面积 S 和平均温度差 Δt_m，都可提高传热速率 Q。在换热器的设计和生产操作中，或在换热器的改进开发中，大多从这一方面来考虑强化传热过程的途径。

3.6.3.1　增大平均温度差 Δt_m

增大平均温度差，可以提高换热器的传热速率。平均温度差的大小取决于两流体的温度条件和两流体在换热器中的流动形式。一般来说，流体的温度由生产工艺条件所规定，

因此 Δt_{m} 可变动的范围是有限的。但是在某些场合采用加热或冷却介质，这时因所选介质的不同，它们的温度可以有很大的差别。例如，在化工厂中常用的饱和水蒸气，若提高蒸汽的压强，就可以提高蒸汽的温度，从而增大平均温度差。但是改变介质的温度，必须考虑经济上的合理性和技术上的可行性。当换热器中两侧流体均变温时，采用逆流操作或增加壳程数，均可得到较大的平均温度差。在螺旋板式换热器和套管式换热器中，可使两流体做严格的逆流流动，因而可获得较大的平均温度差。

3.6.3.2　增大传热面积 S

增大传热面积，可以提高换热器的传热速率。但是增大传热面积不能依靠增大换热器的尺寸来实现，应从改进设备的结构入手，即提高单位体积的传热面积。工业上主要采用以下方法：

（1）翅化面（肋化面）。用翅片来增大传热面积，并加剧流体的湍动，以提高传热速率。翅化面的种类和形式很多，翅片管式换热器和板翅式换热器均属此类。翅片结构通常用于传热面两侧中传热系数较小的一侧。

（2）异形表面。将传热面制造成各种凹凸形、波纹形、扁平状等。板式换热器属于此类。此外常用波纹管、螺纹管代替光滑管，这不仅可增大传热面积，而且可增加流体的扰动，从而强化传热。例如板式换热器每 $1m^3$ 体积可提供传热面积为 $250\sim1500m^2$，而管壳式换热器单位体积的传热面积为 $40\sim160m^2$。

（3）多孔物质结构。将细小的金属颗粒涂覆于传热表面，可增大传热面积。

（4）采用小直径传热管。在管壳式换热器中采用小直径管，可增加单位体积的传热面积。

3.6.3.3　增大总传热系数 K

增大总传热系数，可以提高换热器的传热速率。这是在强化传热中应重点考虑的。从总传热系数计算公式可见，欲提高总传热系数，就须减小管壁两侧的对流传热热阻、污垢热阻和管壁热阻。但因各项热阻在总热阻中所占比例不同，应设法减小对 K 值影响较大的热阻，才能有效地提高 K 值。一般来说，金属壁面较薄且其导热系数较大，故壁面热阻不会成为主要热阻。污垢热阻是可变的因素，在换热器使用初期，污垢热阻很小；随着使用时间增长，污垢层厚度逐渐增加，可能成为主要热阻。对流传热热阻经常是主要控制因素。为减小热阻，可采用如下方法：

（1）提高流体的流速。在管壳式换热器中增加管程数和壳程的挡板数，可提高换热器管程和壳程的流速。由于加大了流速，加剧了流体的湍动程度，可减小传热边界层中层流内层的厚度，提高对流传热系数，减小对流传热热阻。

（2）增强流体的扰动。对管壳式换热器采用各种异形管或在管内加装螺旋圈、金属卷片等添加物，也可采用板式或螺旋板式换热器，均可增强流体的扰动。由于流体的扰动，使层流内层厚度减薄，可提高对流传热系数，减小对流传热热阻。

（3）在流体中加固体颗粒。在流体中加入固体颗粒后，由于颗粒的扰动作用，使对流传热系数增大，减小了对流传热热阻。同时，由于颗粒不断地冲刷壁面，减轻了污垢的形成，使污垢热阻降低。

（4）采用短管换热器。由于流动进口段对传热的影响，即在进口处附近层流内层很薄，故采用短管可提高对流传热系数。

（5）防止污垢层形成，及时清除污垢层。增加流体的速度和加剧流体的扰动，可防止污垢层的形成；让容易结垢的流体在管程流动，或采用可拆式换热器结构，便于清除垢层；采用机械或化学的方法，定期进行清垢。

习　题

3-1　如图 3-31 所示，某工业炉的炉壁由耐火砖 $\lambda_1 = 1.3 \text{W/(m·K)}$、绝热层 $\lambda_2 = 0.18 \text{W/(m·K)}$ 及普通砖 $\lambda_3 = 0.93 \text{W/(m·K)}$ 三层组成。炉膛壁内壁温度 1100℃，普通砖层厚 12cm，其外表面温度为 50℃。通过炉壁的热损失为 1200W/m^2，绝热材料的耐热温度为 900℃。设各层间接触良好，接触热阻可以忽略，求耐火砖层的最小厚度及此时绝热层厚度。

3-2　如图 3-32 所示。为测量炉壁内壁的温度，在炉外壁及距外壁 1/3 厚度处设置热电偶，测得 $t_2 = 300℃$，$t_3 = 50℃$。设炉壁由单层均质材料组成，求内壁温度 t_1。

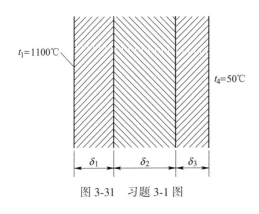

图 3-31　习题 3-1 图

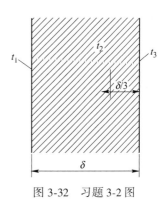

图 3-32　习题 3-2 图

3-3　直径为 $\phi 60 \times 3\text{mm}$ 的钢管用 30mm 厚的软木包扎，其外又用 100mm 厚的保温灰包扎，以作为绝热层。现测得钢管外壁面温度为 −110℃，绝热层外表面温度 10℃。已知软木和保温灰的导热系数分别为 0.043 和 0.07W/(m·℃)，试求每米管长的冷量损失量。

3-4　蒸汽管道外包扎有两层导热系数不同而厚度相同的绝热层，设外层的平均直径为内层的两倍，其导热系数也为内层的两倍。若将两层材料互换位置，假定其他条件不变，试问每米管长的热损失将改变多少？说明在本题情况下，哪一种材料包扎在内层较为合适？

3-5　在常压下用列管换热器将空气由 200℃冷却至 120℃，空气以 3kg/s 的流量在管外壳体中平行于管束流动。换热器外壳的内径为 260mm、内径 $\phi 25 \times 2.5\text{mm}$ 钢管 38 根。求空气对管壁的对流传热系数。

3-6　热气体在套管换热器中用冷水冷却，内管为 $\phi 25 \times 2.5\text{mm}$ 钢管，热导率为 45W/(m·K)。冷水在管内湍流流动，对流传热系数 $\alpha_1 = 2000 \text{W/(m}^2\text{·K)}$。热气在环隙中湍流流动，$\alpha_2 = 50 \text{W/(m}^2\text{·K)}$。不计垢层热阻，试求：（1）管壁热阻占总热阻的百分数；（2）内管中冷水流速提高一倍。总传热系数有何变化？（3）环隙中热气体流速提高一倍，总传热系数有何变化？

3-7　在逆流换热器中，用初温为 20℃的水将 1.25kg/s 的液体（比热容为 1.9kJ/(kg·℃)、密度为 850kg/m^3），由 80℃冷却到 30℃。换热器的列管直径为 $\phi 25 \times 2.5\text{mm}$，水走管方。水侧和液体侧的对流传热系数分别为 0.85kW/(m²·℃) 和 1.70kW/(m²·℃)，污垢热阻可忽略。若水的出口温度不能高于 50℃，试求换热器的传热面积。

3-8　重油和原油在单程套管换热器中呈并流流动，两种油的初温分别为 243℃和 128℃；终温分别为

167℃和157℃。若维持两种油的流量和初温不变,而将两流体改为逆流,试求此时流体的平均温度差及它们的终温。假设在两种流动情况下,流体的物性和总传热系数均不变化,换热器的热损失可以忽略。

3-9 在一传热面积为50m² 的单程列管换热器中,用水冷却某种溶液。两流体呈逆流流动。冷水的流量为33000kg/h,温度由20℃升至38℃。溶液的温度由110℃降至60℃。若换热器清洗后,在两流体的流量和进口温度下,冷水出口温度增到45℃。假设:(1)两种情况下,流体物性可视为不变,水的平均比热容可取为4.187kJ/(kg・℃);(2)可按平壁处理,两种工况下 α_i 和 α_o 分别相同;(3)忽略管壁热阻和热损失。试估算换热器清洗前传热面两侧的总污垢热阻。

3-10 在一单程列管换热器中,用饱和蒸汽加热原料油。温度为160℃的饱和蒸汽在壳程冷凝(排出时为饱和液体),原料油在管程流动,并由20℃加热到106℃。列管换热器尺寸为:列管直径为$\phi 19 \times 2mm$,管长为4m,共有25 根管子。若换热器的传热量为125kW,蒸汽冷凝传热系数为7000W/(m²・℃),油侧污垢热阻可取为0.0005m²・℃/W,管壁热阻和蒸汽侧垢层热阻可忽略,试求管内油侧对流传热系数。

又若油的流速增加一倍,此时若换热器的总传热系数为原来总传热系数的1.75 倍,假设油的物性不变,试求油的出口温度。

3-11 在一逆流套管换热器中,冷、热流进行热交换。两流体的进、出口温度分别为 $t_1 = 20℃$、$t_2 = 85℃$,$T_1 = 100℃$、$T_2 = 70℃$。当冷流体的流量增加一倍时,试求两流体的出口温度和传热量的变化情况。假设两种情况下总传热系数可视为相同,换热器热损失可忽略。

3-12 在由 118 根 $\phi 25 \times 2.5mm$,长为 3m 的钢管组成的列管式换热器中,用饱和水蒸气加热空气,空气走管程。已知加热蒸汽的温度为132.9℃,空气的质量流量为7200kg/h,空气的进、出口温度分别20℃和60℃,操作条件下的空气比热容为1.005kJ/(kg・℃),空气的对流给热系数为50W/(m²・℃),蒸汽冷凝给热系数为8000W/(m²・℃),假定管壁热阻、垢层热阻及热损失可忽略不计。试求:
(1) 加热空气需要的热量 Q 为多少?
(2) 以管子外表面为基准的总传热系数 K 为多少?
(3) 此换热器能否完成生产任务?

3-13 某列管式换热器内有 52 根 $\phi 25 \times 2.5mm$ 的换热钢管。管外侧是流量为 5.86kg/s 的苯从 380℃降温至 330℃,管内的水与苯逆流换热,进、出口的水温分别为 290℃ 与 320℃。已知苯的冷凝给热系数为27000W/(m²・℃),苯的比热容为 1.89kJ/(kg・℃);水的密度为 990kg/m³,比热容为 4.17kJ/(kg・℃),导热系数为 0.642W/(m・℃),黏度为 0.533cP;管壁导热系数为 45W/(m・℃)。若忽略污垢热阻与换热器的热损失,试求:
(1) 换热管内水的流型;
(2) 基于外表面的总传热系数 K;
(3) 所需换热管的长度 L。

3-14 在一单程列管换热器中,用饱和蒸汽加热原料油,温度为160℃的饱和蒸汽在壳程冷凝为同温度的水。原料油在管程湍流,并由20℃加热到106℃。列管换热器的管长为4m,内有$\phi 19 \times 2mm$的列管25 根。若换热器的传热负荷为125kW,蒸汽冷凝传热系数为7000W/(m²・℃),油侧垢层热阻为0.0005m²・℃/W。管壁热阻及蒸汽侧垢层热阻可忽略。试求:
(1) 管内油侧对流传热系数;
(2) 油的流速增加 1 倍,保持饱和蒸汽温度及油入口温度,假设油的物性不变,求油的出口温度;
(3) 油的流速增加 1 倍,保持油进出口温度不变,求饱和蒸汽温度。

思 考 题

3-1 根据传热机理不同，有哪三种基本传热方式，他们的传热机理有何不同？

3-2 以教室里面冬季的暖气片为例，说明传热的过程分几个阶段，每个阶段的传热方式是什么？

3-3 对流传热和热对流有何区别和联系？

3-4 对流传热速率方程（牛顿冷却定律）中的对流传热系数与哪些因素有关，提高总传热系数 K 的途径有哪些？

3-5 流体流动方向对传热有哪些影响，为什么工程上的换热器大多采用逆流操作，生产中什么情况会采用并流？

3-6 为什么滴状冷凝的对流传热系数比膜状冷凝的大？由于壁面上不容易形成滴状冷凝，蒸气冷凝多为膜状冷凝，影响膜状冷凝传热的因素有哪些？

3-7 在换热器中，用饱和蒸汽加热管内流动空气，总传热系数接近哪种流体的对流传热系数？壁温接近哪种流体的温度？忽略管壁和污垢热阻，要增大总传热系数，应增大哪个流体的对流传热系数？

3-8 强化传热的目的是什么，若要强化换热器中的传热过程，可以采取哪些措施？

3-9 保温瓶的夹层玻璃表面为什么镀有一层反射率很高的材料，夹层抽真空的目的是什么？

3-10 两物体的温度分别为 200℃ 及 100℃，若将其温度各提高 300℃，维持其温度差不变，其辐射传热的热流量是否变化？

4 气体吸收

【本章学习要求】

掌握吸收的基本概念和应用，掌握吸收的传质方式和传质机理，掌握吸收速率方程以及低浓度气体吸收过程和计算，掌握填料塔的结构。了解填料塔的工艺设计。

【本章学习重点】

(1) 吸收过程的气液相平衡；
(2) 吸收过程的传质机理；
(3) 吸收速率方程；
(4) 低浓度气体吸收过程的物料衡算和操作线方程；
(5) 吸收剂用量的确定；
(6) 填料层高度的计算。

4.1 概　　述

4.1.1 气体吸收的原理与流程

气体吸收是典型的化工单元操作过程。气体吸收的原理是，根据混合气体中各组分在某液体溶剂中的溶解度不同而将气体混合物进行分离。吸收操作所用的液体溶剂称为吸收剂，以 S 表示；混合气体中，能够显著溶解于吸收剂的组分称为吸收物质或溶质，以 A 表示；而几乎不被溶解的组分统称为惰性组分或载体，以 B 表示；吸收操作所得到的溶液称为吸收液或溶液，它是溶质 A 在溶剂 S 中的溶液；被吸收后排出的气体称为吸收尾气，其主要成分为惰性气体 B，但仍含有少量未被吸收的溶质 A。

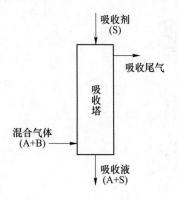

图 4-1　吸收塔操作示意图

吸收过程通常在吸收塔中进行。根据气、液两相的流动方向，分为逆流操作和并流操作两类。工业生产中以逆流操作为主。逆流吸收塔操作如图 4-1 所示。

应予指出，吸收过程使混合气中的溶质溶解于吸收剂中而得到一种溶液，但就溶质的存在形态而言，仍然是一种混合物，并没有得到纯度较高的气体溶质。在工业生产中，除以制取溶液产品为目的的吸收（如用水吸收 HCl 气体制取盐酸等）之外，大都要将吸收液进行解吸，以便得到纯净的溶质，或使吸收剂再生后循环使用。解吸也称为脱吸，它是使溶质从吸收液中释放出来的过程。解吸通常在解吸塔中进行。图 4-2 为洗油脱除煤气中粗苯的流程简图。图中虚线左侧为吸收部分，在吸收塔中，苯系化合物蒸气溶解于洗油中，吸收了粗苯的洗油（富油）由吸收塔底排出，被吸收后的煤气由吸收塔顶排出。图中虚线右侧为解吸部分，在解吸塔中，粗苯由液相释放出来，并为水蒸气带出，经冷凝分层后即可获得粗苯产品；解吸出粗苯的洗油（贫油）经冷却后再送回吸收塔循环使用。

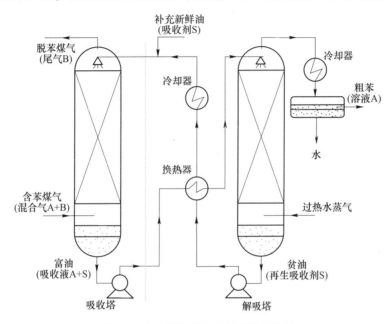

图 4-2 洗油脱除煤气中粗苯流程简图

4.1.2 气体吸收的工业应用

气体吸收在化工生产中的应用大致有以下几种：

（1）净化或精制气体。混合气的净化或精制常采用吸收的方法。如在合成氨工艺中，采用碳酸丙烯酯（或碳酸钾水溶液）脱除合成气中的二氧化碳等。

（2）制取某种气体的液态产品。气体的液态产品的制取常采用吸收的方法，如用水吸收氯化氢气体制取盐酸等。

（3）回收混合气体中所需的组分。回收混合气体中的某组分通常也采用吸收的方法，如用洗油处理焦炉气以回收其中的芳烃等。

（4）工业废气的治理。工业生产所排放的废气中常含有少量的 SO_2、H_2S、HF 等有害气体成分，若直接排入大气，则对环境造成污染，因此在排放之前必须加以治理。工业生产中通常采用吸收的方法，选用碱性吸收剂除去这些有害的酸性气体。

4.1.3 气体吸收的分类

气体吸收过程通常按以下方法分类：

（1）单组分吸收与多组分吸收。吸收过程按被吸收组分数目的不同，分为单组分吸收和多组分吸收。若混合气体中只有一个组分进入液相，其余组分不溶（或微溶）于吸收剂，这种吸收过程称为单组分吸收；反之，若在吸收过程中，混合气中进入液相的气体溶质不止一个，这种吸收称为多组分吸收。

（2）物理吸收与化学吸收。在吸收过程中，如果溶质与溶剂之间不发生显著的化学反应，可以把吸收过程看成是气体溶质单纯地溶解于溶剂的物理过程，称为物理吸收；反之，如果在吸收过程中气体溶质与溶剂（或其中的活泼组分）发生显著的化学反应，则称为化学吸收。

（3）低组成（浓度）吸收与高组成（浓度）吸收。在吸收过程中，若溶质在气液两相中的摩尔分数均较低（通常不超过 0.1），这种吸收称为低组成吸收；反之，则称为高组成吸收。对于低组成吸收过程，由于气相中溶质含量较低，传递到液相中的溶质量相对于气、液相流量也较小，因此流经吸收塔的气、液相流量可视为常数。

（4）等温吸收与非等温吸收。气体溶质溶解于液体时，常由于溶解热或化学反应热而产生热效应。热效应使液相的温度逐渐升高，这种吸收称为非等温吸收。若吸收过程的热效应很小或虽然热效应较大，但吸收设备的散热效果很好，能及时移出吸收过程所产生的热量，此时液相的温度变化并不显著，这种吸收称为等温吸收。

工业生产中的吸收过程以低组成吸收为主。本章基本内容在于讨论单组分低组成的等温物理吸收过程的原理和计算，对于其他条件下的吸收过程，如高浓度吸收、非等温吸收、多组分吸收及化学吸收的原理和计算，可参考相关工具书。

4.1.4 吸收剂的选择

吸收是气体溶质在吸收剂中溶解的过程。因此，吸收剂性能的优劣往往是决定吸收效果的关键。选择吸收剂应注意以下几点：

（1）溶解度。吸收剂对溶质组分的溶解度越大，则传质推动力越大，吸收速率越快，且吸收剂的耗用量越少。

（2）选择性。吸收剂应对溶质组分有较大的溶解度，而对混合气体中的其他组分溶解度甚微，否则不能实现有效的分离。

（3）挥发度。在吸收过程中，吸收尾气往往为吸收剂蒸气所饱和。故在操作温度下，吸收剂的蒸气压要低，即挥发度要小，以减少吸收剂的损失量。

（4）黏度。吸收剂在操作温度下的黏度越低，其在塔内的流动阻力越小，扩散系数越大，这有助于传质速率的提高。

（5）其他。所选用的吸收剂应尽可能无毒性、无腐蚀性、不易燃易爆、不发泡、冰点低、价廉易得，且化学性质稳定。

4.2 气液相平衡

吸收过程的气液平衡关系是研究气体吸收过程的基础，该关系通常用气体在液体中的溶解度及亨利定律表示。

4.2.1 气体的溶解度

在一定的温度和压力下，使一定量的吸收剂与混合气体接触，气相中的溶质便向液相溶剂中转移，直至液相中溶质组成达到饱和为止。此时，在任何时刻进入液相中的溶质分子数与从液相逸出的溶质分子数恰好相等。这种状态称为相际动平衡，简称相平衡或者平衡。平衡状态下气相中的溶质分压称为平衡分压或饱和分压，液相中的溶质组称为平衡组成或饱和组成。所谓某气体在指定液体中的溶解度，就是指气体在指定液体中的饱和浓度，习惯上常以单位质量（或体积）的液体中所含溶质的质量来表示。

对于单组分物理吸收的物系，组分数为 3（溶质 A、惰性气体 B、溶剂 S），相数为 2（气、液），根据相律，自由度数 F 应为 $F = 3 - 2 + 2 = 3$，即达到相平衡时，在温度、总压和气、液组成四个变量中，有三个变量是自变量，另一个是它们的函数。故可将溶解度表达为温度 T，总压 P 和气相组成（常以分压 p_A 表示）的函数。在实验研究的基础上得知，P 在几个大气压的范围内，对平衡的影响实际上可以忽略；而温度对溶解度的影响较大，一般是温度升高时，溶解度下降。于是，在一定温度下，溶解度只是 p_A 的函数。

图 4-3～图 4-5 分别为低压下 NH_3、SO_2 和 O_2 在水中的溶解度与其在气相中的分压之间的关系（以温度为参数）。图中的关系线称为溶解度曲线。分析可知：

（1）在同一溶剂（水）中，相同的温度和溶质分压下，不同气体的溶解度差别很大，其中 NH_3 在水中的溶解度最大，O_2 在水中的溶解度最小。表明 NH_3 易溶于水，O_2 难溶于水，而 SO_2 则居中。

（2）对同一溶质，在相同的气相分压下，溶解度随温度的升高而减小。

（3）对同一溶质，在相同的温度下，溶解度随气相分压的升高而增大。

由溶解度曲线所显示的上述规律可看出，加压和降温有利于吸收操作，因为加压和降温可提高气体溶质的溶解度；反之，减压和升温则有利于解吸操作。

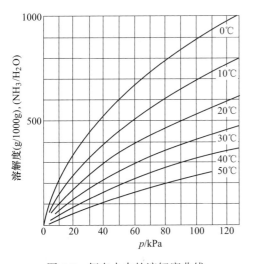

图 4-3　氨在水中的溶解度曲线

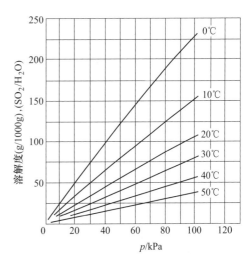

图 4-4　二氧化硫在水中的溶解度曲线

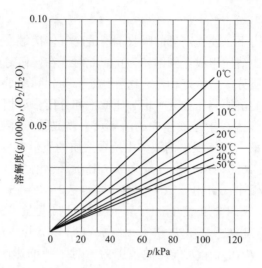

图 4-5 　 氧在水中的溶解度曲线

4.2.2 　亨利定律

对于稀溶液或难溶气体，在一定温度下，当总压不高（通常不超过 5×10^5 Pa）时，互成平衡的气液两相组成间的关系用亨利（Henry）定律来描述。由于互成平衡的气、液两相组成的表示方法不同，故亨利定律亦有不同的表达形式。

4.2.2.1 　 p_i 与 x_i 的关系

若溶质在气、液相中的组成分别以分压 p_i、摩尔分数 x_i 表示，则亨利定律可写成如下形式，即

$$p_i^* = E x_i \tag{4-1}$$

式中 　　p_i^*——溶质在气相中的平衡分压，kPa；

　　　　x_i——溶质在液相中的摩尔分数；

　　　　E——亨利系数，单位与压强单位一致，其数值随物系的物性和温度而异。

式（4-1）称为亨利定律。此式表明，稀溶液上方的溶质分压与该溶质在液相中的摩尔分数成正比，比例常数即为亨利系数。

对于理想溶液，在压力不高及温度恒定的条件下，p_i^* 和 x_i 的关系在整个组成范围内都符合亨利定律，而亨利系数即为该温度下纯溶剂的饱和蒸气压，此时亨利定律与拉乌尔定律是一致的。但实际的吸收操作所涉及的系统多为非理想溶液，此时亨利系数不等于纯溶质的饱和蒸气压，且只有液相溶质组成很低时才为常数。因此，亨利定律适用范围是溶解度曲线的直线部分。亨利系数 E 反映了溶质的溶解能力，E 值愈大，其溶解度愈小。所以在同一溶剂中，难溶气体的 E 值很大，而易溶气体的 E 值很小。一般说来，温度升高则 E 值增大，这也意味着气体溶解度随温度升高而减小。

在应用亨利定律时，除要求溶液为理想溶液或稀溶液以外，还要求溶质在气相和液相中的分子状态必须相同。如把 HCl 溶解在苯、氯仿或四氯化碳里，溶质在气、液相中都是 HCl 分子，此时可应用亨利定律；但当 HCl 气体溶解于水时，由于 HCl 在水中解离，就不

能应用亨利定律。

表 4-1 列出了某些气体在水中的亨利系数 E 值，可供查用。必须注意：在溶质气体分压不超过 101.3kPa 时，亨利系数 E 常为一不变的定值（在一定温度下）。在同一种溶剂中，不同气体维持其亨利系数恒定的组成范围是不同的。对于某些难溶解的系统来说，当溶质分压不超过 1×10^5Pa 时，恒定温度下的 E 值可视为常数；当分压超过 1×10^5Pa 后，E 值不仅是温度的函数，且随着溶质本身的分压而变。因此，在列出较高气体分压下的亨利系数时，除了须指明温度外，还须注明其压力。应用此值时，一般只能在指明压力 ±101.3kPa 的范围内作为一不变的定值。当表中列出的亨利系数 E 值未注明压力条件时，则只能在低于 101.3kPa 的气体分压范围内应用。

表 4-1　某些气体在水中的亨利系数 E（括号内为内插值）　　　　　　（10^{-5}/kPa）

气体	温度/℃															
	0	5	10	15	20	25	30	35	40	45	50	60	70	80	90	100
氦	130.7		127.6		126.3		125.6		122.6		116.5					
氢	58.65	61.59	64.43	66.96	69.19	91.62	73.85	75.17	76.08	76.99	77.49	77.49	77.09	76.48	76.08	75.47
氮	53.59	60.48	67.67	74.76	81.45	87.62	93.6	99.78	105.4	110.4	114.5	121.6	126.6	127.6	127.6	127.6
空气	73.76	19.13	55.61	61.49	67.26	72.94	78.1	83.37	88.13	92.28	95.83	102.3	106.1	108.4	109.4	108.4
一氧化碳	35.66	40.11	44.77	49.54	54.3	57.75	62.81	66.76	70.50	73.85	77.09	83.17	85.60	85.60	85.70	85.70
氧	25.83	29.48	33.13	36.87	40.62	44.37	48.12	51.36	54.20	57.03	59.56	63.72	67.16	69.60	70.81	71.00
甲烷	22.69	26.24	30.09	34.14	39.09	41.84	45.48	49.23	52.68	55.82	58.58	63.41	67.47	69.09	70.10	71.00
一氧化氮	17.12	19.55	22.08	24.51	26.74	29.07	31.4	33.53	35.66	37.68	39.51	42.34	44.37	45.38	45.79	45.99
乙烷	12.76	15.7	19.15	22.89	26.64	30.59	34.64	38.8	12.85	46.90	50.65	57.23	63.11	66.96	69.59	70.10
乙烯	5.59	6.61	7.78	9.07	10.33	11.55	12.87									
丙烯		(3.70)	(4.52)	(5.30)	(6.08)											
臭氧	0.97	2.21	2.51	2.92	3.81	4.63	3.06	8.29	12.16		27.76					
氧化亚氮		1.19	1.43	1.68	2.01	2.28	2.62	3.06			2.87					
二氧化碳	0.74	0.89	1.05	1.24	1.44	1.66	1.88	3.12	2.36	2.60		3.45				
乙炔	0.73	0.85	0.97	1.09	1.23	1.35	1.48									
硫化氢	0.27	0.32	0.37	0.43	0.49	0.55	0.62	0.68	0.75	0.82	0.90	1.04	1.21	1.37	1.46	1.50
溴	0.022	0.028	0.037	0.075	0.06	0.07	0.092		0.47		0.19	0.25	0.33	0.41		

4.2.2.2　p_i 与 c_i 的关系

若溶质在气、液相中的组成分别以分压 p_i、物质的量浓度 c_i 表示，则亨利定律可写成如下形式，即

$$p_i^* = \frac{c_i}{H} \qquad\qquad (4\text{-}2)$$

式中　p_i^*——溶质在气相中的平衡分压，kPa；

　　　　c_i——溶质在液相中的物质的量浓度，$kmol/m^3$；

　　　　H——溶解度系数，$kmol/(m^3 \cdot kPa)$。

溶解度系数 H 也是温度的函数。对于一定的溶质和溶剂，H 值随温度升高而减小。易溶气体的 H 值很大，而难溶气体的 H 值则很小。

溶解度系数 H 与亨利系数 E 的关系可推导如下：若溶液的组成为 $c_i(\mathrm{kmol(A)/m^3})$，密度为 $\rho(\mathrm{kg/m^3})$，则 $1\mathrm{m^3}$ 溶液中所含的溶质 A 为 $c_i(\mathrm{kmol})$，而溶剂 S 为 $\dfrac{\rho - c_i M_A}{M_S}(\mathrm{kmol})$（$M_A$ 及 M_S 分别为溶质 A 及溶剂 S 的摩尔质量），于是可知溶质在液相中的摩尔分数为

$$x_i = \frac{c_i}{c_i + \dfrac{\rho - c_i M_A}{M_S}} = \frac{c_i M_S}{\rho + c_i(M_S - M_A)} \tag{4-3}$$

将式（4-3）代入式（4-1），可得

$$p_i^* = E x_i = \frac{E c_i M_S}{\rho + c_i(M_S - M_A)}$$

将此式与式（4-2）比较，可知

$$\frac{1}{H} = \frac{E M_S}{\rho + c_i(M_S - M_A)}$$

对于稀溶液来说，c_i 值很小，此式等号右端分母中的 $c_i(M_S - M_A)$ 与 ρ 相比可以忽略不计，故上式可简化为

$$H = \frac{\rho}{E M_S} \tag{4-4}$$

4.2.2.3 y_i 与 x_i 的关系

若溶质在液相和气相的摩尔分数分别用 x_i 及 y_i 表示，则亨利定律又可写成：

$$y_i^* = m x_i \tag{4-5}$$

式中 x_i ——液相中溶质的摩尔分数；

y_i^* ——与该液相成平衡的气相中溶质的摩尔分数；

m ——相平衡常数，或称分配系数，无因次。

若系统总压为 P，则由理想气体的分压定律可知溶质在气相中的分压为

$$p_i = P y_i$$

同理 $$p_i^* = P y_i^*$$

将上式与式（4-5）比较可知

$$m = \frac{E}{P} \tag{4-6}$$

相平衡系数 m 也是由实验结果计算出来的数值。对于一定物系，它是温度和压强的函数。m 值的大小同样也可比较不同气体溶解度大小，m 值愈大，表明该气体的溶解度愈小。由式（4-6）可以看出，温度升高，总压下降，则 m 值变大，不利于吸收操作。

4.2.2.4 Y_i 与 X_i 的关系

在吸收计算中常认为惰性组分不进入液相，溶剂也没有显著的挥发现象，因而在塔的各个横截面上，气相中的惰性组分 B 的摩尔流量和液相中溶剂 S 的摩尔流量不变。若以 B 和 S 的量作为基准分别表示溶质 A 在气、液两相的组成，对吸收的计算会带来一些方便。

为此，常用摩尔比 Y_i 与 X_i 分别表示气、液两相的组成。摩尔比的定义如下

$$X_i = \frac{液相中溶质的物质的量}{液相中溶剂的物质的量} = \frac{x_i}{1 - x_i} \tag{4-7}$$

$$Y_i = \frac{气相中溶质的物质的量}{气相中惰性组分的物质的量} = \frac{y_i}{1 - y_i} \tag{4-8}$$

由式（4-7）和式（4-8）可知

$$x_i = \frac{X_i}{1 + X_i} \tag{4-9}$$

$$y_i = \frac{Y_i}{1 + Y_i} \tag{4-10}$$

将式（4-9）和式（4-10）代入式（4-5），可得

$$\frac{Y_i}{1 + Y_i} = m \frac{X_i}{1 + X_i}$$

整理后得到

$$Y_i^* = \frac{mX_i}{1 + (1 - m)X_i} \tag{4-11}$$

式（4-11）是由亨利定律导出的，此式在 X_i-Y_i 直角坐标系中的图形总是曲线。但是，当溶液组成很低时，式（4-11）等号右端分母趋近于 1，于是该式可简化为

$$Y_i^* = mX_i \tag{4-12}$$

式（4-12）是亨利定律的又一种表达形式。它表明当液相中溶质组成足够低时，平衡关系在 X_i-Y_i 图中也可近似地表示成一条通过原点的直线，其斜率为 m。

亨利定律的各种表达式所描述的都是互成平衡的气、液两相组成间的关系，它们既可用来根据液相组成计算平衡的气相组成，同样可用来根据气相组成计算平衡的液相组成。从这种意义上讲，上述亨利定律的几种表达形式也可改写如下

$$x_i^* = \frac{p_i}{E} \tag{4-1a}$$

$$c_i^* = Hp_i \tag{4-2a}$$

$$x_i^* = \frac{y_i}{m} \tag{4-5a}$$

$$X_i^* = \frac{Y_i}{m} \tag{4-12a}$$

【例 4-1】 在总压为 101.33kPa 和温度为 20℃下，测得 NH_3 在水中的溶解度数据为：溶液上方 NH_3 的平衡分压为 0.8kPa 时，气体在液体中的溶解度为 1g(NH_3)/100g(H_2O)。试求亨利系数 E、溶解度系数 H 和相平衡常数 m。假设该溶液遵守亨利定律。

【解】 在本题的浓度范围内遵守亨利定律，令 p^* 表示 NH_3 在溶液上方的平衡分压，则亨利常数 E 可由 $E = p^*/x$ 计算。

其中

$$x = \frac{1.0/17}{1.0/17 + 100/18} = 0.01048$$

则
$$E = \frac{0.8}{0.01048} = 76.3\text{kPa}$$

由式（4-4），可知溶解度系数 H 为（其中溶液密度按纯水计算，即取 $\rho = 1000\text{kg/m}^3$）：

$$H = \frac{\rho}{EM_S} = \frac{1000}{76.3 \times 18} = 0.728\text{kmol/}(\text{m}^3 \cdot \text{kPa})$$

由式（4-6），可知相平衡常数 m 为：

$$m = \frac{E}{P} = \frac{76.3}{101.33} = 0.753$$

相平衡常数 m 也可由下式求得

$$m = \frac{y^*}{x}$$

其中
$$y^* = \frac{p^*}{P} = \frac{0.8}{101.33} = 0.00789$$

则
$$m = \frac{0.0079}{0.01048} = 0.753$$

4.2.3 相平衡关系在吸收过程中的应用

相平衡关系描述的是气、液两相接触传质的极限状态。根据气、液两相的实际组成与相应条件下平衡组成的比较，可以判断传质进行的方向，确定传质推动力的大小，并可指明传质过程所能达到的极限。

4.2.3.1 判断传质进行的方向

若气液平衡相关系为 $y_i^* = mx_i$ 或 $x_i^* = y_i/m$，如果气相中溶质的实际组成 y_i 大于与液相溶质组成成相平衡的气相溶质组成 y_i^*，即 $y_i > y_i^*$（或液相的实际组成 x_i 小于与气相组成成相平衡的液相组成 x_i^*，即 $x_i < x_i^*$），说明溶液还没有达到饱和状态，此时气相中的溶质必然要继续溶解，传质的方向由气相到液相，即进行吸收；反之，传质方向则由液相到气相，即发生解吸（或脱吸）。

总之，一切偏离平衡的气液系统都是不稳定的，溶质必由一相传递到另一相，其结果是使气、液两相逐渐趋于平衡，溶质传递的方向就是使系统趋于平衡的方向。

4.2.3.2 确定传质的推动力

传质过程的推动力通常用一相的实际组成与其平衡组成的偏离程度表示。

如图 4-6（a）在吸收塔内某截面 A-A 处，溶质在气、液两相中的组成分别为 y_i、x_i，若在操作条件下气液平衡关系为 $y_i^* = mx_i$，则在 x_i-y_i 坐标上可标绘出平衡线 OE 和 A-A 截面上的操作点 A，如图 4-6（b）所示。从图中可看出，以气相组成差表示的推动力为 $\Delta y_i = y_i - y_i^*$，以液相组成差表示的推动力为 $\Delta x_i = x_i^* - x_i$。

同理，若气、液组成分别以 p_i、c_i 表示，并且相平衡方程为 $p_i^* = \dfrac{c_i}{H}$ 或 $c_i^* = Hp_i$，则以气相分压差表示的推动力为 $\Delta p_i = p_i - p_i^*$，以液相组成表示的推动力为 $\Delta c_i = c_i^* - c_i$。

实际组成偏离平衡组成的程度越大，过程的推动力就越大，其传质速率也将越大。

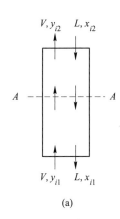 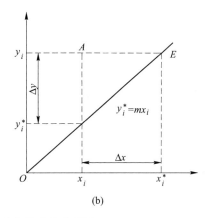

(a)   (b)

图 4-6 吸收推动力示意图

4.2.3.3 指明传质过程进行的极限

平衡状态是传质过程进行的极限。对于以净化气体为目的的逆流吸收过程，无论气体流量有多小，吸收剂流量有多大，吸收塔有多高，出塔净化气中溶质的组成 y_{i2} 最低都不会低于入塔吸收剂组成 x_{i2} 相平衡的气相溶质组成 y_{i2}^*，即

$$y_{i2min} \geqslant y_{i2}^* = mx_{i2}$$

同理，对以制取液相产品为目的的逆流吸收，出塔吸收液的组成 x_{i1} 都不可能大于入塔气相组成 y_{i1} 相平衡的液相组成 x_{i1}^*，即

$$x_{i1max} \leqslant x_{i1}^* = \frac{y_{i1}}{m}$$

由此可见，相平衡关系限定了被净化气体离塔时的最低组成和吸收液离塔时的最高组成。一切相平衡状态都是有条件的，通过改变平衡条件得到有利于传质过程所需的新的平衡关系。

【例 4-2】 某气液体系，气相是空气与 SO_2 的混合物，SO_2 的浓度 $y_1 = 0.03$，溶剂是水，液相中 SO_2 的浓度 $x_1 = 4.13 \times 10^{-4}$。$P = 1.2atm$，$t = 10℃$。

问：（1）过程是吸收还是解吸，过程推动力是多少？（以 Δy 和 Δx 表示）；（2）若 $t = 70℃$，其他条件不变，过程是吸收还是解吸，过程推动力是多少？（以 Δy 和 Δx 表示）。已知 SO_2 溶于水的亨利系数：$t = 10℃$，$E = 24.2atm$；$t = 70℃$，$E = 137atm$。

【解】（1）$t = 10℃$，$E = 24.2atm$。已知：$y_1 = 0.03$，$x_1 = 4.13 \times 10^{-4}$，$P = 1.2atm$

则

$$m = \frac{E}{P} = \frac{24.2}{1.2} = 20.17$$

$$y_1^* = mx_1 = 20.17 \times 4.13 \times 10^{-4} = 8.33 \times 10^{-3}$$

由于 $y_1 > y_1^*$，故过程为吸收。

吸收推动力 $\Delta y = y_1 - y_1^* = 0.03 - 8.33 \times 10^{-3} = 2.17 \times 10^{-2}$

$$\Delta x = x_1^* - x_1 = \frac{y_1}{m} - x_1 = \frac{0.03}{20.17} - 4.13 \times 10^{-4} = 1.07 \times 10^{-3}$$

（2）$t = 70℃$，$E = 137atm$。

则
$$m = \frac{E}{P} = \frac{137}{1.2} = 114.2$$

$$y_1^* = mx_1 = 114.2 \times 4.13 \times 10^{-4} = 0.0472$$

由于 $y_1 < y_1^*$，故过程为解吸。

解吸推动力 $\Delta y = y_1^* - y_1 = 0.0472 - 0.03 = 0.0172$

$$\Delta x = x_1 - x_1^* = x_1 - \frac{y_1}{m} = 4.13 \times 10^{-4} - \frac{0.03}{114.2} = 1.50 \times 10^{-4}$$

4.3 传 质 机 理

吸收操作是溶质从气相向液相转移的过程，该过程属相际间的对流传质问题。对于相际间的传质问题，重要的是研究传质速率及其影响因素，而研究传质的速率，首先要搞清楚传质的机理。与热量传递中的导热和对流传热相对应，质量传递的方式亦可分为分子传质和对流传质两类。

4.3.1 分子传质与菲克定律

分子传质（扩散）是在一相内部有组成差异的条件下，由于分子的无规则运动而造成的物质传递现象。习惯上常把分子扩散简称为扩散。

如图 4-7 所示，用一块隔板将容器分为左右两室，两室中分别充入温度及压力相同而浓度不同的 A、B 两种气体。设在左室中，组分 A 的浓度高于右室，而组分 B 的浓度低于右室。当隔板抽出后，由于气体分子的无规则运动，左室中的 A、B 分子会窜入右室。同时，右室中的 A、B 分子亦会窜入左室。左右两室交换的分子数虽相等，但因左室 A 的浓度高于右室，故在同一时间内 A 分子进入右室较多而返回左室较少。同理，B 分子进入左室较多而返回右室较少，其净结果必

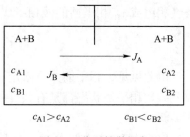

图 4-7 分子扩散现象

然是物质 A 自左向右传递，而物质 B 自右向左传递，即两种物质各自沿其浓度降低的方向传递。

上述扩散过程将一直进行到整个容器中 A、B 两种物质的浓度完全均匀为止，此时通过任一截面物质 A、B 的净的扩散通量为零，但扩散仍在进行，只是左、右两方向物质的扩散通量相等，系统处于扩散的动态平衡中。

描述分子扩散的通量或速率的基本定律为菲克（Fick）定律，其数学表达式为

$$J_A = -D_{AB} \frac{dc_A}{dz} \tag{4-13}$$

及

$$J_B = -D_{BA} \frac{dc_B}{dz} \tag{4-14}$$

式中 J_A，J_B ——物质 A、B 在 z 方向上的分子扩散通量，$kmol/(m^2 \cdot s)$；

$\dfrac{dc_A}{dz}$，$\dfrac{dc_B}{dz}$ ——物质 A、B 的浓度梯度，即物质 A、B 的浓度 c_A、c_B 在 z 方向上的变化率，$kmol/m^4$；

D_{AB} ——物质 A 在介质 B 中的分子扩散系数，m^2/s；

D_{BA} ——物质 B 在介质 A 中的分子扩散系数，m^2/s；

负号表示扩散是沿着物质 A 浓度降低的方向进行的。

对于两组分扩散系统，尽管组分 A、B 各自的物质的量浓度皆随位置不同而变化，但在恒温下，总物质的量浓度为常数，即

$$c_{总} = c_A + c_B = 常数 \tag{4-15}$$

由式（4-15）可得

$$\frac{dc_A}{dz} = -\frac{dc_B}{dz} \tag{4-16}$$

又两组分扩散时，以下关系成立

$$J_A = -J_B \tag{4-17}$$

因此可得

$$D_{AB} - D_{BA} \tag{4-18}$$

式（4-18）表明，在两组分扩散系统中，组分 A 和组分 B 的相互扩散系数相等。

应予指出，菲克定律只适用于由于分子无规则运动而引起的扩散过程。实际上，在分子扩散的同时，经常伴有流体的总体流动。例如用液体吸收气体混合物中溶质组分的过程。设由 A、B 组成的二元气体混合物，其中 A 为溶质，可溶解于液体中，而 B 不能在液体中溶解。这样，组分 A 可以通过气液界面进入液相，而组分 B 不能进入液相。由于 A 分子不断通过相界面进入液相，在相界面的气相一侧会留下"空穴"，根据流体连续性原则，混合气体便会自动地向界面递补。这样就发生了 A、B 两种分子并行向界面递补的运动，这种递补运动就形成了混合物的总体流动。显然，通过气液相界面组分 A 的传质通量应等于由于分子扩散所形成的扩散通量与由于总体流动所形成的总体流动通量的和。此时，由于组分 B 不能通过相界面，当组分 B 随总体流动运动到相界面后，又以分子扩散形式返回气相主体中，故组分 B 的传质通量为零。该过程如图 4-8 所示。

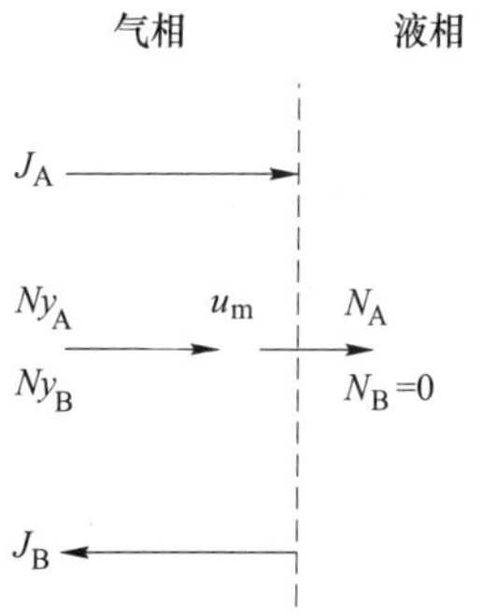

图 4-8 吸收过程各传质通量的关系

如上所述，若在扩散的同时伴有混合物的总体流动，则组分 A 的传质通量为

$$N_A = J_A + y_A N \tag{4-19}$$

或

$$N_A = -D_{AB}\frac{dc_A}{dz} + y_A N \tag{4-20}$$

式中　N_A ——组分 A 的传质通量，$kmol/(m^2 \cdot s)$；

　　N ——混合物的总传质通量，$kmol/(m^2 \cdot s)$；

　　y_A ——组分 A 的摩尔分数。

式（4-20）为菲克定律的普遍表达形式。

4.3.2　气相中的稳态分子扩散

4.3.2.1　等分子反向扩散

如图 4-9 所示，用一段直径均匀的圆管将两个很大的容器连通，两容器内分别充有浓度不同的 A、B 两种气体，其中 $c_{A1} > c_{A2}$、$c_{B1} < c_{B2}$。设两容器内混合气体的温度及总压相同，两容器内均装有搅拌器，用以保持各自的浓度均匀。显然，由于连通管两端存在浓度差，在连通管内将发生分子扩散现象，使组分 A 向右传递而组分 B 向左传递。因两容器内总压相同，所以连通管内任意截面上，组分 A 的传质通量与组分 B 的传质通量相等，但传质方向相反，故称为等分子反向扩散。

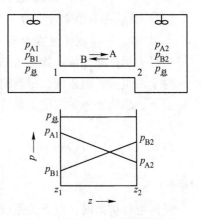

图 4-9　等分子反向扩散示意图

对于等分子反向扩散过程，有

$$N_A = -N_B$$

因此得

$$N = N_A + N_B = 0$$

将以上关系式代入式（4-20），可得

$$N_A = J_A = -D_{AB}\frac{dc_A}{dz} \tag{4-21}$$

参考图 4-9，式（4-21）的边界条件为

① $z = z_1$ 时，$c_A = c_{A1}$；

② $z = z_2$ 时，$c_A = c_{A2}$。

求解式（4-21），并代入边界条件得

$$N_A = J_A = -\frac{D_{AB}}{\Delta z}(c_{A1} - c_{A2}) \tag{4-22}$$

$$\Delta z = z_2 - z_1 \tag{4-23}$$

当扩散系统处于低压时，气相可按理想气体混合物处理，于是

$$c_{总} = \frac{p_{总}}{RT}, \quad c_A = \frac{p_A}{RT}$$

将上述关系代入式（4-22）中，得

$$N_A = J_A = -\frac{D_{AB}}{RT\Delta z}(p_{A1} - p_{A2}) \tag{4-24}$$

式（4-22）和式（4-24）即为 A、B 两组分做等分子反向扩散时的传质通量表达式，依此式可计算出组分 A 的传质通量。

4.3.2.2　一组分通过另一停滞组分的扩散

如图 4-10 所示，设由 A、B 两组分组成的二元混合物中，组分 A 为扩散组分，组分 B 为不扩散组分（称为停滞组分），组分 A 通过停滞组分 B 进行扩散。该扩散过程多在吸收

操作中遇到，例如用水吸收空气中的氨的过程，气相中氨（组分 A）通过不扩散的空气（组分 B）扩散至气液相界面，然后溶于水中；而空气在水中可认为是不溶解的，故它并不能通过气液相界面，而是"停滞"不动的。

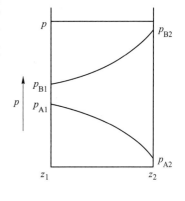

由于组分 B 为不扩散组分，$N_B = 0$，因此得

$$N = N_A + N_B = N_A$$

将以上关系代入式（4-20），可得

$$N_A = -D_{AB} \frac{dc_A}{dz} + y_A N_A = -D_{AB} \frac{dc_A}{dz} + \frac{c_A}{c_总} N_A$$

整理得

$$N_A = -\frac{D_{AB} c_总}{c_总 - c_A} \frac{dc_A}{dz} \tag{4-25}$$

图 4-10 一组分通过另一
停滞组分扩散示意图

在系统中取 z_1 和 z_2 两个平面，设组分 A、B 在平面 z_1 处的物质的量浓度分别为 c_{A1} 和 c_{B1}，z_2 处的物质的量浓度分别为 c_{A2} 和 c_{B2}，且 $c_{A1} > c_{A2}$、$c_{B1} < c_{B2}$，系统的总物质的量浓度 $c_总$ 恒定。则式（4-25）的边界条件为

① $z = z_1$ 时，$c_A = c_{A1}$；

② $z = z_2$ 时，$c_A = c_{A2}$。

求解式（4-25）并代入边界条件，得

$$N_A = -\frac{D_{AB} c_总}{\Delta z} \ln \frac{c_总 - c_{A2}}{c_总 - c_{A1}} \tag{4-26}$$

或

$$N_A = -\frac{D_{AB} c_总}{RT\Delta z} \ln \frac{p_总 - p_{A2}}{p_总 - p_{A1}} \tag{4-27}$$

式（4-26）和式（4-27）即为组分 A 通过停滞组分 B 的定态扩散时的传质通量表达式，依此可计算组分 A 的传质通量。

将式（4-27）变成与式（4-24）相同的形式。由于扩散过程中总压 $p_总$ 不变，故得

$$p_{B2} = p_总 - p_{A2}$$

$$p_{B1} = p_总 - p_{A1}$$

因此

$$p_{B2} - p_{B1} = p_{A1} - p_{A2}$$

于是

$$N_A = -\frac{D_{AB} p_总}{RT\Delta z} \frac{p_{A1} - p_{A2}}{p_{B2} - p_{B1}} \ln \frac{p_{B2}}{p_{B1}}$$

令

$$p_{Bm} = \frac{p_{B2} - p_{B1}}{\ln \frac{p_{B2}}{p_{B1}}}$$

p_{Bm} 称为组分 B 的对数平均分压。据此，得

$$N_A = \frac{D_{AB}}{RTz} \frac{p_总}{p_{Bm}} (p_{A1} - p_{A2}) \tag{4-28}$$

比较式（4-28）和式（4-24）可知，组分 A 通过停滞组分 B 扩散的传质通量较组分

A、B 进行等分子反向扩散的传质通量相差 $\dfrac{p_总}{p_{Bm}}$。$\dfrac{p_总}{p_{Bm}}$ 反映了总体流动对传质速率的影响，

定义为"漂流因子"。因 $p_总 > p_{Bm}$，所以漂流因子 $\dfrac{p_总}{p_{Bm}} > 1$，这表明由于有总体流动，而使

物质 A 的传递速率较之单纯的分子扩散要大一些。当混合气体中组分 A 的浓度很低时，

$p_{Bm} \approx p_总$，因而 $\dfrac{p_总}{p_{Bm}} \approx 1$，式（4-28）即可化简为式（4-24）。

式（4-24）适合于描述理想的精馏过程中的传质速率关系。在这样的精馏过程中，易挥发组分 A 与难挥发组分 B 有近乎相等的摩尔汽化热，故在两相接触过程中，A 组分进入气相的速率与 B 组分及进入液相的速率大体相等。换言之，每有 1kmol 的 B 转入液相，同时必有 1kmol 的 A 转入气相，所以，在相界面附近的气相中总不会因某种分子转入另一相而造成空缺，因而不会发生总体流动，传质速率即等于扩散通量。

式（4-28）适合于描述吸收及脱吸过程中的传质速率关系。在比较简单的吸收过程中，气相中的溶质 A 不断进入液相，惰性组分 B 则不能进入液相，而且溶剂 S 是不汽化的，即液相中也没有任何溶剂分子逸出。这种情况恰属于一组分通过另一停滞组分的扩散。另外，当一种液态的物质汽化时，发生在液体表面附近静止（或层流）的气相中的扩散过程，也属于这种情况。

【例 4-3】　欲测苯蒸气在空气中的分子扩散系数。装置如图 4-11 所示，将液态苯装入附图的垂直管中。已知操作温度为 25℃，操作压强为 1atm。查得在操作温度时苯的蒸气压为 95.33mmHg。苯蒸气借分子扩散通过垂直管段至水平管口，即被惰性气流带走，可假设在该水平管口处苯蒸气压为零。现取 z 轴如图所示。由实验测定知：自 $z_a = 20.00$mm 增至 $z_b = 21.82$mm（注意 z 轴正向朝下），经过 147.53min。试计算在 25℃时苯蒸气在空气中的分子扩散系数。

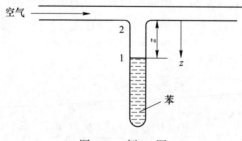

图 4-11　例4-3 图

解　如附图所示，当液位为 z 时，苯蒸气通过 1~2 段的传质速率为

$$N_A = \frac{D_{AB}}{RTz}\frac{p_总}{p_{Bm}}(p_{A1} - p_{A2}) \tag{a}$$

又根据物料衡算，可知

$$N_A d\tau = \frac{\rho_L}{M_A}dz \tag{b}$$

式中　ρ_L——25℃液态苯的密度，kg/m^3；

　　M_A——苯的摩尔质量，$kg/kmol$。

由（a）、（b）两式可得

$$\frac{D_{AB}}{RT}\frac{p_总}{p_{Bm}}(p_{A1}-p_{A2})\mathrm{d}\tau=\frac{\rho_L}{M_A}z\mathrm{d}z \tag{c}$$

对（c）式积分，积分上下限为：$\tau=0$，$z=z_a$；$\tau=\tau_1$，$z=z_b$，得

$$\frac{D_{AB}}{RT}\frac{p_总}{p_{Bm}}(p_{A1}-p_{A2})\tau_1=\frac{\rho_L}{M_A}\cdot\frac{z_b^2-z_a^2}{2} \tag{d}$$

已知：$p_{A1}=95.33\mathrm{mmHg}$，$p_{A2}=0$，$p_总=760\mathrm{mmHg}$；则 $p_{B1}=760-95.33=664.7\mathrm{mmHg}$，

$p_{B2}=760\mathrm{mmHg}$，$p_{Bm}=\dfrac{760-664.7}{\ln\dfrac{760}{664.7}}=711.3\mathrm{mmHg}$。

查得 $\rho_L=872\mathrm{kg/m^3}$。将各已知值代入（d）式，并注意到单位换算，可写出下式

$$\frac{D_{AB}}{8314\times298}\times\frac{760}{711.3}\times(95.33-0)\times\left(\frac{1.013\times10^5}{760}\right)\times147.53\times60$$

$$=\frac{872}{78}\times\frac{(0.02182)^2-(0.020)^2}{2}$$

解得　　　　　　$D_{AB}=8.77\times10^{-6}\mathrm{m^2/s}=0.0877\mathrm{cm^2/s}$

4.3.3　液相中的稳态分子扩散

一般来说，液相中的分子扩散速度远小于气相中的扩散速度，亦即液体中发生扩散时分子定向运动的平均速度更缓慢。就数量级而言，物质在气相中的扩散系数较液相中的扩散系数约大 10^5 倍。但是，液体的密度往往比气体大得多，因而液相中的物质浓度以及浓度梯度便可远远高于气相中的物质浓度及浓度梯度，所以，在一定条件下，气、液两相中仍可达到相同的扩散通量。

对于液体的分子运动规律远不及对气体研究得充分，因此只能仿效气相中的扩散速率关系式写出液相中的相应关系式。

液相中的发生等分子反向扩散的机会很少，而一组分通过另一停滞组分的扩散则较为多见。比如，吸收质 A 通过停滞的溶剂 S 而扩散，就是吸收操作中发生于界面附近液相内的典型情况。仿照式（4-28）可写出此种情况下组分 A 在液相中的传质速率关系式，即

$$N'_A=\frac{D'}{z}\frac{c_总}{c_{Sm}}(c_{A1}-c_{A2}) \tag{4-29}$$

式中　N'_A——溶质 A 液相中的传质速率，$kmol/(m^2\cdot s)$；

　　D'——溶质 A 在溶剂 S 中的扩散系数，m^2/s；

　　$c_总$——溶液的总浓度，$c_总=c_A+c_S$，$kmol/m^3$；

　　z——1、2 截面间的距离，m；

c_{A1}，c_{A2}——1、2 截面上的溶质浓度，$kmol/m^3$；

　　c_{Sm}——1、2 两截面上溶剂 S 浓度的对数平均值，$kmol/m^3$。

4.3.4 扩散系数

分子扩散系数简称扩散系数，它是物质的特性常数之一。同一种物质的扩散系数随介质的种类、温度、压强及浓度的不同而变化。对于气体中的扩散，浓度的影响可以忽略；对于液体中的扩散，浓度的影响不可忽略，而压强的影响不显著。

同一组分在不同的混合物中其扩散系数也不一样，在需要确切了解某一种物质的扩散系数时，一般应通过实验测定。常见物质的扩散系数可在手册中查到，某些计算扩散系数的半经验公式也可用来做大致的估计。

4.3.4.1 组分在气体中的扩散系数

若将气体混合物的分子视作性质相同的弹性小球，分子热运动使这些小球相互间无规则碰撞，此外，不再考虑其他的作用力。在此简化条件下，经分子运动率的理论推导与实验修正，可获得计算气体扩散系数的半经验式，进而可推出扩散系数与温度、压强的关系为

$$D = D_0 \left(\frac{T}{T_0} \right)^{1.81} \left(\frac{p_0}{p} \right) \tag{4-30}$$

式中，D_0 为 T_0、p_0 状态下的扩散系数。温度升高，分子动能较大；压强降低，分子间距加大，两者均使扩散系数增加。

4.3.4.2 组分在液体中的扩散系数

组分在液体中的扩散系数比在气体中慢得多，这是由于液体分子比较密集。一般来说，气体的扩散系数约为液体的 10^5 倍。但组分在液体中的浓度较气体大，因此，组分在气相中的扩散速率约为液相中的 100 倍。此外，液体中组分的浓度对扩散系数有较显著的影响，一般手册中所载的数据均为稀溶液中的扩散系数。

液体的扩散理论及实验均不及气体完善，估计液体扩散系数的计算式也不及气体可靠。当扩散组分为低摩尔质量的非电解质，根据其在稀溶液中的扩散系数的半经验式可知，液体的扩散系数与温度、黏度的关系为

$$D = D_0 \frac{T}{T_0} \times \frac{\mu_0}{\mu} \tag{4-31}$$

式中，D_0 为 T_0、μ_0 状态下的扩散系数。

表 4-2 和表 4-3 中分别列举了一些物质在空气及水中的扩散系数，供计算时参考。

表 4-2　一些物质在空气中的扩散系数（0℃，101.3kPa）

扩散物质	扩散系数 $D_{AB}/\mathrm{cm^2 \cdot s^{-1}}$	扩散物质	扩散系数 $D_{AB}/\mathrm{cm^2 \cdot s^{-1}}$
H_2	0.611	H_2O	0.220
N_2	0.132	C_6H_6	0.077
O_2	0.178	C_7H_8	0.076
CO_2	0.138	CH_3OH	0.132
HCl	0.130	C_2H_5OH	0.102
SO_2	0.103	CS_2	0.089
SO_3	0.095	$C_2H_5OC_2H_5$	0.078
NH_3	0.170		

表4-3 一些物质在水中的扩散系数（20℃，稀溶液）

扩散物质	扩散系数 $D'_{AB} \times 10^9 / m^2 \cdot s^{-1}$	扩散物质	扩散系数 $D'_{AB} \times 10^9 / m^2 \cdot s^{-1}$
O_2	1.80	HNO_3	2.60
CO_2	1.50	$NaCl$	1.35
N_2O	1.51	$NaOH$	1.51
NH_3	1.76	C_2H_2	1.56
Cl_2	1.22	CH_3COOH	0.88
Br_2	1.20	CH_3OH	1.28
H_2	5.13	C_2H_5OH	1.00
N_2	1.64	C_3H_7OH	0.87
HCl	2.64	C_4H_9OH	0.77
H_2S	1.41	C_6H_5OH	0.84
H_2SO_4	1.73	$C_{12}H_{22}O_{11}$（蔗糖）	0.45

4.3.5 对流传质

4.3.5.1 涡流传质

物质在湍流流体中的传递，主要依靠流体质点的无规则运动。湍流中发生的旋涡，引起各部位流体间的剧烈混合，在有浓度差存在的条件下，物质便朝着其浓度降低的方向进行传递。这种凭借流体质点的湍动和旋涡来传递物质的现象，称为涡流扩散。诚然，在湍流流体中，分子扩散与涡流扩散同时发挥着传递作用，但质点是大量分子的集群，在湍流主体中的质点传递的规模和速度远远大于单个分子的，因此涡流扩散的效果应占主要地位。此时的扩散通量可以下式表达，即

$$J_A = -(D + D_E)\frac{dc_A}{dz} \tag{4-32}$$

式中 D ——分子扩散系数，m^2/s；

D_E ——涡流扩散系数，m^2/s；

$\dfrac{dc_A}{dz}$ ——组分 A 沿 z 方向的浓度梯度，$kmol/m^4$；

J_A ——组分 A 的扩散通量，$kmol/(m^2 \cdot s)$。

然而，涡流扩散系数 D_E 不是物性常数，它与湍动程度有关，且随位置而不同。由于涡流扩散系数难以测定和计算，因此常将分子扩散与涡流扩散两种传质作用结合在一起考虑。

4.3.5.2 对流传质

对流传质是指发生在运动着的流体与相界面之间的传质过程。在化学工程领域里的传质操作多发生在流体湍流的情况下，此时的对流传质就是湍流主体与相界面之间的涡流扩散与分子扩散两种传质作用的总和。

由于对流传质与对流传热类似，故可采用与处理对流传热问题类似的方法来处理对流

传质问题。描述对流传质的基本方程与描述对流传热的基本方程（即牛顿冷却定律）相对应，可采用下式表述

$$N_A = k_c \Delta c_A$$ (4-33)

式中　N_A——对流传质通量，kmol/(m²·s)；

　　　Δc_A——组分 A 在界面处的浓度与流体主体浓度之差，kmol/m³；

　　　k_c——对流传质系数，kmol/(m²·s)。

式（4-33）称为对流传质速率方程，其中的对流传质系数 k_c 是以浓度差定义的。因浓度差还可以采用其他单位，故根据不同的浓度差表示法，可以定义出相应多种形式的对流传质系数。该式既适用于流体做层流运动的情况，也适用于流体做湍流运动的情况，只不过是在两种情况下 k_c 的数值不同而已。一般而论，k_c 与界面的几何形状，流体的物性、流型以及浓度差等因素有关，其中流型的影响最为显著。k_c 的确定方法与对流传热系数 α 的确定方法类似。

4.4 吸收速率方程

4.4.1 吸收过程的机理

溶质从气相转移到液相的传质过程，可分为以下三个步骤：

（1）溶质由气相主体通过对流和扩散到达两相界面，即气相内的传质；

（2）溶质在相界面上，由气相转入液相，即在界面上发生的溶解过程；

（3）溶质由界面通过扩散和对流进入液相主体，即液相内的传质。

由于气液相界面的流动状况和传质现象很复杂，人们很难透过现象把握其本质。虽然已经提出一些能解释部分事实、对传质速率做出某些预测的理论，但都不完善，有其局限性，而被称为"模型"；任一模型都需要对实际过程做出适当的简化假定。吸收常用的是惠特曼（W. G. Whitman）于 1923 年发表的双膜理论（停滞膜理论），它把相互接触的两股流体间的对流传质过程描述成如图 4-12 所示的模式，包含以下几点基本假设：

（1）相互接触的气、液两流体间存在着稳定的相界面，紧邻界面两侧各有一个很薄的停滞膜，吸收质以分子扩散方式通过此两膜层由气相主体进入液相主体；

（2）在相界面处，气、液两相的组成达于平衡；

（3）在两个停滞膜以外的气、液两相主体里，由于流体充分湍流，物质浓度均匀。

双膜理论把复杂的相际传质过程归结为经由两个流体停滞膜层的分子扩散过程，而相界面处及两相主体中均无传质阻力存在。这样，整个相际传质过程的阻力便全部体现在两个停滞膜层里。在两相主体浓度一定的情况下，两膜的阻力便决定了传质速率的大小。因此，双膜理论也可称为双阻力理论。

图 4-12 中给出了气液相界面两侧的组成分布图。其中气相的传质推动力为 $(p_A - p_{Ai})$，液相的推动力为 $(c_{Ai} - c_A)$，通过气膜和液膜的分子扩散速率按式（4-28）和式（4-19）可分别表示为：

气膜　　　　　　　　　$$N_A = \frac{D_G}{RTz_G} \frac{p_{总}}{p_{Bm}}(p_A - p_{Ai})$$ (4-34)

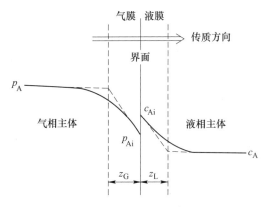

图 4-12　双膜理论示意图

液膜
$$N'_A = \frac{D_L}{z_L} \frac{c_{总}}{c_{Sm}} (c_{Ai} - c_A) \tag{4-35}$$

其中，气、液有效膜层的厚度 z_G、z_L 即为模型参数。

按照第（2）条假设，相界面上的气相分压与液相浓度成平衡关系，若体系服从亨利定律，有

$$c_{Ai} = Hp_{Ai} \tag{4-36}$$

双膜理论的局限性如下：

（1）将气液界面当作是稳定的，只有在气、液间相对速率较小时才成立；随着相对速率增大，相界面将由静止到波动，进而产生旋涡-湍动，传质速率将显著加快；

（2）膜的厚度 z_G、z_L 难以测定，故通过膜的扩散速率方程（4-34）和方程（4-35）难以直接应用；

（3）式（4-34）和式（4-35）表明，传质速率 N_A 与扩散系数 D 的 1 次方成正比，但实验值表明 N_A 约与 D 的 $1/2 \sim 2/3$ 次方成正比，说明模型与实际有偏差。

尽管双膜模型存在上述缺陷，但其双重阻力的概念，不仅在历史上对吸收过程的了解从全凭经验到达有理论的指导，而且至今这一概念仍得到广泛认可和应用，为吸收速率的计算提供了基础。

应予指出，随着新型传质设备的开发应用和传质理论研究的不断深入，在双膜模型的基础上，又相继提出了一些新的传质模型，如希格比（Higbie）提出的溶质渗透模型和丹克沃茨（Danckwerts）提出的表面更新模型等，详细内容可参考有关文献。这些新理论在实践中虽有一定的启发和指导意义，但目前仍不足以进行传质设备的设计计算。所以，本章此后关于吸收速率的讨论，仍以双膜理论为基础。

4.4.2　吸收速率方程式

描述吸收速率与吸收推动力之间关系的数学表达式，即为吸收速率方程式。与传热等其他传递过程一样，吸收过程的速率关系也遵循"过程速率＝过程推动力/过程阻力"的一般关系式，其中的推动力是指浓度差，吸收阻力的倒数称为吸收系数。因此，吸收速率关系又可表示成"吸收速率＝吸收系数×推动力"的形式。

4.4.2.1　膜吸收速率方程式

对于定态吸收操作，在吸收设备内的任意部位上，相界面两侧的气、液膜层中的传质速率应是相等的（否则会在相界面出有溶质积累）。因此，其中任何一侧停滞膜中的传质速率都能代表该部位上的吸收速率。单独根据气膜或液膜的推动力及阻力写出的速率关系式称为气膜或液膜吸收速率方程式，相应的吸收系数称为膜系数。

A　气膜吸收速率方程式

前面介绍了由气相主体到相界面的对流传质速率方程式，即气相有效膜层内的传质速率方程式（4-34）：

$$N_A = \frac{D_G}{RTz_G} \frac{p_\text{总}}{p_\text{Bm}} (p_A - p_{Ai})$$

此式中存在着不易解决的问题，即有效层流膜层的厚度 z_G 难以测知。但经分析可知，在一定条件下，此式中的 $\dfrac{D_G}{RTz_G} \dfrac{p_\text{总}}{p_\text{Bm}}$ 可视为常数。因为一定的物系及一定的操作条件规定了 T、$p_\text{总}$ 及 D_G 值，一定的流动状况及传质条件规定了 z_G 值。故可令

$$\frac{D_G}{RTz_G} \frac{p_\text{总}}{p_\text{Bm}} = k_G \tag{4-37}$$

则式（4-34）可写成

$$N_A = k_G(p_A - p_{Ai}) \tag{4-38}$$

式中　k_G——气膜吸收系数，$\text{kmol}/(\text{m}^2 \cdot \text{s} \cdot \text{kPa})$。

式（4-38）称为气膜吸收速率方程式。该式也可写成如下形式：

$$N_A = \frac{(p_A - p_{Ai})}{\dfrac{1}{k_G}} \tag{4-38a}$$

气膜吸收系数的倒数 $\dfrac{1}{k_G}$ 即表示吸收质通过气膜的传递阻力，这个阻力的表达形式是与气膜推动力 $(p_A - p_{Ai})$ 相对应的。

当气相的组成以摩尔分数表示时，相应的气膜吸收速率方程式为

$$N_A = k_y(y_A - y_{Ai}) \tag{4-39}$$

式中　y_A——溶质 A 在气相主体中的摩尔分数；

$\quad\quad x_{Ai}$——溶质 A 在相界面处的摩尔分数。

当气相总压 $p_\text{总}$ 不很高时，根据分压定律可知

$$p_A = p_\text{总} y_A \quad \text{及} \quad p_{Ai} = p_\text{总} y_{Ai}$$

将此式代入式（4-38），并与式（4-39）相比较，可知

$$k_y = p_\text{总} k_G \tag{4-40}$$

k_y 也称为气膜吸收系数，其单位与传质速率的单位相同，为 $\text{kmol}/(\text{m}^2 \cdot \text{s})$。它的倒数 $\dfrac{1}{k_y}$ 是与气膜推动力 $(y_A - y_{Ai})$ 相对应的气膜阻力。

B　液膜吸收速率方程式

前面介绍了有气相主体到相界面的对流传质速率方程式，即气相有效膜层内的传质速

率方程式（4-35）：

$$N'_A = \frac{D_L}{z_L}\frac{c_\text{总}}{c_\text{Sm}}(c_{Ai} - c_A)$$

令

$$\frac{D_L}{z_L}\frac{c_\text{总}}{c_\text{Sm}} = k_L \qquad (4\text{-}41)$$

则式（4-35）可写成

$$N_A = k_L(c_{Ai} - c_A) \qquad (4\text{-}42)$$

或

$$N_A = \frac{(c_{Ai} - c_A)}{\dfrac{1}{k_L}} \qquad (4\text{-}42a)$$

式中　　k_L——气膜吸收系数，$kmol/(m^2 \cdot s \cdot kmol/m^3)$ 或 m/s。

式（4-42）称为液膜吸收速率方程式。

液膜吸收系数的倒数 $\dfrac{1}{k_L}$ 即表示吸收质通过液膜的传递阻力，这个阻力的表达形式是与液膜推动力 $(c_{Ai} - c_A)$ 相对应的。

当液相的组成以摩尔分数表示时，相应的气膜吸收速率方程式为

$$N_A = k_x(x_{Ai} - x_A) \qquad (4\text{-}43)$$

式中　　x_A——溶质 A 在液相主体中的摩尔分数；

x_{Ai}——溶质 A 在相界面处的摩尔分数。

当液相总浓度用 $c_\text{总}$ 表示时，有

$$c_A = c_\text{总}\, x_A \ \text{及}\ c_{Ai} = c_\text{总}\, x_{Ai}$$

将此式代入式（4-42），并与式（4-43）相比较，可知

$$k_x = c_\text{总}\, k_L \qquad (4\text{-}44)$$

式中　　k_x——液膜吸收系数，其单位与传质速率的单位相同，为 $kmol/(m^2 \cdot s)$。它的倒数 $\dfrac{1}{k_x}$ 是与液膜推动力 $(x_{Ai} - x_A)$ 相对应的液膜阻力。

C　界面组成

膜吸收速率方程式中的推动力，都是某一相主体组成与界面组成之差，要使用膜吸收速率方程，就必须解决确定界面组成的问题。

根据双膜理论，界面处的气、液组成符合平衡关系。同时，在稳态状况下，气、液两膜中的传质速率应当相等。因此，在两相主体组成（如 p_A、c_A）及两膜吸收系数（如 k_G、k_L）已知的情况下，便可依据界面处的平衡关系及两膜中传质速率相等的关系来确定界面处的气、液组成，进而确定传质过程的速率。因为

$$N_A = k_G(p_A - p_{Ai}) = k_L(c_{Ai} - c_A)$$

所以

$$\frac{p_A - p_{Ai}}{c_A - c_{Ai}} = -\frac{k_L}{k_G} \qquad (4\text{-}45)$$

上式表明，在直角坐标系中 $p_{Ai}-c_{Ai}$ 关系是一条通过定点 (c_A, p_A)，而斜率为 $-\dfrac{k_L}{k_G}$ 的

直线。该直线与平衡线 $p_A^* = f(c_A)$ 的交点坐标代表了界面上液相组成与气相溶质分压，如图 4-13 所示。图中点 A 代表稳态操作的吸收设备内某一部分上的液相主体组成 c_A 与气相主体分压 p_A，直线 AI 的斜率为 $-\dfrac{k_L}{k_G}$，则直线 AI 与平衡线 OE 的交点 I 的横、纵坐标分别为 c_{Ai} 与 p_{Ai}。

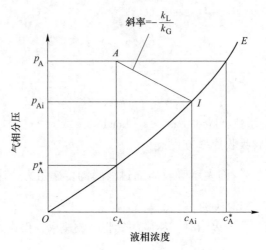

图 4-13　界面组成的确定

4.4.2.2　总吸收速率方程式

一般而言，界面浓度是难以测定的，为避开这一难题，可以采用类似于间壁传热中的处理方法。在研究间壁传热的速率时，为了避开难以测定的壁面温度，引入了总传热速率、总传热系数、总传热推动力等概念。对于吸收过程，同样可以采用两相主体组成的某种差值来表示总推动力，进而写出相应的总吸收速率方程式。

吸收过程之所以能自发地进行，就是因为两相主体组成尚未达到平衡，一旦任意一相的主体组成与另一相主体组成达到了平衡，推动力便等于零。因此，吸收的总推动力应该用任何一相的主体组成与其平衡组成的差值来表示。

A　以 $p_A - p_A^*$ 表示总推动力的吸收速率方程式

令 p_A^* 为与液相主体组成 c_A 成平衡的气相分压，p_A 为吸收质在气相主体中的分压，若吸收系统服从亨利定律，或在过程所涉及的组成区间内平衡关系为直线，则

$$p_A^* = \frac{c_A}{H}$$

根据双膜理论，相界面上两相互成平衡，则

$$p_{Ai} = \frac{c_{Ai}}{H}$$

将上两式分别代入液相吸收速率方程式 $N_A = k_L(c_{Ai} - c_A)$，得

$$N_A = k_L H(p_{Ai} - p_A^*) \quad \text{或} \quad \frac{N_A}{H k_L} = p_{Ai} - p_A^*$$

气相吸收速率方程式 $N_A = k_G(p_A - p_{Ai})$ 也可改写成

$$\frac{N_A}{k_G} = p_A - p_{Ai}$$

上两式相加，得

$$N_A \left(\frac{1}{k_G} + \frac{1}{Hk_L} \right) = p_A - p_A^* \tag{4-46}$$

令

$$\frac{1}{K_G} = \frac{1}{k_G} + \frac{1}{Hk_L} \tag{4-46a}$$

则

$$N_A = K_G(p_A - p_A^*) \tag{4-47}$$

式中 K_G——以 $p_A - p_A^*$ 为推动力的气相总吸收系数，$kmol/(m^2 \cdot s \cdot kPa)$。

式 (4-47) 即为以 $p_A - p_A^*$ 为总推动力的吸收速率方程式，也可称为气相总吸收速率方程式。总系数 K_G 的倒数为两膜总阻力。由式 (4-46a) 看出，此总阻力是由气膜阻力 $\frac{1}{k_G}$ 与液膜阻力 $\frac{1}{Hk_L}$ 两部分组成的。

对于易溶气体，H 值很大，在 k_G 与 k_L 数量级相同或接近的情况下存在如下关系：

$$\frac{1}{Hk_L} = \frac{1}{k_G}$$

此时，传质阻力的绝大部分存在于气膜之中，液膜阻力可以忽略，因而式 (4-46a) 可简化为

$$\frac{1}{K_G} \approx \frac{1}{k_G} \quad \text{或} \quad K_G \approx k_G$$

亦即气膜阻力控制着整个吸收过程的速率，吸收总推动力的绝大部分用于克服气膜阻力。由图 4-14 (a) 可知

$$p_A - p_A^* \approx p_A - p_{Ai}$$

这种情况称为 "气膜控制"。用水吸收氨气或氯化氢，以及用浓硫酸吸收气相中的水蒸气等过程，通常都被视为气膜控制的吸收过程。显然，对于气膜控制的吸收过程，如要提高其速率，在选择设备类型及确定操作条件时，应特别注意减小气膜阻力。

B 以 $c_A^* - c_A$ 表示总推动力的吸收速率方程式

令 c_A^* 为与气相主体分压 p_A 成平衡的液相组成，若吸收系统服从亨利定律，或在过程所涉及的组成区间内平衡关系为直线，则

$$p_A^* = \frac{c_A}{H}, p_A = \frac{c_A^*}{H}$$

若将式 (4-46) 两端皆乘以 H，可得

$$N_A \left(\frac{H}{k_G} + \frac{1}{k_L} \right) = c_A^* - c_A \tag{4-48}$$

令

$$\frac{1}{K_L} = \frac{H}{k_G} + \frac{1}{k_L} \tag{4-48a}$$

则

$$N_A = K_L(c_A^* - c_A) \tag{4-49}$$

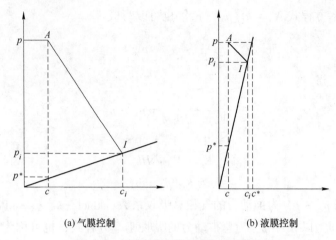

(a) 气膜控制　　　　　　　　　　　(b) 液膜控制

图 4-14　不同情况下界面组成的确定

式中　　K_L——以 $c_A^* - c_A$ 为推动力的液相总吸收系数，$kmol/(m^2 \cdot s \cdot kmol/m^3)$，即 m/s。

式 (4-49) 即为以 $c_A^* - c_A$ 为总推动力的吸收速率方程式，也可称为液相总吸收速率方程式。总系数 K_L 的倒数为两膜总阻力。由式 (4-48a) 看出，此总阻力是由气膜阻力 $\dfrac{H}{k_G}$ 与液膜阻力 $\dfrac{1}{k_L}$ 两部分组成的。

对于难溶气体，H 值甚小，在 k_G 与 k_L 数量级相同或接近的情况下存在如下关系：

$$\frac{H}{k_G} = \frac{1}{k_L}$$

此时，传质阻力的绝大部分存在于液膜之中，气膜阻力可以忽略，因而式 (4-48a) 可简化为

$$\frac{1}{K_L} \approx \frac{1}{k_L} \quad 或 \quad K_L \approx k_L$$

亦即液膜阻力控制着整个吸收过程的速率，吸收总推动力的绝大部分用于克服液膜阻力。由图 4-14 (b) 可知

$$c_A^* - c_A \approx c_{Ai} - c_A$$

这种情况称为"液膜控制"。用水吸收氧、氢或二氧化碳等气体的过程，都是液膜控制的吸收过程。对于液膜控制的吸收过程，如要提高其速率，在选择设备类型及确定操作条件时，应特别注意减小液膜阻力。

一般情况下，对于具有中等溶解度的气体吸收过程，气膜阻力与液膜阻力均不可忽略。要提高过程速率，必须兼顾气、液两膜阻力的降低，方能得到满意的效果。

C　以 $y_A - y_A^*$ 表示总推动力的吸收速率方程式

令 y_A^* 为与液相主体组成 x_A 成平衡的气相分压，若吸收系统的平衡关系为 $y_A^* = mx_A$，则气液相界面处 $y_{Ai} = mx_{Ai}$。代入式 (4-43)，可知

$$N_A = \frac{x_{Ai} - x_A}{\dfrac{1}{k_x}} = \frac{m(x_{Ai} - x_A)}{\dfrac{m}{k_x}} = \frac{y_{Ai} - y_A^*}{\dfrac{m}{k_x}}$$

得 $$N_A \times \frac{m}{k_x} = y_{Ai} - y_A^*$$

由式（4-39），可知 $$N_A \times \frac{1}{k_y} = y_A - y_{Ai}$$

上两式相加，得

$$N_A \left(\frac{1}{k_y} + \frac{m}{k_x} \right) = y_A - y_A^* \tag{4-50}$$

令 $$\frac{1}{K_y} = \frac{m}{k_x} + \frac{1}{k_y} \tag{4-50a}$$

则 $$N_A = K_y (y_A - y_A^*) \tag{4-51}$$

式中　K_y——以 $y_A - y_A^*$ 为推动力的气相总吸收系数，$kmol/(m^2 \cdot s)$。

总传质阻力为 $\frac{1}{K_y} = \frac{m}{k_x} + \frac{1}{k_y}$，其中气膜阻力为 $\frac{1}{k_y}$，液膜阻力为 $\frac{m}{k_x}$。

D　以 $x_A^* - x_A$ 表示总推动力的吸收速率方程式

令 x_A^* 为与气相主体组成 y_A 成平衡的气相分压，若吸收系统的平衡关系为 $y_A^* = mx_A$，则气液相界面处 $y_{Ai} = mx_{Ai}$。代入式（4-39），可知

$$N_A = \frac{y_A - y_{Ai}}{\frac{1}{k_y}} = \frac{\dfrac{y_A - y_{Ai}}{m}}{\dfrac{1}{mk_y}} = \frac{x_A^* - x_{Ai}}{\dfrac{1}{mk_y}}$$

得 $$N_A \times \frac{1}{mk_y} = x_A^* - x_{Ai}$$

由式（4-43），可知 $$N_A \times \frac{1}{k_x} = x_{Ai} - x_A$$

上两式相加，得

$$N_A \left(\frac{1}{mk_y} + \frac{1}{k_x} \right) = x_A^* - x_A \tag{4-52}$$

令 $$\frac{1}{K_x} = \frac{1}{mk_y} + \frac{1}{k_x} \tag{4-52a}$$

则 $$N_A = K_x (x_A^* - x_A) \tag{4-53}$$

式中　K_x——以 $x_A^* - x_A$ 为推动力的气相总吸收系数，$kmol/(m^2 \cdot s)$。

总传质阻力为 $\frac{1}{K_x} = \frac{1}{mk_y} + \frac{1}{k_x}$，其中气膜阻力为 $\frac{1}{mk_y}$，液相阻力为 $\frac{1}{k_x}$。

E　以 $Y_A - Y_A^*$ 表示总推动力的吸收速率方程式

在吸收计算中，当溶质组成较低时，通常以摩尔比表示组成较为方便，故常用到以 $Y_A - Y_A^*$ 或 $X_A^* - X_A$ 表示总推动力的吸收速率方程式。

若操作总压强为 $p_总$，根据分压定律可知，吸收质在气相中的分压为 $p_A = p_总 y_A$，又知

$$y_A = \frac{Y_A}{1 + Y_A}$$

故
$$p_A = p_总 \times \frac{Y_A}{1 + Y_A}$$

同理
$$p_A^* = p_总 \times \frac{Y_A^*}{1 + Y_A^*}$$

式中，Y_A^* 表示与液相组成 X_A 成平衡的气相组成，将上两式代入式（4-47），得

$$N_A = K_G\left(p_总 \times \frac{Y_A}{1 + Y_A} - p_总 \times \frac{Y_A^*}{1 + Y_A^*}\right)$$

化简，得

$$N_A = \frac{K_G p_总}{(1 + Y_A)(1 + Y_A^*)}(Y_A - Y_A^*) \tag{4-54}$$

令
$$K_Y = \frac{K_G p_总}{(1 + Y_A)(1 + Y_A^*)} \tag{4-54a}$$

则
$$N_A = K_Y(Y_A - Y_A^*) \tag{4-55}$$

式中　K_Y——以 $Y_A - Y_A^*$ 为推动力的气相总吸收系数，$kmol/(m^2 \cdot s)$。

　　式（4-55）即是以 $Y_A - Y_A^*$ 表示总推动力的吸收速率方程式，它也属于气相总吸收速率方程式。式中总系数 K_Y 的倒数为两膜总阻力。

　　当吸收质在气相中组成很小时，Y_A 和 Y_A^* 都很小，式（4-54a）两端的分母接近于 1，于是

$$K_Y \approx K_G p_总 \tag{4-54b}$$

　　F　以 $X_A^* - X_A$ 表示总推动力的吸收速率方程式

　　令液相组成以摩尔比 X_A 表示，与气相组成 Y_A 成平衡的液相组成以 X_A^* 表示，因 $c_A = c_总 x_A$，又知 $x_A = \frac{X_A}{1 + X_A}$，故

$$c_A = c_总 \times \frac{X_A}{1 + X_A}$$

同理
$$c_A^* = c_总 \times \frac{X_A^*}{1 + X_A^*}$$

将上二式代入式（4-49），得

$$N_A = K_L\left(c_总 \times \frac{X_A^*}{1 + X_A^*} - c_总 \times \frac{X_A}{1 + X_A}\right)$$

化简，得

$$N_A = \frac{K_L c_总}{(1 + X_A^*)(1 + X_A)}(X_A^* - X_A) \tag{4-56}$$

令
$$K_X = \frac{K_L c_总}{(1 + X_A^*)(1 + X_A)} \tag{4-56a}$$

则
$$N_A = K_X(X_A^* - X_A) \tag{4-57}$$

式中　K_X——以 $X_A^* - X_A$ 为推动力的气相总吸收系数，$kmol/(m^2 \cdot s)$。

式（4-57）即是以 $X_A^* - X_A$ 表示总推动力的吸收速率方程式，它也属于液相总吸收速率方程式。式中总系数 K_x 的倒数为两膜总阻力。

当吸收质在气相中组成很小时，X_A 和 X_A^* 都很小，式（4-56a）两端的分母接近于 1，于是

$$K_x \approx K_L c_{总} \tag{4-56b}$$

4.4.2.3 吸收速率方程式小结

前已述及，基于不同形式的推动力，可以写出相应的吸收速率方程式，使用时应注意以下几点：

（1）上述的各种吸收速率方程式是等效的。采用任何吸收速率方程式，均可计算吸收过程的速率。

（2）任何吸收系数的单位都是 kmol/（m^2·s·单位推动力）。当推动力以量纲为 1 的摩尔分数或摩尔比表示时，吸收系数的单位简化为 kmol/（m^2·s），即与吸收速率的单位相同。

（3）必须注意各吸收速率方程式中的吸收系数与吸收推动力的正确搭配及其单位的一致性。吸收系数的倒数即表示吸收过程的阻力，阻力的表达形式也必须与推动力的表达形式相对应。

（4）上述各吸收速率方程式，都是以气液组成保持不变为前提的，因此只适合于描述定态操作的吸收塔内任一截面上的速率关系，而不能直接用来描述全塔的吸收速率。

（5）在使用与总吸收系数相对应的吸收速率方程式时，在整个过程所涉及的组成范围内，平衡关系须为直线。

【例 4-4】 在压强为 101.33kPa 下，用清水吸收含溶质 A 的混合气体，平衡关系服从亨利定律。在吸收塔某截面上，气相主体溶质 A 的分压为 4.0kPa，液相中溶质 A 的摩尔分数为 0.01，相平衡常数 m 为 0.84，气膜吸收系数 k_y 为 2.776×10^{-5} kmol/（m^2·s），液膜吸收系数 k_x 为 3.86×10^{-3} kmol/（m^2·s）。求：（1）气相总吸收系数 K_y，并分析该吸收过程控制因素；（2）吸收塔截面上的吸收速率 N_A。

【解】（1）因系统符合亨利定律，故可按式（4-50a）计算气相总吸收系数 K_y

$$\frac{1}{K_y} = \frac{m}{k_x} + \frac{1}{k_y} = \frac{0.84}{3.86 \times 10^{-3}} + \frac{1}{2.776 \times 10^{-5}}$$

$$= 2.716 \times 10^2 + 3.602 \times 10^4 = 3.629 \times 10^4 （（m^2 \cdot s）/kmol）$$

所以

$$K_y = \frac{1}{3.629 \times 10^4} = 2.756 \times 10^{-5} （kmol/（m^2 \cdot s））$$

由计算知，气膜阻力 $\frac{1}{k_y}$ 为 3.602×10^4（m^2·s）/kmol，液膜阻力 $\frac{m}{k_x}$ 为 2.716×10^2（m^2·s）/kmol，气膜阻力远大于液膜阻力，该吸收过程可视为气膜阻力控制。

（2）根据题意知，气相中溶质 A 的摩尔分数 $y_A = \frac{p_A}{P_{总}} = \frac{4.0}{101.33} = 0.0395$。

液相中溶质 A 的摩尔分数 $x_A = 0.01$。

又已知平衡关系为 $y_A^* = mx_A = 0.84x_A$，可知与 $x_A = 0.01$ 成平衡的液相组成为：

$$y_A^* = 0.84x_A = 0.84 \times 0.01 = 0.0084$$

故吸收塔截面上的吸收速率为：

$$N_A = K_y(y_A - y_A^*) = 2.756 \times 10^{-5} \times (0.0395 - 0.0084) = 8.57 \times 10^{-7} (\text{kmol}/(\text{m}^2 \cdot \text{s}))$$

4.5　低浓度气体吸收计算

从传质的角度来看，吸收和脱吸只是推动力及传质方向相反，两者最常见的设备都是填料塔和板式塔，计算的原则也有很多共同之处。本节以填料吸收塔为主，阐明其工艺计算的原则和方法。

根据给定的吸收任务（处理气量及其初、终浓度），在选定溶剂并得知其相平衡关系后，工艺计算的主要项目有：

（1）溶剂的用量及吸收液的浓度；

（2）填料塔的填料层高度或板式塔的塔板数目；

（3）塔的直径（由处理气量和操作气速决定）。

多数工业吸收操作都是将气体中少量溶质组分加以回收或除去。当进塔混合气中的溶质含量较低（例如小于5%~10%）时，通常称为低含量气体（贫气）吸收。计算此类吸收问题时，可认为吸收过程是等温的，且传质系数为常量，从而使吸收的计算大为简化。

此外，即使被处理气体的溶质含量较高，但在塔内被吸收的数量不大，此类吸收也具有上述特点。因此，本节所述的低含量气体吸收应理解为一种简化的处理方法，不再局限于低含量的范围。

4.5.1　物料衡算与操作线方程

4.5.1.1　全塔物料衡算

为决定溶剂用量和出塔溶液浓度，需要通过物料衡算寻求气液组成沿塔高的变化规律，并结合相平衡关系，对全塔传质推动力的变化情况进行分析。

图4-15所表示的是一个处于稳定操作状态下的逆流接触的吸收塔，对全塔进行物料衡算，便有：

$$VY_1 + LX_2 = VY_2 + LX_1$$

或　　　　　　$$V(Y_1 - Y_2) = L(X_1 - X_2) \tag{4-58}$$

式中　V——单位时间内通过吸收塔的惰性气体量，kmol/s；

L——单位时间内通过吸收塔的溶剂量，kmol/s；

Y_1，Y_2——分别为进塔、出塔气体中溶质组分的摩尔比，kmol(溶质)/kmol(惰性气体)；

X_1，X_2——分别为出塔、进塔液体中溶质组分的摩尔比，kmol(溶质)/kmol(吸收剂)；

Y——截面 mn 处气体中溶质组分的摩尔比，kmol(溶质)/kmol(惰性气体)；

X——截面 mn 处液体中溶质组分的摩尔比，kmol(溶质)/kmol(吸收剂)。

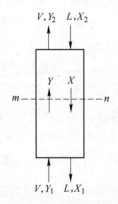

图4-15　逆流吸收塔的物料衡算

注意：本章中下标 1 代表塔底，下标 2 代表塔顶。

一般情况下，进塔混合气的组成与流量是吸收任务规定的，如果吸收剂的组成与流量也已确定，即 V、Y_1、L、X_2 皆为已知数，又根据吸收任务所规定的溶质回收率，可以得知气体出塔时应有的浓度 Y_2

$$Y_2 = Y_1(1 - \varphi_A) \tag{4-59}$$

式中　　φ_A——混合气中溶质 A 被吸收的百分率，称为吸收率或回收率。

这样，通过全塔物料衡算式（4-58）可以求得塔底排出的吸收液浓度 X_1，于是，在填料塔底部与顶部两个端面上的液、气组成 X_1、Y_1 与 X_2、Y_2 都成为已知数。

4.5.1.2 吸收塔的操作线方程式与操作线

在逆流操作的填料塔内，气体自下而上，其浓度由 Y_1 逐渐变至 Y_2；液体自上而下，其浓度由 X_2 逐渐变至 X_1。那么，在稳定状态下，填料层中各个截面上的气、液浓度 Y 与 X 之间的变化关系如何？这就需要在填料层中的任一横截面与塔的任何一个端面之间对组分 A 作物料衡算。

若在塔的任一 mn 截面与塔顶（或塔底）端面之间对溶质组分进行衡算，可得：

$$VY + LX_2 = VY_2 + LX$$

或

$$VY + LX_1 - VY_1 + LX$$

即

$$Y = \frac{L}{V}X + \left(Y_2 - \frac{L}{V}X_2\right) \tag{4-60}$$

或

$$Y = \frac{L}{V}X + \left(Y_1 - \frac{L}{V}X_1\right) \tag{4-60a}$$

由全塔物料衡算式（4-58）可知，式（4-60）和式（4-60a）是等效的，皆可称为逆流吸收塔的操作线方程式，它表示塔内任一截面上的气相浓度 Y 与液相浓度 X 之间成直线关系。如图 4-16 中 BT 线所示，当进行吸收操作时，在塔内任一横截面上，溶质在气相中的实际分压总是高于与其接触的液相平衡分压，所以吸收操作线总是位于平衡线的上方，斜率为 L/V，且此直线通过 $B(X_1, Y_1)$ 及 $T(X_2, Y_2)$ 两点。端点 B 代表塔底的情况，具有最大气液浓度，故称之为"浓端"；端点 T 代表塔顶的情况，具有最小的气液浓度，故称之为"稀端"。

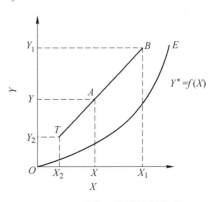

图 4-16　逆流吸收塔的操作线

以上关于操作关系的讨论，都是针对逆流情况而言的。在气、液并流情况下，吸收塔的操作线方程式及操作线，可用同样的办法求得。且应指出，无论逆流或并流操作的吸收塔，其操作线方程式及操作线都是由物料衡算得来的，与系统的平衡关系、操作条件以及设备结构形式均无任何牵连。

【例 4-5】 常压逆流操作的吸收塔中，用清水吸收混合气中溶质组分 A。已知操作温度为 27℃，混合气体处理量为 1100m³/h，清水用量为 2160kg/h。若进塔气体中组分 A 的体积分数为 0.05，吸收率为 90%。求塔底吸收液的组成 X_1。

【解】 根据题意知，进塔的清水的摩尔流量及组分 A 的摩尔比分别为

$$L = \frac{L'}{M_{H_2O}} = \frac{2160}{18} = 120 \text{kmol/h} \quad X_2 = 0$$

进塔混合气体中组分 A 的摩尔比为

$$Y_1 = \frac{y_1}{1 - y_1} = \frac{0.05}{1 - 0.05} = 0.0526$$

进塔混合气体中惰性气体的摩尔流量为

$$V = \frac{V'}{22.4} \times \frac{273}{273 + t} \times (1 - y_1) = \frac{1100}{22.4} \times \frac{273}{273 + 27} \times (1 - 0.05) = 42.45 \text{kmol/h}$$

由吸收率 $\varphi_A = 90\%$，可知出塔气体中组分 A 的摩尔比为

$$Y_2 = Y_1(1 - \varphi_A) = 0.0526 \times (1 - 90\%) = 0.00526$$

根据全塔物料衡算 $VY_1 + LX_2 = VY_2 + LX_1$，可得塔底吸收液的组成 X_1 为

$$X_1 = \frac{V}{L}(Y_1 - Y_2) + X_2 = \frac{42.45}{120}(0.0526 - 0.00526) + 0 = 0.0167$$

4.5.2　吸收剂用量的确定

在吸收塔的计算中，通常气体处理量是一定的，而吸收剂的用量需要通过工艺计算来确定。在气量一定的情况下，确定吸收剂的用量也就是确定液气比 L/V。仿照精馏中适宜回流比的确定方法，可先求出吸收过程的最小液气比，然后再根据工程经验，确定适宜（操作）的液气比。

4.5.2.1　最小液气比

操作线的斜率 L/V 称为液气比。如图 4-17 所示，在 Y_1、Y_2 及 X_2 已知的情况下，操作线的端点 T 已固定，另一端点 B 则可在 $Y = Y_1$ 的水平线上移动。B 点的横坐标将取决于操作线的斜率 L/V，若 V 值一定，则取决于吸收剂用量 L 的大小。在 V 值一定的情况下，吸收剂用量 L 减小，操作线斜率也将变小，点 B 便沿水平线 $Y = Y_1$ 向右移动，其结果是使出塔吸收液的组成增大，但此时吸收推动力也相应减小。当吸收剂用量减小到恰使点 B 移至水平线 $Y = Y_1$ 与平衡线 OE 的交点 B^* 时，$X = X_1^*$，即塔底流出液组成与刚进塔的混合气组成达到平衡。这是理论上吸收液所能达到的最高组成，但此时吸收过程的推动力已变为

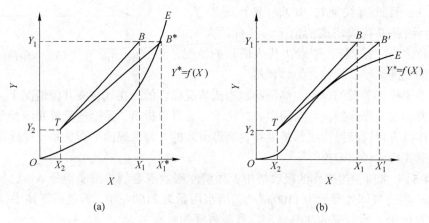

(a)　　　　　　　　　　　　　(b)

图 4-17　逆流吸收塔最小液气比的确定

零，因而需要无限大的相际接触面积，即吸收塔需要无限高的填料层。这在工程上是不能实现的，只能用来表示一种极限的情况。此种状况下吸收操作线 TB^* 的斜率称为最小液气比，以 $\left(\dfrac{L}{V}\right)_{\min}$ 表示；相应的吸收剂用量即为最小吸收剂用量，以 $L_{\min}$ 表示。

最小液气比可用图解法求得。如果平衡曲线符合图 4-17（a）所示的一般情况，则需找到水平线 $Y = Y_1$ 与平衡线的交点 B^*，从而读出 X_1^* 的数值，然后用下式计算最小液气比，即

$$\left(\frac{L}{V}\right)_{\min} = \frac{Y_1 - Y_2}{X_1^* - X_2} \tag{4-61}$$

或

$$L_{\min} = V\frac{Y_1 - Y_2}{X_1^* - X_2} \tag{4-61a}$$

若平衡关系符合亨利定律，即 $Y^* = mX$，则可直接用下式计算出最小液气比，即

$$\left(\frac{L}{V}\right)_{\min} = \frac{Y_1 - Y_2}{Y_1/m - X_2} \tag{4-62}$$

或

$$L_{\min} - V\frac{Y_1 - Y_2}{Y_1/m - X_2} \tag{4-62a}$$

如果平衡曲线呈现图 4-17（b）所示的形状，则应过点 T 作平衡曲线的切线，找到水平线 $Y = Y_1$ 与此切线的交点 B'，从而读出 B' 的横坐标 X_1' 的数值，然后按下式计算最小液气比，即

$$\left(\frac{L}{V}\right)_{\min} = \frac{Y_1 - Y_2}{X_1' - X_2} \tag{4-63}$$

或

$$L_{\min} = V\frac{Y_1 - Y_2}{X_1' - X_2} \tag{4-63a}$$

4.5.2.2 适宜的液气比

在吸收任务一定的情况下，吸收剂用量越小，溶剂的消耗、输送及回收等操作费用相应减少；但吸收过程的推动力减小，所需的填料层高度及塔高增大，设备费用增加。反之，若增大吸收剂用量，吸收过程的推动力增大，所需的填料层高度及塔高降低，设备费用减少，但溶剂的消耗、输送及回收等操作费用增加。由以上分析可知，吸收剂用量的大小，应从设备费用与操作费用两方面综合考虑，选择适宜的液气比，使两种费用之和最小。根据生产实践经验，一般情况下取吸收剂用量为最小用量的 1.1～2.0 倍是比较适宜的，即

$$\frac{L}{V} = (1.1 \sim 2.0)\left(\frac{L}{V}\right)_{\min} \tag{4-64}$$

或

$$L = (1.1 \sim 2.0)L_{\min} \tag{4-64a}$$

应予指出，在填料吸收塔中，填料表面必须被液体润湿，才能起到传质作用。为了保证填料表面能被液体充分地润湿，单位塔截面上单位时间内留下的液体量（即所谓"喷淋密度"）不得小于某一最低允许值。如果按照式（4-64）计算出的吸收剂用量不能满足充分润湿填料的起码要求，则应采取更大的液气比。

【**例 4-6**】 用油吸收混合气体中的苯蒸气，混合气体中苯的摩尔分数为 0.04，油中不含苯。吸收塔内操作压强为 101.33kPa，温度为 30℃，吸收率为 80%，操作条件下平衡关系为 $Y^* = 0.126X$ 。混合气体量为 1000kmol/h，油用量为最少用量的 1.5 倍。求：油的用量 L。

【**解**】 根据题意知，进塔混合气体中苯的摩尔比为

$$Y_1 = \frac{y_1}{1 - y_1} = \frac{0.04}{1 - 0.04} = 0.0417$$

由吸收率 $\varphi_A = 80\%$ ，可知出塔气体中苯的摩尔比为

$$Y_2 = Y_1(1 - \varphi_A) = 0.0417 \times (1 - 80\%) = 0.00834$$

进塔混合气体中惰性气体的摩尔流量为

$$V = V'(1 - y_1) = 1000 \times (1 - 0.04) = 960 \text{kmol/h}$$

已知进塔油中不含苯，即 $X_2 = 0$，且操作条件下相平衡常数 $m = 0.126$ 则根据式 (4-62a) 可知，油的最小用量为

$$L_{\min} = V \frac{Y_1 - Y_2}{Y_1/m - X_2} = 960 \times \frac{0.0417 - 0.00834}{\dfrac{0.0417}{0.126} - 0} = 96.8 \text{kmol/h}$$

故油的实际用量为

$$L = 1.5L_{\min} = 1.5 \times 96.8 = 145.2 \text{kmol/h}$$

4.5.3 塔径的计算

工业上的吸收塔通常为圆柱形，故吸收塔的直径可根据圆形管道内的流量公式计算，即

$$V_s = \frac{\pi}{4}D^2 u$$

或
$$D = \sqrt{\frac{4V_s}{\pi u}} \tag{4-65}$$

式中 D——吸收塔的直径，m；

      V_s——气体的体积流量，m^3/s；

      u——空塔气速，即按空塔截面计算的混合气体的线速度，m/s。

应予指出，在吸收过程中，由于溶质不断进入液相，故混合气体流量由塔底至塔顶逐渐减小。在计算塔径时，一般应以塔底的气量为依据。

由式 (4-65) 可知，计算塔径的关键在于确定适宜的空塔气速 u。适宜的空塔气速 u 的确定方法可参考有关文献。

4.5.4 填料层高度的计算

填料层的高度，亦即吸收塔的有效高度，指塔内进行气液传质部分的高度。填料层高度的计算可分为传质单元数法和等板高度法。

4.5.4.1 传质单元数法

传质单元数法是依据传质速率方程来计算填料层高度，故又称为传质速率模型法。

A　填料层高度的基本计算式

该计算过程涉及物料衡算、传质速率和相平衡这三种关系式的应用。下面以连续逆流操作的填料吸收塔为例，推导填料层高度的基本计算公式。

填料塔是一种连续接触式设备，随着吸收的进行，沿填料层高度气液两相的组成均不断变化，传质推动力也相应地改变，塔内各截面上的吸收速率并不相同。因此，前曾指出，在 4.4.2 中所讲的吸收速率方程式只适用于塔内任一截面，而不能直接应用于全塔。

为了解决填料层高度的计算问题，现在填料吸收塔中任意截取一段高度为 dz 的微元填料层来研究，如图 4-18 所示。

对此微元填料层中组分 A 进行物料衡算可知，单位时间内由气相转入液相的 A 物质量为

$$dG_A = V(Y + dY) - VY = VdY = LdX \tag{4-66}$$

在此微元填料层内，因气液浓度变化极小，故可认为吸收速率 N_A 为定值，则

$$dG_A = N_A dA = N_A(a\Omega dz) \tag{4-67}$$

式中　　dA ——微元填料层内的传质面积，m^2；

　　　　a ——单位体积填料层所提供的有效接触面积，m^2/m^3；

　　　　Ω ——塔截面积，m^2。

微元填料层中的吸收速率方程式可写为

$$N_A = K_Y(Y - Y^*) \quad 及 \quad N_A = K_X(X^* - X)$$

将上两式分别代入式（4-67），则得到

$$dG_A = K_Y(Y - Y^*)a\Omega dz$$

及

$$dG_A = K_X(X^* - X)a\Omega dz$$

再将式（4-66）代入以上两式，可得

$$VdY = K_Y(Y - Y^*)a\Omega dz \tag{4-68}$$

及

$$LdX = K_X(X^* - X)a\Omega dz \tag{4-69}$$

整理以上两式，分别得到

$$\frac{dY}{Y - Y^*} = \frac{K_Y a\Omega}{V}dz \tag{4-70}$$

及

$$\frac{dY}{X^* - X} = \frac{K_X a\Omega}{L}dz \tag{4-71}$$

对于稳定操作的吸收塔，当溶质在气、液两相中的浓度不高时，L、V、a（及 Ω）皆不随时间而改变，且不随截面位置而改变，K_Y 及 K_X 通常也可视为常数（气体溶质具有中等溶解度且平衡关系不为直线的情况除外）。于是，对式（4-70）及式（4-71）可在全塔范围内积分如下：

$$\int_{Y_2}^{Y_1} \frac{dY}{Y - Y^*} = \frac{K_Y a\Omega}{V} \int_0^z dz$$

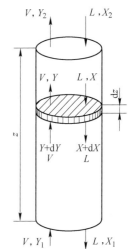

图 4-18　逆流吸收塔微元填料层的物料衡算

及
$$\int_{X_2}^{X_1} \frac{\mathrm{d}X}{X^* - X} = \frac{K_X a \Omega}{L} \int_0^z \mathrm{d}z$$

由此得到低浓度气体吸收时计算填料层高度的基本关系式，即

$$Z = \frac{V}{K_Y a \Omega} \int_{Y_2}^{Y_1} \frac{\mathrm{d}Y}{Y - Y^*} \tag{4-72}$$

及
$$Z = \frac{L}{K_X a \Omega} \int_{X_2}^{X_1} \frac{\mathrm{d}X}{X^* - X} \tag{4-73}$$

以上两式中，单位体积填料层内的有效接触面积 a（称为有效比表面积）总要小于单位体积填料层中固体表面积（称为比表面积）。这是因为，只有那些被流动的液体膜层所覆盖的填料表面，才能提供气液接触的有效面积。所以，a 值不仅与填料的形状、尺寸及充填状况有关，而且受流体物性及流动状况的影响。a 的数值很难直接测定。为了避开难以测得的有效比表面积 a，常将它与吸收系数的乘积视为一体，作为一个完整的物理量来看待。这个乘积称为"体积吸收系数"。比如 $K_Y a$ 及 $K_X a$ 分别称为气相总体积吸收系数及液相总体积吸收系数，其单位均为 $\mathrm{kmol/(m^3 \cdot s)}$。体积吸收系数的物理意义是在推动力为一个单位的情况下，单位时间单位体积填料层内吸收的溶质量。

式（4-72）和式（4-73）是低含量气体吸收全塔传质速率方程或塔高计算的基本方程。

B　传质单元高度与传质单元数

为了便于记忆，在吸收计算中引入传质单元高度和传质单元数的概念。

对于式（4-72）分析可知，等号右端的因式 $\dfrac{V}{K_Y a \Omega}$ 是由过程条件所决定的，具有高度的单位，定义为"气相总传质单元高度"，以 H_{OG} 表示，即

$$H_{OG} = \frac{V}{K_Y a \Omega} \tag{4-74}$$

等号右端的积分项 $\displaystyle\int_{Y_2}^{Y_1} \frac{\mathrm{d}Y}{Y - Y^*}$ 中的分子与分母具有相同的单位，因而整个积分是量纲为 1 的数值，它代表所需填料层总高度 Z 相当于气相总传质单元高度 H_{OG} 的倍数，定义为"气相总传质单元数"，以 N_{OG} 表示，即

$$N_{OG} = \int_{Y_2}^{Y_1} \frac{\mathrm{d}Y}{Y - Y^*} \tag{4-75}$$

于是，式（4-72）可改写为

$$Z = H_{OG} \cdot N_{OG} \tag{4-76}$$

同理，式（4-73）可写成如下的形式：

$$Z = H_{OL} \cdot N_{OL} \tag{4-77}$$

式中　H_{OL}——液相总传质单元高度，$H_{OL} = \dfrac{L}{K_X a \Omega}$，m；

N_{OL}——液相总传质单元数，$N_{OL} = \displaystyle\int_{X_2}^{X_1} \frac{\mathrm{d}X}{X^* - X}$，量纲为 1。

由此，可写出填料层高度计算的通式为

$$填料层高度 = 传质单元数 \times 传质单元高度$$

传质单元高度（如 H_{OG}）是由操作过程与工艺条件决定的，除去惰性气体的流率（V/Ω）外，就是气相总体积吸收系数 $K_Y a$。这很显然，H_{OG} 反映了传质阻力（$1/K_Y$）的大小、填料性能的优劣及润湿性能的好坏。吸收过程的传质阻力越大，填料层的有效比表面积 a 越小，则每个传质单元所相当的填料层高度就越小。所以传质单元高度 H_{OG} 反映了吸收设备效能的高低。每种填料的传质单元高度变化幅度往往并不大，常用吸收设备的传质单元高度约为 $0.5 \sim 1.50$ m，具体数值需要由实验测定，有时也可从有关资料中查取或根据经验公式算出。

传质单元数（如 N_{OG}）所含变量只与气液相平衡及进出口气相浓度有关，所以若分离任务要求气相浓度变化越大（即 Y_2 越小），过程的平均推动力越小，则意味着吸收分离难度越大，所需传质单元数就越多。所以，传质单元数 N_{OG} 反映了吸收分离的难易程度。

C 传质单元数的求法

计算填料层高度的关键是计算传质单元数，传质单元数有多种计算方法，这里介绍几种常用的方法，可根据平衡关系的不同情况选择使用。

a 脱吸因数法

脱吸因数法适用于吸收过程所涉及的组成范围内平衡关系为直线的情况。设平衡关系为

$$Y^* = mX + b$$

根据定义式（4-75）得

$$N_{OG} = \int_{Y_2}^{Y_1} \frac{\mathrm{d}Y}{Y - Y^*} = \int_{Y_2}^{Y_1} \frac{\mathrm{d}Y}{Y - (mX + b)}$$

由操作线方程可得

$$X = X_2 + \frac{V}{L}(Y - Y_2)$$

代入上式得

$$N_{OG} = \int_{Y_2}^{Y_1} \frac{\mathrm{d}Y}{Y - Y^*} = \int_{Y_2}^{Y_1} \frac{\mathrm{d}Y}{Y - m\left[X_2 + \dfrac{V}{L}(Y - Y_2) \right] - b}$$

$$= \int_{Y_2}^{Y_1} \frac{\mathrm{d}Y}{\left(1 - \dfrac{mV}{L}\right)Y - \left[\dfrac{mV}{L}Y_2 - (mX_2 + b) \right]}$$

令

$$S = \frac{mV}{L} = \frac{m}{L/V}$$

则

$$N_{OG} = \int_{Y_2}^{Y_1} \frac{\mathrm{d}Y}{(1 - S)Y + (SY_2 - Y_2^*)}$$

上式积分并化简，可得

$$N_{OG} = \frac{1}{1-S}\ln\left[(1-S)\frac{Y_1 - Y_2^*}{Y_2 - Y_2^*} + S\right] \tag{4-78}$$

式中，S 为平衡线斜率与操作线斜率的比值，称为"脱吸因数"，量纲为 1。

由式（4-78）可以看出，N_{OG} 的数值取决于 S 与 $\dfrac{Y_1 - Y_2^*}{Y_2 - Y_2^*}$ 这两个因素。当 S 值一定时，

N_{OG} 与比值 $\dfrac{Y_1 - Y_2^*}{Y_2 - Y_2^*}$ 之间有一一对应的关系。为便于计算，在半对数坐标上以 S 为参数按

式（4-78）标绘出 $N_{OG} \sim \dfrac{Y_1 - Y_2^*}{Y_2 - Y_2^*}$ 的函数关系，得到如图 4-19 所示的一组曲线。若已知

V、L、Y_1、Y_2、X_2 及平衡线斜率 m 时，利用此图可方便地读出 N_{OG} 的数值。

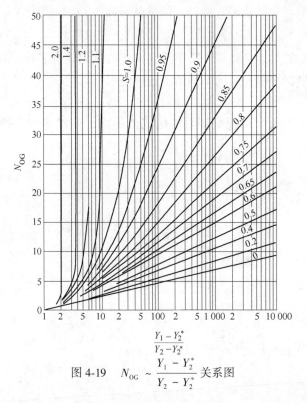

图 4-19　$N_{OG} \sim \dfrac{Y_1 - Y_2^*}{Y_2 - Y_2^*}$ 关系图

在图 4-19 中，横坐标 $\dfrac{Y_1 - Y_2^*}{Y_2 - Y_2^*}$ 数值的大小，反映了溶质吸收率的高低。在气液进口浓度一定的情况下，要求的吸收率越高，Y_2 便愈小，横坐标的数值便越大，对应于同一值的 S 值的 N_{OG} 值也越大。

参数 S 反映吸收推动力的大小，在气液进口浓度及溶质吸收率已知的条件下，横坐标 $\dfrac{Y_1 - Y_2^*}{Y_2 - Y_2^*}$ 的数值便已确定。此时若增加 S 值，就意味着减小液气比，其结果是使溶液出口浓度提高而塔内吸收推动力变小，N_{OG} 值必然增大；反之，若参数 S 值减小，则 N_{OG} 值变小。

为了从混合气体中分离出溶质组分 A 而进行的吸收过程，要获得最高的吸收率，必然力求出塔气体与进塔液体趋近平衡。这就必须采用较大的液体量，使操作线斜率大于平衡线斜率（即 $S < 1$）才有可能。反之，若要获得最浓的吸收液，必然力求使出塔液体与进塔气体趋近平衡，这就必须采用小的液体量，使操作线斜率小于平衡线斜率（即 $S > 1$）才有可能。一般吸收操作多着眼于溶质的吸收率，故 S 值常小于 1。有时为了加大液气比，或达到其他目的，还采用液体循环的操作方式，这样能够有效地降低 S 值，但与此同时却又在一定程度上丧失了逆流操作的优越之处。通常认为取 $S = 0.7 \sim 0.8$ 是经济适宜的。

图 4-19 用于 N_{OG} 的求算及其他有关吸收过程的分析估算十分方便。但须指出，只有在 $\dfrac{Y_1 - Y_2^*}{Y_2 - Y_2^*} > 20$ 及 $S \leqslant 0.75$ 的范围内使用该图时，读数才比较准确，否则误差较大。必要时仍可直接根据式（4-78）进行计算。

同理，当平衡关系为 $Y^* = mX + b$ 时，可以导出液相总传质单元数的计算式 N_{OL} 如下：

$$N_{OL} = \frac{1}{1 - A} \ln \left[(1 - A) \frac{Y_1 - Y_2^*}{Y_1 - Y_1^*} + A \right] \tag{4-79}$$

式中，$A = \dfrac{L/V}{m} = \dfrac{L}{mV}$，即为脱吸因数 S 的倒数，它是操作线斜率与平衡线斜率的比值，称为"吸收因数"，量纲为 1。式（4-79）多用于解吸操作的计算。

比较式（4-78）和式（4-79）可看出，两者具有同样的函数形式，只是式（4-78）中的 N_{OG}，$\dfrac{Y_1 - Y_2^*}{Y_2 - Y_2^*}$ 及 S 在式（4-79）中分别换成了 N_{OL}，$\dfrac{Y_1 - Y_2^*}{Y_1 - Y_1^*}$ 及 A。由此可知，若将图 4-19 用于表示 $N_{OL} \sim \dfrac{Y_1 - Y_2^*}{Y_1 - Y_1^*}$ 关系（以 A 为参数），将完全适用。

依据平衡关系 $Y^* = mX + b$ 及全塔物料衡算式 $V(Y_1 - Y_2) = L(X_1 - X_2)$，式（4-78）和式（4-79）可进一步简化为

$$N_{OG} = \frac{1}{1 - S} \ln \frac{Y_1 - Y_1^*}{Y_2 - Y_2^*} = \frac{1}{1 - S} \ln \frac{\Delta Y_1}{\Delta Y_2} \tag{4-80}$$

$$N_{OL} = \frac{1}{1 - A} \ln \frac{Y_2 - Y_2^*}{Y_1 - Y_1^*} = \frac{1}{1 - A} \ln \frac{\Delta Y_2}{\Delta Y_1} \tag{4-81}$$

比较上面两式，可得

$$N_{OG} = A N_{OL}$$

b 对数平均推动力法

现对式（4-78）进行变换，以获得用对数平均推动力表示的气相总传质单元数 N_{OG} 的计算式。由于

$$S = \frac{m}{L/V} = \left(\frac{Y_1^* - Y_2^*}{X_1 - X_2} \right) \Big/ \left(\frac{Y_1 - Y_2}{X_1 - X_2} \right) = \frac{Y_1^* - Y_2^*}{Y_1 - Y_2}$$

所以

$$1 - S = \frac{(Y_1 - Y_1^*) - (Y_2 - Y_2^*)}{Y_1 - Y_2} = \frac{\Delta Y_1 - \Delta Y_2}{Y_1 - Y_2}$$

将此式代入式（4-80），得

$$N_{OG} = \frac{Y_1 - Y_2}{\Delta Y_1 - \Delta Y_2} \ln \frac{\Delta Y_1}{\Delta Y_2}$$

因此有

$$N_{OG} = \frac{Y_1 - Y_2}{\Delta Y_m} \tag{4-82}$$

其中

$$\Delta Y_m = \frac{\Delta Y_1 - \Delta Y_2}{\ln \dfrac{\Delta Y_1}{\Delta Y_2}} \tag{4-83}$$

式中，$\Delta Y_1 = Y_1 - Y_1^*$，为塔底气相传质推动力，Y_1^* 为与 X_1 成相平衡的气相摩尔比；$\Delta Y_2 = Y_2 - Y_2^*$，为塔顶气相传质推动力，Y_2^* 为与 X_2 成相平衡的气相摩尔比；ΔY_m 为塔顶与塔底两截面上吸收推动力 ΔY_1 与 ΔY_2 的对数平均值，称为对数平均推动力。

同理，可导出液相总传质单元数的计算式

$$N_{OL} = \frac{X_1 - X_2}{\Delta X_m} \tag{4-84}$$

其中

$$\Delta X_m = \frac{\Delta X_1 - \Delta X_2}{\ln \dfrac{\Delta X_1}{\Delta X_2}} = \frac{(X_1^* - X_1) - (X_2^* - X_2)}{\ln \dfrac{X_1^* - X_1}{X_2^* - X_2}} \tag{4-85}$$

应予指出，对数平均推动力法亦适用于在吸收过程所涉及的组成范围内平衡关系为直线的情况。当 $\dfrac{1}{2} < \dfrac{\Delta Y_1}{\Delta Y_2} < 2$ 或 $\dfrac{1}{2} < \dfrac{\Delta X_1}{\Delta X_2} < 2$ 时，可用算数平均推动力来代替对数平均推动力，使计算得以简化，而不会带来大的误差。

c 图解积分法

图解积分法普遍适用于平衡关系的各种情况，更常用于平衡线为曲线的情况。它是直接根据定积分的几何意义而引申出的一种计算方法。

在积分式（4-75）的被积函数中有两个变量 Y、Y^*，但两者之间存在着相平衡关系。同时，在填料层任一截面上液相组成 X 与气相组成 Y 又存在着操作关系。所以，有了相平衡方程和操作线方程，便可在 Y-X 图中画出平衡线和操作线。这样，在 Y_1 和 Y_2 间取若干 Y 值（包括 Y_1、Y_2 两端点），在操作线和平衡线间求出相对应的垂直距离 $(Y-Y^*)$，即为对应于任一截面上的传质推动力；然后求 $l/(Y-Y^*)$ 值，再在直角坐标系中将 $l/(Y-Y^*)$ 与 Y 的对应坐标进行标绘。所得函数曲线与 $Y = Y_1$、$Y = Y_2$ 及 $l/(Y - Y^*) = 0$ 三条直线之间所围成的面积，便为式（4-75）的定积分值，即气相总传质单元数 N_{OG}，如图 4-20 所示。该方法是一种理论上严格的方法，在实际计算中，除图解积分法外，N_{OG} 也可用适宜的近似公式求解，如用辛普森（Simpson）公式。

【例 4-7】 某填料吸收塔，用纯水逆流吸收气体混合物中的可溶组分 A，气相总传质单元高度 H_{OG} 为 0.3m。入塔气体中 A 组分的含量为 0.06（摩尔比，下同），工艺要求 A 组分的回收率为 95%，采用液气比为最小液气比的 1.4 倍。已知操作范围内相平衡关系为 $Y^* = 1.2X$。试求：

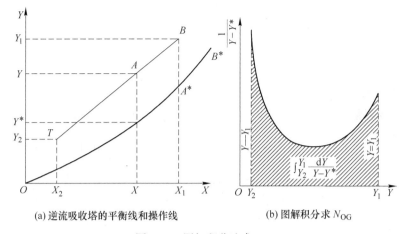

(a) 逆流吸收塔的平衡线和操作线　　　(b) 图解积分求 N_{OG}

图 4-20　图解积分法求 N_{OG}

（1）填料塔的有效高度应为多少？

（2）若在填料塔内进行吸收操作，采用液气比为 1.8，H_{OG} 不变，则出塔的液体、气体浓度各为多少？

【解】　（1）本题的示意图及字母表示可参考图 4-13，本工况为设计型计算。根据题意知，入塔气体中 A 的浓度为 $Y_1 = 0.06$，由吸收率 $\varphi_A = 80\%$，可知出塔气体中 A 的摩尔比为

$$Y_2 = Y_1(1 - \varphi_A) = 0.06 \times (1 - 95\%) = 0.003$$

根据式（4-62）可知，最小液气比为

$$\left(\frac{L}{V}\right)_{\min} = \frac{Y_1 - Y_2}{Y_1/m - X_2} = \frac{0.06 - 0.003}{0.06/1.2 - 0} = 1.14$$

操作液气比为

$$\frac{L}{V} = 1.4 \times \left(\frac{L}{V}\right)_{\min} = 1.4 \times 1.14 = 1.596$$

根据式（4-78）可求解气相总传质单元数 N_{OG}：

其中的脱吸因数 $S = \dfrac{mV}{L} = \dfrac{m}{L/V} = \dfrac{1.2}{1.596} = 0.752$

入塔的溶剂为纯水，故其中 A 的摩尔比为 $X_2 = 0$

所以　　$N_{OG} = \dfrac{1}{1-S}\ln\left[(1-S)\dfrac{Y_1 - Y_2^*}{Y_2 - Y_2^*} + S\right]$

$$= \frac{1}{1 - 0.752}\ln\left[(1 - 0.752)\frac{0.06 - 0}{0.003 - 0} + 0.752\right] = 7.026$$

因而填料塔的有效高度：$Z = H_{OG}N_{OG} = 0.3 \times 7.026 = 2.11\text{m}$

（2）本工况为操作型计算。当 H_{OG} 不变，填料塔不变，则 N_{OG} 也不变。

因液气比 $\dfrac{L}{V} = 1.8$，得脱吸因数 $S = \dfrac{mV}{L} = \dfrac{m}{L/V} = \dfrac{1.2}{1.8} = 0.667$

由
$$N_{OG} = \frac{1}{1 - S} \ln \left[(1 - S) \frac{Y_1 - Y_2^*}{Y_2 - Y_2^*} + S \right]$$

$$= \frac{1}{1 - 0.667} \ln \left[(1 - 0.667) \frac{0.06 - 0}{Y_2 - 0} + 0.667 \right] = 7.026$$

解得出塔气体的浓度: $Y_2 = 0.002$

根据全塔物料衡算式（4-58），$V(Y_1 - Y_2) = L(X_1 - X_2)$，可得

出塔液体的浓度: $X_1 = \frac{V}{L}(Y_1 - Y_2) + X_2 = \frac{1}{1.8} \times (0.06 - 0.002) + 0 = 0.032$

【例 4-8】 设计一瓷环填料塔，以吸收混合气中的丙酮。吸收剂为清水；进塔气在操作条件下（101.33kPa，25℃）的流量为 0.557m³/s，其丙酮含量为 5%（摩尔分数）；要求塔内吸收率达 98%，设计可取液气比为最小液气比的 1.6 倍。操作条件下，物系相平衡关系为 $Y^* = 1.68X$，气相总体积传质系数 $K_Y a$ 为 0.0215kmol/（m³·s）。若气体空塔气速为 0.8m/s。求：塔径及所需填料层高度。

【解】 本题的示意图及字母表示可参考图 4-13。根据题意知，进塔的惰性气体的摩尔流量为

$$V = \frac{0.557}{22.4} \times \frac{273}{273 + 25} \times (1 - 0.05) = 0.0216 \text{kmol/h}$$

进塔气中丙酮的摩尔比为

$$Y_1 = \frac{y_1}{1 - y_1} = \frac{0.05}{1 - 0.05} = 0.0526$$

由吸收率 $\varphi_A = 98\%$，可知出塔气体中丙酮的摩尔比为

$$Y_2 = Y_1(1 - \varphi_A) = 0.0526 \times (1 - 98\%) = 0.00105$$

最小液气比为

$$\left(\frac{L}{V} \right)_{min} = \frac{Y_1 - Y_2}{Y_1/m - X_2} = \frac{0.0526 - 0.00105}{0.0526/1.68 - 0} = 1.65$$

实际液气比为

$$\frac{L}{V} = 1.6 \times \left(\frac{L}{V} \right)_{min} = 1.6 \times 1.65 = 2.64$$

由全塔物料衡算求得塔底排出液体中丙酮的摩尔比为

$$X_1 = \frac{V}{L}(Y_1 - Y_2) + X_2 = \frac{1}{2.64} \times (0.0526 - 0.00105) + 0 = 0.0195$$

空塔气速为 $u = 0.8 \text{m/s}$，则塔的直径为

$$D = \sqrt{\frac{4V_s}{\pi u}} = \sqrt{\frac{4 \times 0.557}{3.14 \times 0.8}} = 0.94 \text{m}$$

塔的截面积为

$$\Omega = \frac{V_s}{u} = \frac{0.557}{0.8} = 0.696 \text{m}^2$$

气相总传质单元高度为

$$H_{OG} = \frac{V}{K_Y a\Omega} = \frac{0.0216}{0.0215 \times 0.696} = 1.44\text{m}$$

因平衡线为直线，气相总传质单元数 N_{OG} 可采用脱吸因数法或对数平均推动力法，此处采用后者进行计算。由式（4-83）得对数平均推动力为

$$\Delta Y_m = \frac{\Delta Y_1 - \Delta Y_2}{\ln \dfrac{\Delta Y_1}{\Delta Y_2}} = \frac{(Y_1 - Y_1^*) - (Y_2 - Y_2^*)}{\ln \dfrac{Y_1 - Y_1^*}{Y_2 - Y_2^*}}$$

$$= \frac{(0.0526 - 1.68 \times 0.0195) - (0.00105 - 0)}{\ln \dfrac{0.0526 - 1.68 \times 0.0195}{0.00105 - 0}} = 0.00639$$

则由式（4-82）得气相总传质单元数为

$$N_{OG} = \frac{Y_1 - Y_2}{\Delta Y_m} = \frac{0.0526 - 0.00105}{0.00639} = 8.06$$

所以，需要的填料层高度为

$$Z = H_{OG} \cdot N_{OG} = 1.44 \times 8.06 = 11.6\text{m}$$

4.5.4.2 等板高度法

等板高度法依据理论级的概念来计算填料层高度，故又称为理论级模型法。

A 基本计算式

如图 4-21（a）所示，设填料层由 N 级组成，吸收剂从塔顶进入第 I 级，逐级向下流动，最后从塔底第 N 级流出；原料气则从塔底进入第 N 级，逐级向上流动，最后从塔顶第 I 级排出。在每一级上，气液两相密切接触，溶质组分由气相向液相转移。若离开某一

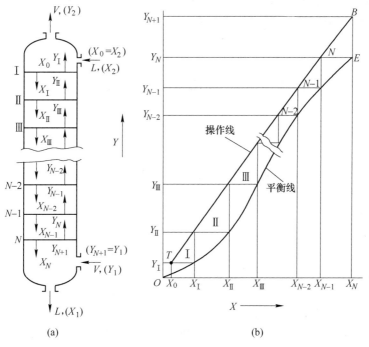

图 4-21 吸收塔的理论级数

级时，气液两相的组成大到平衡，则称该级为一个理论级。

设完成指定的分离任务所需的理论级为 N_T，则所需的填料层高度可按下式计算，即

$$Z = N_T \cdot \text{HETP} \tag{4-86}$$

式中　N_T——理论级数；

　　HETP——等板高度，m。

所谓等板高度 HETP，是指分离效果与一个理论级的作用相当的填料层高度，又称为当量高度。等板高度一般由实验测定或由经验公式计算，详细内容可参考相关文献。

B 理论级数的确定

采用等板高度法计算填料层高度的关键是确定完成指定分离任务所需的理论级数。理论级数的确定有不同的方法，下面介绍几种常用的方法。

a 梯级图解法

用梯级图解法求理论级数的具体步骤是：首先在直角坐标中标绘出操作线及平衡关系曲线，如图 4-21（b）所示，图中 BT 为操作线，OE 为平衡线。然后，在操作线与平衡线之间，从塔顶开始逐次画阶梯，直至与塔底的组成相等或超过此组成为止。如此所画出的阶梯数，就是吸收塔所需的理论级数。

梯级图解法用于求理论级数不受任何限制，气、液组成的表示方法既可为摩尔比 Y、X，也可为摩尔分数 y、x，或者用气相分压 p 与液相物质的量浓度 c。此法既可用于低组成气体吸收的计算，也可用于高组成气体吸收或脱吸过程的计算。

b 解析法

若在吸收过程所涉及的组成范围内平衡关系为直线时，可采用克列姆塞尔等人提出的解析方法求理论级数。

将上述梯级图解法中，在操作线与平衡线之前逐次画阶梯改为代数运算过程，则可推导出与式（4-78）相似的求解理论级数的表达式，即

$$N_T = \frac{1}{\ln A} \ln\left[\left(1 - \frac{1}{A}\right)\frac{Y_1 - Y_2^*}{Y_2 - Y_2^*} + \frac{1}{A} \right] \tag{4-87}$$

式（4-87）即为克列姆塞尔方程。由该式可进一步整理得

$$N_T = \frac{\ln\dfrac{A - \varphi}{1 - \varphi}}{\ln A} - 1 \tag{4-88}$$

式（4-88）为克列姆塞尔方程的另一形式。其中 $\varphi = \dfrac{Y_1 - Y_2}{Y_1 - Y_2^*}$，它表示吸收塔内溶质的吸收率与理论最大吸收率的比值，称为相对吸收率。

4.5.5 吸收塔的调节和操作型问题

吸收塔的处理对象是气体，要使其达到指定的分离要求。吸收塔的调节是为了适应这一目的：若自前一工序入塔气体的组成或流量改变，或后一工序对出塔气体的组成有新的要求，就需要对塔的操作参数进行调节。对此，通常作法是改变吸收剂的入塔参数，即流量 L、浓度 x_2 和温度 t_2（本章中下标 1 代表塔底，下标 2 代表塔顶，具体可参考图 4-15）。在操作条件改变后，找出吸收效果如何变化；或相反，指定吸收效果和某些参数，应如何

改变操作条件。这都属于吸收的操作型问题。

图 4-22 所示为操作线 TB 和平衡线 OE。由图可知：当 L 增大，由物料衡算可知 x_1 将减小，点 B 左移；当 x_2 减小，点 T 亦将左移；若 t_2 降低，溶解度会增大，OE 将整体下移。以上都使得吸收推动力增大，从而强化吸收过程，提升分离程度。

上述的调节措施有其限度，如 L 的增大需以不破坏塔的正常操作（避免"液泛"等）为前提，t_2 的降低限于冷却介质的温度。此外，虽可用提高总压的方法减小 y^* 值使 OE 整体下移，但通常会因能耗过大及加压设备成本增加而不现实。

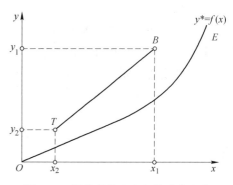

图 4-22 操作条件改变与推动力变化

对于常见的吸收-脱吸联合操作，L 的增大还受到脱吸过程的制约。如因 L 增大，而使脱吸能力不足，将导致 x_2 增加；也可能使冷却能力不足而导致 t_2 的升高。这都会恶化吸收过程，甚至得不偿失。从另一角度来看，若能设法改善脱吸操作使 x_2 减小，或加大冷却能力使 t_2 降低，吸收效果将随之提高。由于操作线的 T 端距平衡线近，x_2 的影响特别明显。生产实际常常表明，吸收效果的关键在于脱吸过程。

4.6 吸 收 系 数

吸收系数对于吸收过程的计算具有十分重要的意义，若没有准确可靠的吸收系数数据，则上述所有设计吸收速率的计算公式与方法都将失去其实际价值。

一般来说，传质过程的影响因素较传热过程复杂得多，吸收系数不仅与物性、设备类型、填料的形状和规格等有关，而且还与塔内流体的流动状况、操作条件密切相关。因此，迄今尚无通用的计算公式和方法。目前在进行吸收塔设备的计算时，获取吸收系数的途径有三条：一是实验测定；二是选定适当的经验公式进行计算；三是选用适当的量纲为1的准数关联式进行计算。

4.6.1 吸收系数的测定

实验测定是获得吸收系数的根本途径。实验测定一般在已知内径和填料层高度的中间实验设备或生产装置上进行，用实际操作的物系，选定一定的操作条件进行实验。在定态操作状况下测得进出口处气液流量及组成，根据物料衡算及平衡关系，算出吸收负荷 G_A 及平均推动力 ΔY_m。在依据设备的尺寸算出填料层体积后，便可按下式计算总体积吸收系数 $K_Y a$，即

$$K_Y a = \frac{V(Y_1 - Y_2)}{\Omega Z \Delta Y_m} = \frac{G_A}{V_P \Delta Y_m} \tag{4-89}$$

式中　G_A ——塔的吸收负荷，即单位时间在塔内吸收的溶质物质的量，kmol/s；

V_P ——填料层体积，m^3；

ΔY_m ——塔内平均气相总推动力，量纲为1。

测定时，可针对全塔进行，也可针对任一塔段进行。测定值代表所测范围内的总吸收系数的平均值。

测定气膜或液膜吸收系数时，总是设法在另一相的阻力可被忽略或可以推算的条件下进行实验。例如可采用如下的方法求得用水吸收低含量氨气时的气膜体积吸收系数 $k_G a$：

首先测定总体积吸收系数 $K_G a$，然后依下式计算气膜体积吸收系数 $k_G a$ 的数值，即

$$\frac{1}{k_G a} = \frac{1}{K_G a} - \frac{1}{H k_L a}$$

式中的液膜体积吸收系数 $k_L a$，可根据相同条件下用水吸收氧气时的液膜体积吸收系数来推算，即

$$(k_G a)_{NH_3} = (k_G a)_{O_2} \left(\frac{D'_{NH_3}}{D'_{O_2}} \right)^{0.5}$$

因为氧气在水中的溶解度甚微，故当用水吸收氧气时，气膜阻力可以忽略，所测得的 $K_L a$ 即等于 $k_L a$。

4.6.2 吸收系数的经验公式

计算吸收系数的经验公式较多，这里介绍几个计算体积吸收系数的经验公式，若计算中需用其他的经验公式，可参考有关文献。

4.6.2.1 用水吸收氨

这属于易溶气体的吸收，吸收阻力主要在气膜中，液膜阻力约占 10%。根据实验数据得出的计算气膜体积吸收系数的经验公式为

$$k_G a = 6.07 \times 10^{-4} G^{0.9} W^{0.39} \tag{4-90}$$

式中　$k_G a$ ——气膜体积吸收系数，$kmol/(m^3 \cdot h \cdot kPa)$；

　　　G ——气相空塔质量速度，$kg/(m^2 \cdot h)$；

　　　W ——液相空塔质量速度，$kg/(m^2 \cdot h)$。

式（4-90）适用于下述条件：（1）在填料塔中用水吸收氨；（2）直径为 12.5mm 的陶瓷环形填料。

4.6.2.2 常压下用水吸收二氧化碳

这属于难溶气体的吸收，吸收阻力主要集中在液膜中。根据实验数据得出计算液膜体积吸收系数的经验公式为

$$k_L a = 2.57 U^{0.96} \tag{4-91}$$

式中　$k_L a$ ——气膜体积吸收系数，$kmol/(m^3 \cdot h \cdot kmol/m^3)$ 即 $1/h$；

　　　U ——喷淋密度，即单位时间内喷淋在单位塔截面积是哪个的液相体积，$m^3/(m^2 \cdot h)$ 即 m/h。

式（4-91）适用于下述条件：（1）常压下载填料塔中用水吸收二氧化碳；（2）直径为 10~32mm 的陶瓷环；（3）喷淋密度 $U = 3 \sim 20 m^3/(m^2 \cdot h)$；（4）气体的空塔质量速度为 130~580kg/($m^2 \cdot h$)；（5）温度为 21~27℃。

应予指出，吸收系数的经验公式是由特定系统及特定条件下的实验数据关联得出的，由于受到实验条件的限制，其使用范围较窄，只有在规定条件下使用才能得到可靠的计算结果。

4.6.3 吸收系数的特征数关联式

前已述及，吸收系数的经验公式只有在特定的条件下使用才能得到可靠的结果，故有很大的局限性。可将较为广泛的物系、设备及操作条件下所取得的实验数据，整理出若干个量纲为1的数群之间的关联式，以此来描述各种影响因素与吸收系数之间的关系。这种特征数关联式有较好的概括性，其适用范围广，但计算精度较差。

根据吸收系数表达形式的不同，量纲为1的特征数关联式可分为气膜吸收系数、液膜吸收系数、气相传质单元高度和液相传质单元高度等几个不同的关联式。在使用这些关联式时，首先应明确各个数群的定义和特征尺寸的表示方法，然后根据不同的设备与操作条件，选择关联式中的系数与指数值。详细内容可参考相关文献。

4.7 填 料 塔

4.7.1 填料塔结构

填料塔是以塔内装有大量的填料为相间接触构件的气液传质设备，如图 4-23 所示。

填料塔的塔身是一直立式圆筒，底部装有填料支承板，填料以乱堆或整砌的方式放置在支承板上。在填料的上方安装填料压板，以限制填料随上升气流的运动。液体从塔顶加入，经液体分布器喷淋到填料上，并沿填料表面流下。气体从塔底送入，经气体分布装置（小直径塔一般不设置）分布后，与液体呈逆流接触连续通过填料层空隙，在填料表面气液两相密切接触进行传质。填料塔属于连续接触式的气液传质设备，正常操作状态下，气相为连续相，液相为分散相。

4.7.2 填料的类型及性能评价

填料是填料塔的核心构件，它提供了气液两相接触传质的相界面，是决定填料塔性能的主要因素。填料的种类很多，根据装填方式的不同，可分为散装填料和规整填料两大类，如图 4-24 所示。散装填料根据结构特点不同，分为环形填料、鞍形填料、环鞍形填料等；规整填料按其几何结构可分为格栅填料、波纹填料、脉冲填料等，目前工业上使用最为广泛的是波纹填料，分为板波纹填料和网波纹填料。

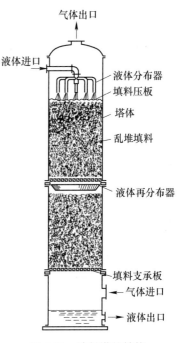

气体出口
液体进口
液体分布器
填料压板
塔体
乱堆填料
液体再分布器
填料支承板
气体进口
液体出口

图 4-23　填料塔的结构

填料的几何特性是评价填料性能的基本参数，主要包括比表面积、空隙率、填料因子等。

（1）比表面积。单位体积填料层的填料表面积，其值越大，所提供的气液传质面积越大，性能越优；

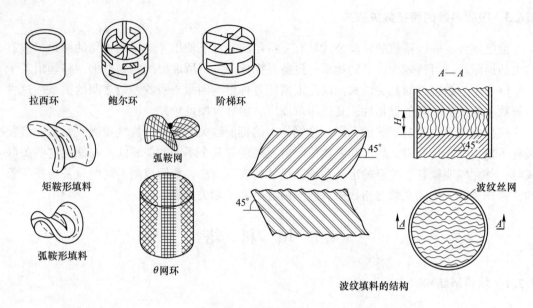

图 4-24　各种形状的填料

（2）空隙率。单位体积填料层的空隙体积；空隙率越大，气体通过的能力大且压降低；

（3）填料因子。填料的比表面积与空隙率三次方的比值，它表示填料的流体力学性能，其值越小，表面流体阻力越小。

4.7.3　填料塔设计

4.7.3.1　填料塔设计基本步骤
填料塔设计基本步骤为
（1）根据给定的设计条件，合理地选择填料；
（2）根据给定的设计任务，计算塔径、填料层高度等工艺尺寸；
（3）计算填料层的压降；
（4）进行填料塔的结构设计，包括塔体设计及塔内件设计两部分。

4.7.3.2　填料的选择
填料应根据分离工艺要求进行选择，对填料的品种、规格和材质进行综合考虑。应尽量选用技术资料齐备、适用性能成熟的新型填料。对性能相近的填料，应根据它的特点进行技术经济评价，使所选用的填料既能满足生产要求，又能使设备的投资和操作费最低。

　A　填料种类的选择
填料的传质效率要高：传质效率即分离效率，一般以每个理论级当量填料层高度表示，即 HETP 值；
填料的通量要大：在同样的液体负荷下，在保证具有较高传质效率的前提下，应选择具有较高泛点气速或气相动能因子的填料；
填料层的压降要低：填料层压降越低，塔的动力消耗越低，操作费越小；对热敏性物系尤为重要；

填料抗污堵性能要强，拆装、检修要方便。

B　填料规格的选择

填料规格是指填料的公称尺寸或比表面积。

（1）散装填料规格的选择。工业塔常用的散装填料主要有 DN25、DN38、DN50、DN76 等。同类填料，尺寸越小，分离效率越高，但阻力增加，通量减少，填料费用也增加很多；而大尺寸的填料应用于小直径塔中，又会产生液体分布不良及严重的壁流，使塔的分离效率降低。因此，对塔径与填料尺寸的比值要有一定限制，一般塔径与填料公称直径的比值 D/d 应大于 8。

（2）规整填料规格的选择。国内习惯用比表面积表示规整填料的型号和规格，主要有 125、150、250、350、500、700。同种类型的规整填料，其比表面积越大，传质效率越高，但阻力增加，通量减小，填料费用也明显增加。选用时，应从分离要求、通量要求、场地条件、物料性质及设备投资、操作费用等方面综合考虑，使所选填料既能满足技术要求，又具有经济合理性。

对于同一座填料塔，可以选用不同类型、不同规格的填料，也可以同时使用散装填料和规整填料。

C　填料材质的选择

填料的材质分为陶瓷、金属和塑料三大类。

（1）陶瓷填料：陶瓷填料具有很好的耐腐蚀性，可在低温、高温下工作，具有一定的抗冲击性；但不宜在高冲击强度下使用，质脆、易碎是陶瓷填料的最大缺点。陶瓷填料价格便宜，具有很好的表面润湿性能，在气体吸收、气体洗涤、液体萃取等过程中应用较为普遍。

（2）金属填料：金属填料可用多种材质制成，金属材质的选择主要根据物系的腐蚀性及金属材质耐腐蚀性来综合考虑。

金属填料通过大、气阻小，具有很高的抗冲击性能，能在高温、高压、高冲击强度下使用，应用范围最为广泛。

（3）塑料填料：主要包括聚丙烯（PP）、聚乙烯（PE）及聚氯乙烯（PVC），国内一般多采用聚丙烯材质。

塑料填料质轻、价廉，具有良好的韧性，耐冲击、不易碎，耐腐蚀性较好，可长期在 100℃ 以下使用；它的通量大、压降低，多用于吸收、解析、萃取、除尘等装置中；塑料填料的缺点是表面润湿性能差，需对其表面进行处理。

习　题

4-1　总压为 101.33kPa、温度为 20℃，测得氨在水中的溶解度数据为：溶液上方氨平衡分压为 0.8kPa 时，气体在液体中的溶解度为 1g(NH_3)/100g(H_2O)。假设该溶液遵守亨利定律。求：（1）亨利系数 E；（2）溶解度系数 H；（3）相平衡常数 m。

4-2　CO_2 的体积分数为 30% 的某种混合气体与水充分接触，系统温度为 30℃，总压为 101.33KPa。在操作范围内，该溶液可适用于亨利定律。已知 30℃ 时 CO_2 在水中的亨利系数 $E = 1.88 \times 10^5$ KPa。求：

液相中 CO_2 的平衡组成，分别以摩尔分数和物质的量浓度表示。

4-3 在压强为 101.33kPa、温度为 25℃下，溶质组成为 0.05（摩尔分数）的 CO_2-空气混合物与浓度为 $1.1×10^{-3}$ $kmol/m^3$ 的 CO_2 水溶液接触。试分析并判断传质过程方向。已知在 101.33kPa、25℃下 CO_2 在水中的亨利系数 E 为 $1.660×10^5$ kPa。

4-4 氨气和氮气在 298K 和 101.3kPa 的条件下，反向扩散通过一长直玻璃管，玻璃管的内径为 24.4mm、长度为 0.610m。管的两端各连接一大的混合室，混合室的压力皆为 101.3kPa，其中一混合室中氨气的分压恒定在 20kPa，而另一室的氨气的分压恒定在 6.666kPa。在 298K 和 101.3kPa 的条件下，氨气的扩散系数为 $2.3×10^{-5}$ m^2/s。求氨气的扩散量为多少（kmol/s）？计算玻璃管 0.305m 处氨气的分压。

4-5 在压强为 101.33kPa，温度为 20℃下，SO_2-空气某混合气体缓慢的流过某种液体表面。空气不溶于该液体中。SO_2 透过 2mm 厚静止的空气层扩散到液体表面，并立即溶于该液体中，相界面中 SO_2 的分压可视为零。已知混合气中 SO_2 组成为 0.15（摩尔分数），SO_2 在空气中的分子扩散系数为 $0.115cm^2/s$。求 SO_2 的分子扩散速率 N_A。

4-6 在总压 110.5kPa 的条件下，采用填料塔用清水逆流吸收混于空气中的氨气。测得在塔的某一截面上，氨的气液相组成分别为 $y = 0.032$，$c = 1.06kmol/m^3$。气膜吸收系数 $k_G = 5.2×10^{-6}$ $kmol/(m^2 \cdot s \cdot kPa)$，液膜吸收系数 $k_L = 1.55×10^{-4}$ m/s。假设操作条件下平衡关系服从亨利定律，溶解度系数 $H = 0.725kmol/(m^3 \cdot kPa)$。试计算：

（1）试计算 Δp、Δc 表示的总推动力和相应的总吸收系数；

（2）试分析该过程的控制因素。

4-7 在逆流操作的填料吸收，用循环溶剂（水）吸收混合气体中的溶质。进塔气相中溶质组成为 0.091（摩尔分数），进塔液相组成为 21.74g（溶质）/kg（溶剂）。操作条件下平衡关系为 $y^* = 0.86x$（x，y 为摩尔分数）。若液气比 L/V 为 0.9，已知溶质摩尔质量为 40kg/kmol。求：

（1）最大吸收率 φ_{max}；

（2）吸收液的组成 X_1。

4-8 在 101.3kPa、20℃下用清水在填料塔中逆流吸收某混合气中的硫化氢。已知混合气进塔的组成为 0.055（摩尔分数，下同），尾气出塔的组成为 0.001。操作条件下系统的平衡关系为 $p^* = 4.89×10^4 x$ kPa，操作时吸收剂用量为最小用量的 1.65 倍。

（1）计算吸收率和吸收液的组成；

（2）若维持气体进出填料塔的组成不变，操作压力提高到 1013kPa，求吸收液的组成。

4-9 在 293K 和 101.3kPa 下，用清水分离氨和空气的混合物，混合物中氨的分压为 15.2kPa，处理后分压降至 0.0056kPa，混合气处理量为 1500kmol/h，已知平衡关系为 $Y^* = 0.5X$。试计算：

（1）最小吸收剂耗用量；

（2）若适宜吸收用量为最小用量的 3 倍，求实际耗用量；

（3）若塔径为 1.2m，吸收总系数为 $K_Y a = 0.1kmol/(m^3 \cdot s)$，求所需填料层高度？

4-10 填料塔内用纯溶剂吸收气体混合物中的某溶质组分，进塔气体溶质浓度为 0.01（摩尔分数，下同），混合气体的质量流量为 1400kg/h，平均摩尔质量为 29g/mol，操作液体比为 1.5，在此操作条件下气液平衡关系为 $Y^* = 1.5X$。当两相逆流操作时，工艺要求气体吸收率为 95%。现有一填料层高度为 7m、塔径为 0.8m 的填料塔，气相总体积吸收系数 $K_Y a$ 为 $0.088kmol/(m^3 \cdot s)$。求：

（1）操作液体比是最小液气比的多少倍？

（2）出塔液体的浓度 X？

（3）该塔是否合用？

思 考 题

4-1 吸收操作分离气体混合物的依据是什么？

4-2 在实际工业生产中，举例说明吸收主要有哪些应用？

4-3 选择吸收剂的主要依据是什么，什么是溶剂的选择性？

4-4 什么是漂流因子，其物理意义是什么，与哪些因素有关？

4-5 吸收传质理论中，双膜理论的要点是什么，其适用条件是什么？

4-6 温度和压力对吸收过程的平衡关系有何影响？

4-7 何为液膜控制过程，液膜控制过程的特点是什么？用水吸收混合气体中的氨气属于什么控制过程，提高其吸收速率的有效措施什么？

4-8 吸收速率方程有哪些不同的表达形式，它们之间有何关系？

4-9 何为最小液气比，其与哪些因素有关？

4-10 求 N_{OG} 的计算方法有哪几种，用平均推动力法和吸收因数法求 N_{OG} 的条件各是什么？

4-11 H_{OG} 的物理含义是什么，常用吸收设备的 H_{OG} 约为多少？

4-12 逆流吸收和并流吸收有何区别？试写出吸收塔并流操作时的操作线方程，并在 Y-X 坐标图上画出相应的操作线示意图。

4-13 填料的几何特性可以用哪些参数来表示，工业中有哪些常用的填料？

5 ◆ 蒸　馏

掌握双组分理想物系的汽液相平衡关系及其表示，精馏的原理和流程；掌握双组分连续精馏的计算，熟悉简单蒸馏、平衡蒸馏和特殊精馏的原理和特点；了解板式塔的结构、类型及特点，熟悉塔板效率、流体力学性能和负荷性能图。

【本章学习重点】

（1）双组分理想物系的汽液相平衡；
（2）精馏原理及过程分析；
（3）精馏塔的物料衡算、操作线方程的意义及应用；
（4）回流比、进料状态对精馏操作的影响；
（5）精馏塔的设计型计算和操作型计算；
（6）板式塔的塔板效率、流体力学性能和负荷性能图。

5.1　概　　述

蒸馏、萃取、吸附、膜分离等均为常用的液-液均相混合物分离技术，其中蒸馏的应用更为广泛，特别是在石化、化工、轻工等领域。

5.1.1　蒸馏基本概念

蒸馏是一种传统的液体混合物分离单元操作，其原理是利用液体混合物中各组分挥发度的差异，使液体混合物部分汽化而将各组分分离的传质过程。对于液体混合物，各组分沸点相差越大，其挥发能力相差越大，则用蒸馏分离就越容易。在一定的外界压力下，混合物中沸点低的组分容易挥发，称为易挥发组分或轻组分，以 A 表示；而沸点高的组分难挥发，称为难挥发组分或重组分，以 B 表示。

5.1.2　蒸馏分类

工业上，蒸馏通常按以下方法分类：
（1）按蒸馏方式的不同，蒸馏分为简单蒸馏、平衡蒸馏、精馏和特殊精馏。
（2）按操作压力的不同，蒸馏分为减压蒸馏（又称为真空蒸馏）、常压蒸馏和加压蒸馏。一般，常压下泡点不高于150℃的混合液，采用常压蒸馏；常压下为气体或泡点温度很低的混合物,采用加压蒸馏;常压泡点较高或热敏性混合物,则常用减压(真空)蒸馏。

(3)按操作方式的不同,蒸馏分为连续精馏和间歇精馏。

(4)按原料液中组分多少不同,蒸馏分为两组分蒸馏和多组分蒸馏。

5.1.3 蒸馏分离的特点

蒸馏分离具有以下特点:

(1)通过蒸馏分离可以直接获得所需要的产品,而吸收、萃取等单元操作则不能直接获得产品;

(2)适用范围广,不但可分离液态、气态或固态混合物,而且可以用于各种浓度混合物的分离;

(3)蒸馏操作流程较为简单,不需引入新的溶剂,操作方便;

(4)蒸馏操作过程会有部分汽化和部分冷凝,其耗能较大,因此蒸馏的节能是研究的重点问题。

5.1.4 蒸馏过程的应用

蒸馏在化工生产中的应用主要包括:

(1)原料的精制。如聚氯乙烯生产中单体氯乙烯加压后精制,固体脂肪酸加热后分离。

(2)产品的提纯。如环氧丙烷的提纯、苯的精制、裂解气蒸馏可得到氢、甲烷、乙烯、乙烷、丙烯、丙烷、碳四馏分和碳五馏分等。

(3)溶剂的回收。生产中使用后的混合芳烃溶剂进行蒸馏可得到苯、甲苯及二甲苯等。

本章主要介绍常压两组分混合物的连续精馏。

5.2 两组分溶液的气液相平衡

混合溶液的气液平衡是蒸馏传质过程的极限,是蒸馏原理分析和蒸馏过程计算的理论基础。按照分子之间作用力的不同,溶液可以分为理想溶液和非理想溶液,本节将分别介绍两种溶液的气液平衡。

5.2.1 理想溶液物系的气液平衡

所谓理想物系,是指液相为理想溶液、气相为理想气体的物系。理想物系实际是不存在的,但是对于一些结构和性质均相近的同系物,如甲醇-乙醇、苯-甲苯等,可近似视为理想物系。

在蒸馏的气液平衡中,首先需要根据相律来确定平衡体系的自由度 F。

$$F = C - \varphi + 2 \tag{5-1}$$

式中,F 为自由度数;C 为独立组分数;φ 为相数。

式(5-1)中的数字 2 表示外界只有温度和压强这两个条件可以影响物系的平衡状态。

对两组分溶液的气液平衡，其组分数为 2，相数为 2，故其自由度为 2。气液平衡时体系的变量有：温度 t、压强 p、易挥发组分的液相摩尔组成 x_A 和易挥发组分的气相摩尔组成 y_A，因此，在四个变量中，只要确定两个变量，此物系的平衡状态也被唯一确定。本节介绍用相图和公式来表示相平衡关系。

5.2.1.1 用相图表示气液平衡

工业上，通常用一定压力下的温度–组成图和两相组成图表示气液平衡关系。

A 温度–组成图

在一定的总压下，将平衡温度为纵坐标，两相组成为横坐标，绘成的曲线图为温度–组成图，即 $t\text{-}x\text{-}y$ 图。

常压下苯–甲苯混合液的温度–组成图，如图 5-1 所示。图 5-1 中有两条曲线，上面的曲线为 $t\text{-}y$ 线，表示平衡温度 t 和气相组成 y 之间的关系，此曲线称为饱和蒸气线；下面的曲线为 $t\text{-}x$ 线，表示混合液的平衡温度和液相组成 x 之间的关系，此曲线称为饱和液体线。两条曲线将相图分成三个区域，饱和液体线以下为液相区，代表未沸腾的液体状态；饱和蒸气线以上为气相区，代表过热蒸气状态；两条曲线中间为气液两相共存区，该区域为蒸馏可操作的区域。

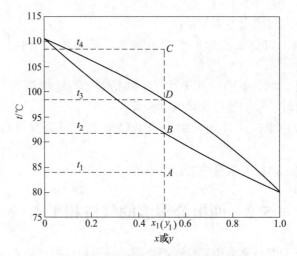

图 5-1 苯–甲苯混合液的 $t\text{-}x\text{-}y$ 图

将温度为 t_1、组成为 x_1（图 5-1 中 A 点）的混合溶液加热，当温度升高到 t_2（点 B）时，溶液开始沸腾，产生第一个气泡，对应的温度 t_2 为泡点温度，因此，饱和液体线又称为泡点线。若继续升温，则进入气液两相区，此时气相组成 y 大于液相组成 x；若将温度为 t_4、组成为 y_1（点 C）的过热蒸气冷却，当温度降到 t_3（点 D）时，混合气开始冷凝产生第一滴液体，对应的温度 t_3 为露点温度，因此，饱和蒸气线又称露点线。

由图 5-1 可以看出，气液两相呈平衡状态时，气液两相的温度相同，但气相组成大于液相组成。若气液两相组成相同，气相露点温度总是大于液相的泡点温度。$t\text{-}x\text{-}y$ 图随压力变化明显，主要用于蒸馏原理的分析。

B 气–液相组成图（$x\text{-}y$ 图）

在一定压力下，以气相组成为纵坐标，液相组成为横坐标，绘成的曲线图为气–液相组成图，即 x-y 图。x-y 图表达平衡的气液两相组成关系最为直观，在蒸馏计算中应用最为普遍。

图 5-2 为常压下苯–甲苯混合液的气–液相组成图。图 5-2 中的曲线称为平衡线，线上任意点 E 代表一个平衡状态点，表示组成为 x_1 的液相与组成为 y_1 的气相互成平衡。由于气相组成大于液相组成，因此，平衡曲线位于对角线上方。若平衡线离对角线越远，则物系分离越容易。此外，由于 x-y 图随压力变化不明显，在蒸馏计算中应用更为广泛。

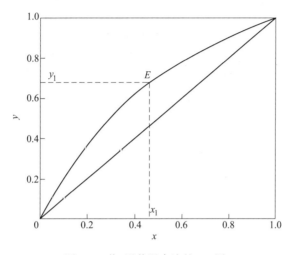

图 5-2 苯–甲苯混合液的 x-y 图

综上可见，气液平衡用相图来表达比较直观、清晰，其应用于两组分蒸馏中更为方便。

5.2.1.2 用饱和蒸气压表示气液平衡

理想溶液是指溶液中同种分子间作用力与异种分子间作用力完全相等的溶液。在一定温度下，理想溶液遵循拉乌尔定律。

$$p_A = p_A^* x_A \tag{5-2a}$$

$$p_B = p_B^* x_B = p_B^* (1 - x_A) \tag{5-2b}$$

式中　p_A，p_B——液相上方 A、B 两组分的平衡分压，Pa；

　　p_A^*，p_B^*——在溶液温度下，纯组分 A、B 的饱和蒸气压，Pa；

　　x_A，x_B——液相中 A、B 两组分摩尔组成。

溶液上方的总压 p 等于各组分的分压之和，即

$$p = p_A + p_B \tag{5-3a}$$

$$p = p_A^* x_A + p_B^* (1 - x_A) \tag{5-3b}$$

整理，得

$$x_A = \frac{p - p_B^*}{p_A^* - p_B^*} \tag{5-4}$$

因为纯组分的饱和蒸气压是温度的函数，式（5-4）表示气液平衡时，液相组成与平衡温度间的关系，又称为泡点方程。

当外压不太高时，平衡的气相可视为理想气体，遵循道尔顿分压定律，即

$$y_A = \frac{p_A}{p} \tag{5-5}$$

于是

$$y_A = \frac{p_A^*}{p} x_A \tag{5-6}$$

将式（5-4）代入式（5-6），可得

$$y_A = \frac{p_A^*}{p} \frac{p - p_B^*}{p_A^* - p_B^*} \tag{5-7}$$

式（5-7）表示气液平衡时，气相组成与平衡温度间的关系，又称为露点方程。式（5-4）和式（5-7）即为两组分理想物系的用饱和蒸气压表示的气液平衡函数关系式。其中，纯组分的饱和蒸气压 p^* 和温度 t 的关系通常用安托因（Antoine）方程表示，即

$$\lg p^* = A - \frac{B}{t + C} \tag{5-8}$$

式中，A、B、C 为组分的安托因常数，可由有关手册查得。

【例 5-1】　苯（A）和甲苯（B）混合液可作为理想溶液，其各纯组分的蒸气压计算式为

$$\lg p_A^* = 6.0305 - \frac{1211}{t + 220.8}$$

$$\lg p_B^* = 6.0795 - \frac{1345}{t + 219.5}$$

式中，p^* 的单位是 kPa；t 的单位是℃。

试计算总压为 101.33kPa（绝压）下含苯 25%（摩尔百分率）的该物系混合液的泡点。

【解】　泡点温度在苯的沸点 80.1℃ 和甲苯的沸点 110.6℃ 之间。

设 $t = 100℃$，计算可得

$$p_A^* = 180.12 \text{kPa}$$

$$p_B^* = 74.10 \text{kPa}$$

$$x_A = \frac{p - p_B^*}{p_A^* - p_B^*} = \frac{101.33 - 74.17}{180 - 74.17} = 0.257 > 0.25$$

计算 x 值大于已知的 x，所设 t 偏小，重新假设进行计算。将 4 次假设的计算结果列于表 5-1。

表 5-1　计算结果

计算次数	1	2	3	4
假设 t/℃	100	100.3	100.2	100.25
x	0.257	0.248	0.251	0.250

因此，$x = 0.25$ 时，该物系混合液的泡点为 100.25℃。

5.2.1.3　用相对挥发度表示气液平衡关系

蒸馏分离的依据是混合液中各组分的挥发度差异，挥发度代表溶液中组分挥发能力的

大小。溶液中各组分的挥发度 ν，定义为组分在气相中的平衡分压与其在液相中的摩尔分数之比，即

$$\nu_A = \frac{p_A}{x_A} \tag{5-9a}$$

$$\nu_B = \frac{p_B}{x_B} \tag{5-9b}$$

式中，ν_A 和 ν_B 分别为溶液中 A、B 两组分的挥发度。

对于理想溶液，因符合拉乌尔定律，则有

$$\nu_A = p_A^*, \ \nu_B = p_B^* \tag{5-10}$$

可见，溶液中组分的挥发度是随温度而变的。两个组分挥发度的比值称为相对挥发度，用 α 表示。

$$\alpha = \frac{\nu_A}{\nu_B} = \frac{p_A/x_A}{p_B/x_B} \tag{5-11}$$

对于理想溶液，有

$$\alpha = \frac{p_A^*}{p_B^*} \tag{5-12}$$

$$\alpha = \frac{\dfrac{py_A}{x_A}}{\dfrac{py_B}{x_B}} = \frac{\dfrac{y_A}{x_A}}{\dfrac{y_B}{x_B}} \tag{5-13a}$$

$$\frac{y_A}{y_B} = \alpha \frac{x_A}{x_B} \tag{5-13b}$$

$$\frac{y_A}{1 - y_A} = \alpha \frac{x_A}{1 - x_A} \tag{5-14a}$$

对于两组分物系，满足 $x_A + x_B = 1$，$y_A + y_B = 1$，略去下标，经整理可得

$$y = \frac{\alpha x}{1 + (\alpha - 1)x} \tag{5-14b}$$

若 α 为已知，可利用式（5-14b）求得 x-y 关系，故式（5-14b）称为气液平衡方程。该方程可用于实际物系和理想物系的气液平衡关系计算。

相对挥发度 α 值的大小，可以用来判断某混合液是否能用蒸馏方法加以分离以及分离的难易程度，α 愈大挥发度差异越大，蒸馏分离则越容易。若 $\alpha>1$，则 $y>x$，即气相组成大于液相组成，可以用普通精馏方法分离该混合液；若 $\alpha=1$，则 $y=x$，即气相组成等于液相组成，此时不能用普通精馏方法分离该混合液。

【例5-2】 苯（A）与甲苯（B）的饱和蒸气压和温度的关系数据如表5-2所示。试求在总压101.33kPa下苯-甲苯体系气液平衡数据、相对挥发度及平衡方程。该溶液可视为理想溶液。

【解】 以 $t=92℃$ 为例，计算过程如下：

$$x = \frac{p - p_B^*}{p_A^* - p_B^*} = \frac{101.33 - 57.8}{144.2 - 57.8} = 0.504$$

和
$$y = \frac{p_A^*}{p}x = \frac{144.2}{101.33} \times 0.504 = 0.717$$

其他温度下的计算结果列于表 5-3 中。

表 5-2　饱和蒸气压和温度的关系

$t/℃$	80.1	84	88	92	96	100	104	108	110.6
p_A^*/kPa	101.4	114.1	128.5	144.2	161.4	180.1	200.5	222.5	237.9
p_B^*/kPa	38.9	44.4	50.8	57.8	65.5	74.1	83.5	93.9	101.2

表 5-3　计算结果

$t/℃$	80.1	84	88	92	96	100	104	108	110.6
α		2.57	2.53	2.50	2.46	2.43	2.40	2.37	
x	1.000	0.816	0.651	0.504	0.373	0.257	0.152	0.058	0
y	1.000	0.919	0.825	0.717	0.595	0.457	0.301	0.127	0

因为苯–甲苯混合液为理想溶液，故其相对挥发度可用式（5-12）计算，即

$$\alpha = \frac{p_A^*}{p_B^*}$$

以 92℃为例，则有

$$\alpha = \frac{144.2}{57.8} = 2.50$$

其他温度下的 α 值列于表 5-3 中。

通常，在利用相对挥发度法求 x-y 关系时，可取温度范围内的平均相对挥发度，即

$$a_m = \frac{2.57 + 2.53 + 2.50 + 2.46 + 2.43 + 2.40 + 2.37}{7} = 2.46$$

将平均相对挥发度代入式（5-14b）中，得

$$y = \frac{ax}{1 + (\alpha - 1)x} = \frac{2.46x}{1 + 1.46x}$$

5.2.2　非理想溶液物系的气液平衡

当蒸馏操作在高压或低温下进行时，平衡物系的气相不是理想气体，则应对气相的非理想性进行修正，此时应用逸度代替压强，以进行相平衡计算。在实际蒸馏过程中，气相通常可视为理想气体，而其液相大多为非理想溶液。非理想溶液中各组分的平衡分压偏离拉乌尔定律，这种偏差为正，则为正偏差溶液；偏差为负，则为负偏差溶液。工业生产中以正偏差溶液居多。

对于非理想溶液，通常用其 t-x-y 图和 x-y 图来表示其气液相平衡关系。

5.2.2.1　正偏差溶液

对拉乌尔定律有正偏差的溶液，其各组分的平衡分压均大于拉乌尔定律的计算值，例如乙醇–水、苯–乙醇等均为具有正偏差溶液。图 5-3 为乙醇–水混合液的 t-x-y 图，图中液相线和气相线在 M 点重合。M 点的两相组成相等为 0.894，温度为 78.15℃，此溶液称为

恒沸液。在泡点线上，M 点的温度最低，故这种溶液称为具有最低恒沸点的溶液。图 5-4 是乙醇-水混合液 x-y 图，M 点处平衡线与对角线相交，M 点在对角线上，说明 $y = x$，该点溶液的相对挥发度等于 1。

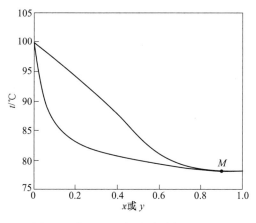

图 5-3　常压下乙醇-水溶液的 t-x-y 图

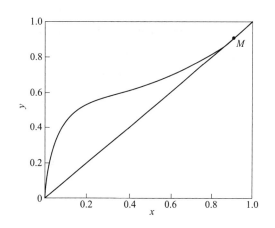

图 5-4　常压下乙醇-水溶液的 x-y 图

5.2.2.2　负偏差溶液

对拉乌尔定律有负偏差的溶液，其各组分的平衡分压均小拉乌尔定律的计算值，例如硝酸-水、丙酮-氯仿等均为具有负偏差溶液。图 5-5 为硝酸-水混合液的 t-x-y 图。图中液相线和气相线在 N 点重合，N 点的两相组成相等，均为 0.383，温度为 121.9℃。在泡点线上，N 点的温度最高，故这种溶液称为具有最高恒沸点的溶液。图 5-6 是硝酸-水混合液 x-y 图，N 点处平衡线与对角线相交，该点溶液的相对挥发度等于 1。

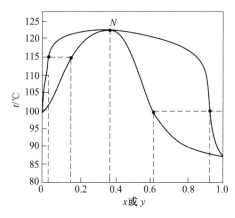

图 5-5　硝酸-水混合液的 t-x-y 图

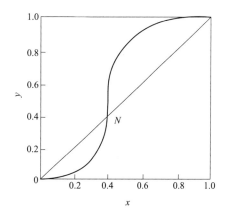

图 5-6　硝酸-水混合液的 x-y 图

5.3　精馏原理和流程

精馏是获得高纯组分的一种重要的蒸馏方式，在工业生产中的应用极为广泛。由于精馏是一种多级分离过程，通过对混合液进行多次部分汽化和部分冷凝，可将混合液近乎完全分离。

5.3.1 精馏装置

精馏过程是在精馏塔中进行的，图 5-7 为连续精馏装置。从图 5-7 中可以看出，精馏装置主要由精馏塔、再沸器（或蒸馏釜）和冷凝器构成，精馏塔有板式塔和填料塔两种类型。本章以板式塔为例介绍精馏过程及设备。

如图 5-7 所示，原料液自塔的适当位置连续地加入，通常，将原料液进入的那层板称为进料板，进料板以上的塔段称为精馏段，进料板以下的塔段（包括进料板）称为提馏段。

塔顶蒸气进入冷凝器中被全部冷凝，并将部分冷凝液用泵送回塔顶作为回流液体，其余部分经冷却器后被送出，作为塔顶产品，又称为馏出液。塔底再沸器加热液体产生蒸气，蒸气沿塔上升，与下降的液体逆流接触并进行物质传递，连续地从再沸器取出部分液体作为塔底产品，又称为釜液。在每层塔板上，回流液体与上升蒸气互相接触，进行传热和传质过程。

5.3.2 精馏原理

精馏过程原理可用 t-x-y 气液平衡相图说明，如图 5-8 所示，将组成为 x_F、温度低于泡点的混合液加热使其部分汽化，得到气相和液相，所得气相组成为 y_1，液相组成为 x_1，且 $y_1 > x_F > x_1$。若继续将组成为 y_1 的气相混合物进行部分冷凝，则可得到组成为 y_2 的气相和组成为 x_2 的液相。依此又将组成为 y_2 的气相进行部分冷凝，则可得到组成为 y_3 的气相和组成为 x_3 的液相，且从图 5-8 中可以看出 $y_3 > y_2 > y_1$。可见，气相混合物经多次部分冷凝后，在气相中可获得高纯度的易挥发组分。同样，若将组成为 x_1 的液相进行多次部分汽化，在液相中可获得高纯度的难挥发组分。

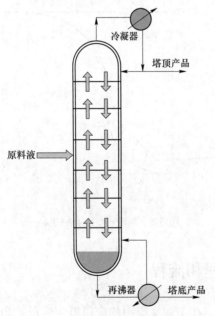

图 5-7 为连续精馏的工艺流程

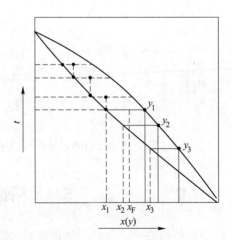

图 5-8 t-x-y 图上的多次部分汽化和多次部分冷凝过程

精馏塔中，塔板上的液层是气液两相接触并进行传热和传质的场所。在精馏塔中任取三块塔板，从上而下分别记为 $n-1$ 层板、n 层板和 $n+1$ 层板，如图5-9所示。进入第 n 层板的气相的组成和温度分别为 y_{n+1} 和 t_{n+1}，液相的组成和温度分别为 x_{n-1} 和 t_{n-1}。当组成为 y_{n+1} 的气相与组成为 x_{n-1} 的液相在第 n 层板上接触时，由于存在温度差（$t_{n+1} > t_{n-1}$）和浓度差（x_{n-1} 大于与 y_{n+1} 成平衡的液相组成 x_{n+1}^*），气相会部分冷凝，而气相冷凝时放出的热量将液相加热，使之部分汽化。结果是：离开第 n 层板的液相中易挥发组分的浓度较进入该板时的降低，即 $x_{n+1} < x_n < x_{n-1}$；而离开的气相中易挥发组分浓度又较进入的增高，即 $y_{n-1} > y_n > y_{n+1}$。

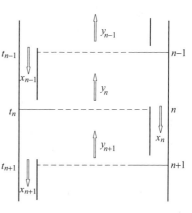

图 5-9　塔板操作分析

于是，经过多次部分汽化和部分冷凝，最后在塔顶得到高纯度的易挥发组分，而在塔底可获得高纯度的难挥发组分。

5.3.3　精馏段和提馏段作用

在精馏段，上升蒸气中所含的难挥发组分不断向液相传递，而下降液体中的易挥发组分不断向气相传递。这样会导致上升蒸气中易挥发组分的浓度逐渐升高，而下降液体中易挥发组分的浓度逐渐降低。只要有足够的气液接触场所和足够的液体回流量，到达塔顶的蒸气将成为高纯度的易挥发组分。因此，精馏段完成了上升蒸气的精制，不断除去其中的难挥发组分。

在提馏段，下降液体中的易挥发组分不断向气相传递，上升蒸气中的难挥发组分向液相传递。这样，只要有足够多的气液接触场所和上升蒸气量，那么，下降液体中的易挥发组分不断进入气相，而液相中的难挥发组分不断提高，可以接近纯的难挥发组分。因此，提馏段完成了下降液体中难挥发组分的提浓，即提出了易挥发组分。

可见，为实现上述的精馏分离操作，除了需要精馏塔外，塔顶需要有液相回流，塔底需要有上升蒸气。塔顶的液相回流与塔釜部分汽化产生的气相构成气、液两相接触传质，是实现精馏过程的必要条件。

5.3.4　理论板

在实际精馏过程中，进入塔板的液相和气相接触时间有限，气液两相无法充分混合，并达到传热和传质的平衡。因此，为了简化精馏的计算，常引入理论板的概念。所谓理论板，是指气液两相充分混合，离开塔板的气液达到传热和传质平衡，即气液两相组成互成平衡，两相温度相等。可见，实际塔板和理论板是不同的，理论板是不存在的，它是对塔板上传质过程的简化，是衡量实际塔板分离效率的依据和标准。

5.4　两组分连续精馏的计算

板式精馏塔的设计中，通常设计任务已经规定原料液的组成、流量及分离要求：首先，需要通过物料衡算确定塔顶和塔底产品的流量及组成；其次，结合工艺要求确定精馏塔的塔高和塔径；再次，选择塔板类型，确定塔板主要工艺尺寸并进行流体力学验算；最后是冷凝器、再沸器等附属设备的设计选型。本节重点介绍前两部分计算。

精馏过程计算需要的基本关系有物料衡算关系、相平衡关系和热量衡算关系，由于精馏过程影响因素的复杂性，计算中需做一些简化假定，这里主要介绍恒摩尔流假定。

恒摩尔流假定的内容：

（1）精馏段。离开精馏段每层塔板的下降液相的摩尔流量相等，上升气相摩尔流量也相等。

（2）提馏段。离开提馏段每层塔板的下降液相的摩尔流量相等，上升气相摩尔流量也相等。

但精馏塔内，两段下降的液相摩尔流量不一定相等，上升的气相摩尔流量也不一定相等。

恒摩尔流假定成立的条件是：（1）混合物中各组分的摩尔汽化热相等或相近；（2）气液接触时，因温度不同，交换的显热可忽略；（3）精馏塔保温良好，热损失可忽略。

5.4.1 全塔物料衡算

通过全塔的物料衡算，可求得精馏塔各物流（包括料液、馏出液及釜残液）之间流量、组成的定量关系。

以图 5-10 所示的连续精馏装置作物料衡算，并以单位时间为基准，可得

总物料衡算

$$F = D + W \tag{5-15}$$

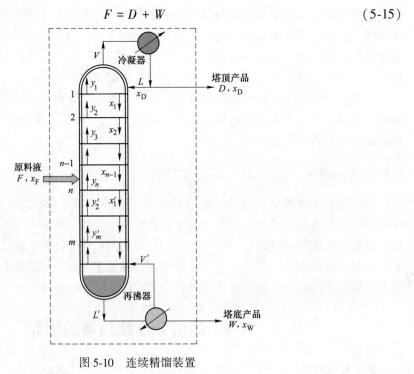

图 5-10 连续精馏装置

易挥发组分物料衡算

$$Fx_F = Dx_D + Wx_W \qquad (5-16)$$

式中　F，D，W——分别为原料液、馏出液和釜液流量，mol/s；

　　　x_F，x_D，x_W——分别为原料液、馏出液、釜液中易挥发组分的摩尔分数。

联立式（5-15）及式（5-16），可求出馏出液的采出率，即

$$\frac{D}{F} = \frac{x_F - x_W}{x_D - x_W} \qquad (5-17)$$

另外，也可以用回收率来表示精馏塔的分离要求。馏出液中易挥发组分的回收率为：

$$\eta_A = \frac{Dx_D}{Fx_F} \times 100\% \qquad (5-18)$$

釜液中难挥发组分的回收率为：

$$\eta_B = \frac{W(1 - x_W)}{F(1 - x_F)} \times 100\% \qquad (5-19)$$

【例 5-3】　在常压操作的连续精馏塔中分离含苯 0.4 与甲苯 0.6（摩尔分数，下同）的混合液，其流量为 150kmol/h，塔顶馏出液中苯的回收率为 97%，釜液组成为 0.02。试求馏出液和釜残液的流量及馏出液组成。

【解】　已知　$F = 150$kmol/h，$x_F = 0.4$，$x_W = 0.02$，

塔顶馏出液中苯的回收率

$$\frac{Dx_D}{Fx_F} = 0.97 \qquad (a)$$

全塔总物料衡算

$$D + W = F \qquad (b)$$

全塔易挥发组分物料衡算

$$Dx_D + Wx_W = Fx_F \qquad (c)$$

联立式（a，b，c），解得

馏出液的流量　$D = 60.0$kmol/h

釜残液的流量　$W = 90.0$kmol/h

馏出液组成　$x_D = 0.97$

5.4.2　精馏塔的操作关系

在精馏塔中，由任意层（n 层）塔板下降液相组成 x_n，与由其相邻下一层塔板（$n+1$ 层）上升气相组成 y_{n+1} 之间的关系，称为操作关系。表示操作关系的方程称之为操作线方程。因原料液从精馏塔的中部加入，致使精馏段和提馏段有不同的操作关系。操作线方程可通过各段的物料衡算求得。

5.4.2.1　精馏段操作线方程

对图 5-11 中虚线范围（包括精馏段的第 $n+1$ 层塔板以上塔段及冷凝器）做物料衡算，以单位时间为基准，可得

总物料衡算

$$V = L + D \tag{5-20}$$

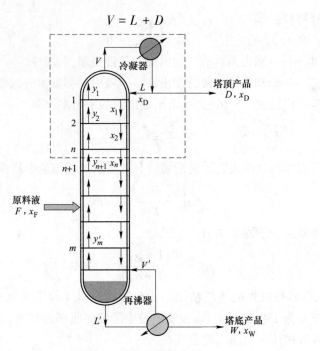

图 5-11　精馏段物料衡算

易挥发组分物料衡算

$$Vy_{n+1} = Lx_n + Dx_D \tag{5-21}$$

式中　V——精馏段上升气相摩尔流量，mol/s；

　　　　L——精馏段下降液相摩尔流量，mol/s；

　　　　x_n——精馏段中第 n 层板下降液相中易挥发组分的摩尔分数；

　　　　y_{n+1}——精馏段中第 $n+1$ 层板上升气相中易发组分的摩尔分数。

联立以上两式并整理，得

$$y_{n+1} = \frac{L}{V}x_n + \frac{D}{V}x_D \tag{5-22}$$

或

$$y_{n+1} = \frac{L}{V+D}x_n + \frac{D}{L+D}x_D \tag{5-22a}$$

令 $R = \dfrac{L}{D}$ 并代入式（5-22a），得

$$y_{n+1} = \frac{R}{R+1}x_n + \frac{x_D}{R+1} \tag{5-23}$$

式中，R 称为回流比。根据恒摩尔流假定，L 为定值，对于定态操作，D 及 x_D 也为定值，故 R 为常量，其值一般由设计者选定。

式（5-22）、式（5-22a）、式（5-23）均称为精馏段操作线方程。精馏段操作线在 x-y 相图上为直线，过点（x_D，x_D），其斜率为 $\dfrac{R}{R+1}$，截距为 $\dfrac{x_D}{R+1}$。

5.4.2.2　提馏段操作线方程

对图 5-12 中虚线范围（包括提馏段第 m 层板以下塔段及再沸器）进行物料衡算，以

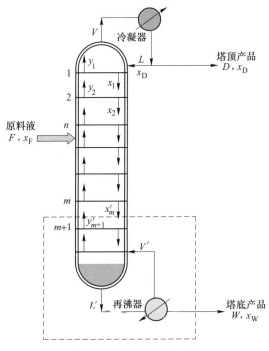

图 5-12 提馏段物料衡算

单位时间为基准，即

总物料衡算

$$L' = V' + W \qquad (5-24)$$

易挥发组分物料衡算

$$L'x'_m = V'y'_{m+1} + Wx_W \qquad (5-25)$$

式中　　V'——提馏段上升气相摩尔流量，mol/s；

　　　　L'——提馏段下降液相摩尔流量，mol/s；

　　　　x'_m——提馏段第 m 层塔板下降液相中易挥发组分的摩尔分数；

　　　　y'_{m+1}——提馏段第 $m+1$ 层塔板上升气相中易挥发组分的摩尔分数。

联立式（5-24）与式（5-25）并整理，得

$$y'_{m+1} = \frac{L'}{V'}x'_m - \frac{W}{V'}x_W \qquad (5-26)$$

或

$$y'_{m+1} = \frac{L'}{L' - W}x'_m - \frac{W}{L' - W}x_W \qquad (5-26a)$$

式（5-26）或式（5-26a）称为提馏段操作线方程。根据恒摩尔流假定和定态操作，式中的 L'、V'、W 及 x_W 均为定值，因而提馏段操作线在 x-y 图上为直线，其斜率为 $\frac{L'}{L' - W}$，截距为 $-\frac{Wx_W}{L' - W}$。

【例5-4】　在一连续精馏塔中分离苯-甲苯溶液。进料量 $F = 100\text{kmol/h}$，进料中苯的摩尔分率 $x_F = 0.45$，塔釜上升蒸气量 $V = V' = 140\text{kmol/h}$，回流比 $R = 2.11$。已测得塔顶出

料中苯的摩尔分数 $x_D = 0.901$。试求：

（1）精馏段的操作线方程；

（2）提馏段的操作线方程。已知苯甲苯体系的相对挥发度为 2.47。

【解】（1）精馏段的操作线方程

$$R = 2.11, x_D = 0.901$$

$$y = \frac{R}{R+1}x + \frac{x_D}{R+1} = \frac{2.11}{2.11+1}x + \frac{0.901}{2.11+1} = 0.6784x + 0.2897$$

（2）提馏段的操作线方程

$$D = \frac{V}{R+1} = \frac{140}{2.11+1} = 45\text{kmol/h}$$

$$W = F - W = 100 - 45 = 55\text{kmol/h}$$

$$L' = V' + W = 140 + 55 = 195\text{kmol/h}$$

$$x_W = \frac{Fx_F - Dx_D}{W} = \frac{100 \times 0.45 - 45 \times 0.901}{55} = 0.081$$

$$y = \frac{L'}{V'}x - \frac{Wx_W}{V'} = \frac{195}{140}x - \frac{55 \times 0.081}{140} = 1.393x - 0.03182$$

由上面计算结果可看出如下规律：精馏段操作线的斜率小于或等于 1，截距为正；提馏段操作线斜率等于或大于 1，截距为负。

5.4.3 进料板的物料衡算及热量衡算

在精馏过程中，由于原料的加入，影响进料板上下的物料流量，从而导致精馏段和提馏段气液流量发生改变。在实际生产中，有五种不同的进料热状况：

（1）冷液体进料。原料液入塔温度低于泡点，提馏段上升的蒸气部分冷凝放出的潜热将料液加热至泡点。

（2）泡点进料，又称为饱和液体进料。与精馏段下降液相合并进入提馏段。

（3）气液混合物进料。进料中气相部分与提馏段上升蒸气合并进入精馏段，液相部分作为提馏段下降液相的一部分。

（4）露点进料，又称为饱和蒸气进料。与提馏段上升蒸气合并进入精馏段。

（5）过热蒸气进料。过热蒸气进塔后首先放出显热而变为饱和蒸气，而此显热将使进料板上液体部分汽化。

这五种不同的进料热状况在 t-x-y 图上对应的状态点分别为 A、B、C、D 和 E，如图 5-13 所示。

为便于分析进料的流量及其热状况对于精馏操作

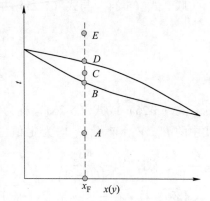

图 5-13 进料状况

的影响，确定精馏段与提馏段的气液流量关系，需要
对进料板进行物料衡算和热量衡算。

图 5-14 进料板的物料衡算和热量衡算

5.4.3.1 进料板的物料衡算及热量衡算

以单位时间为基准，对进料板进行物料衡算及热
量衡算（参见图 5-14）：

总物料衡算

$$F + V' + L = V + L' \tag{5-27}$$

热量衡算

$$FI_F + V'I_{V'} + LI_L = VI_V + L'I_{L'} \tag{5-28}$$

式中 I_F ——原料液的焓，kJ/kmol；

I_V, $I_{V'}$ ——分别为进料板上、下处饱和蒸气的焓，kJ/kmol；

I_L, $I_{L'}$ ——分别为进料板上、下处饱和液体的焓，kJ/kmol。

精馏过程中，由于进料板上下气液相的组成和温度近似相等，因此有

$$I_V = I_{V'} \quad I_L = I_{L'}$$

于是式（5-28）可写为

$$FI_F + V'I_V + LI_L = VI_V + L'I_L \tag{5-28a}$$

联立式（5-27）和式（5-28a），可得

$$\frac{I_V - I_F}{I_V - I_L} = \frac{L' - L}{F} \tag{5-29}$$

定义

$$q = \frac{I_V - I_F}{I_V - I_L} = \frac{将 1mol\ 进料变为饱和蒸气所需热量}{原料液的摩尔汽化热} \tag{5-30}$$

式中，q 称为进料热状况参数，式（5-29）为其定义式。由该式可计算各种进料的热状况
参数 q 值，并分析对提馏段操作状况的影响。

由式（5-29）可得到

$$L' = L + qF \tag{5-31}$$

将式（5-30）代入式（5-27）并整理，得

$$V' = V - (1 - q)F \tag{5-32}$$

或

$$V' = L + qF - W \tag{5-32a}$$

将式（5-32a）代入式（5-26a），则提馏段操作线方程可写为

$$y'_{m+1} = \frac{L + qF}{L + qF - W}x'_m - \frac{W}{L + qF - W}x_W \tag{5-33}$$

精馏塔的进料热状况对提馏段的 L' 及 V' 有影响，进而影响提馏段操作线方程。

从（5-31）可以看出，以 1kmol/h 进料为基准，q 值即提馏段中液相流量较精馏段中
流量的增大值。对于泡点及气液混合进料而言，q 值即表示进料中的液相分数。五种进料
热状况对应的 q 值范围分别为：

（1）冷液进料，$q>1$；

（2）泡点进料，$q=1$；

（3）气液混合物进料，$0<q<1$；

（4）露点进料，$q=0$；

（5）过热蒸气进料，$q<0$。

5.4.3.2　进料线方程

因为进料板是精馏段与提馏段的交汇处，故精馏段与提馏段操作线方程在进料板存在交点，联立方程式（5-21）和式（5-25），可得

$$y = \frac{q}{q-1}x - \frac{x_F}{q-1} \qquad (5-34)$$

式（5-34）称为进料线方程或 q 线方程，当进料热状况一定时，该式在 $x-y$ 图上也是直线方程。进料线过点 (x_F, x_F)，斜率为 $\frac{q}{q-1}$。

【例 5-5】　常压下分离丙酮水溶液的连续精馏塔，进料中含丙酮 50%（摩尔分数，下同），气液混合物进料其中气相占 80%。要求馏出液和釜液中丙酮的组成分别为 95% 和 5%，若取回流比 $R=2$，试按进料流量为 100kmol/h，计算：

（1）精馏段和提馏段的气相流量和液相流量，并写出精馏段和提馏段操作方程；

（2）若进料为饱和蒸气进料，计算精馏段和提馏段操作方程。

【解】　（1）气液混合物进料 $q=0.2$。

$$F = 100\text{kmol/h}, R = 2, x_F = 0.5, x_D = 0.95, x_W = 0.05$$

精馏段操作线方程

$$y = \frac{R}{R+1}x + \frac{x_D}{R+1} = \frac{2}{2+1}x + \frac{0.95}{2+1} = 0.67x + 0.317$$

由 $F = D + W$，$Fx_F = Dx_D + Wx_W$。

解得 $D = 50\text{kmol/h}$，$W = 50\text{kmol/h}$。

精馏段蒸气流量　　$V = (R+1)D = (2+1) \times 50 = 150(\text{kmol/h})$

精馏段液相流量　　$L = RD = 2 \times 50 = 100(\text{kmol/h})$

提馏段液相流量　　$L' = L + qF = 100 + 0.2 \times 100 = 120(\text{kmol/h})$

提馏段蒸气流量　　$V' = L' - W = 120 - 50 = 70(\text{kmol/h})$

提馏段操作线方程　　$y = \frac{L'}{V'}x - \frac{Wx_W}{V'} = \frac{120}{70}x - \frac{50 \times 0.05}{70} = 1.71x - 0.0357$

（2）饱和蒸气进料　　$q=0$。进料热状况参数改变不影响精馏段气液流量，所以精馏段操作线方程、蒸气流量和液相流量均和气液混合物相同。提馏段操作线方程、蒸气流量和液相流量均发生改变。

提馏段液相流量　　$L' = L + qF = 100 = 100(\text{kmol/h})$

提馏段蒸气流量　　$V' = L' - W = 100 - 50 = 50(\text{kmol/h})$

提馏段操作线方程　　$y = \frac{L'}{V'}x - \frac{Wx_W}{V'} = \frac{100}{50}x - \frac{50 \times 0.05}{50} = 2x - 0.05$

可见，进料的热状况明显影响着提馏段操作线方程，随着 q 值加大，提馏段操作线的斜率和截距的绝对值变小。

5.4.4 理论板层数的计算

实际塔板数 N_p 的计算是板式精馏塔设计计算的重要内容，也是精馏塔满足分离任务要求的重要参数。确定实际塔板数需要首先确定理论塔板数 N_T，然后根据总板效率求取实际塔板数。理论板层数的计算需要利用平衡关系和操作关系来计算，其计算方法通常有逐板计算法、图解法和简捷估算法三种。

5.4.4.1 逐板计算法

逐板计算法是在确定塔顶、塔底产品组成及 R 及 q 的基础上，从塔顶或塔底开始，利用平衡关系和操作关系逐板计算各层塔板的气液相组成。计算中每用一次相平衡关系，就代表需要一层理论板，故计算中使用相平衡关系的次数，即为所需理论板层数。

以塔顶为全凝器、泡点回流、塔釜采用间接蒸气加热连续精馏工艺为例，如图 5-15 所示，采用逐板计算求解理论板层数。

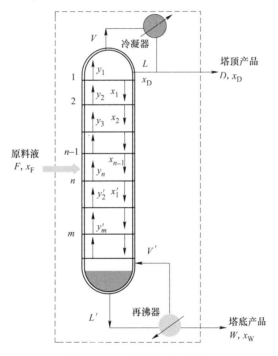

图 5-15　逐板计算法示意图

相平衡关系

$$y = \frac{\alpha x}{1 + (\alpha - 1)x} \tag{a}$$

操作关系　精馏段

$$y_{n+1} = \frac{R}{R+1}x_n + \frac{x_D}{R+1} \tag{b}$$

提馏段

$$y'_{m+1} = \frac{L'}{L'-W}x'_m - \frac{Wx_W}{L'-W} \tag{c}$$

以塔顶开始计算为例，塔顶为全凝器，从塔顶最上一层塔板即第一块塔板上升的蒸气全部冷凝成饱和液体，故馏出液和回流液的组成 x_D 均与离开第一层理论板的气相组成 y_1

相等，即 $y_1 = x_D$，离开第一层塔板下降的液相组成 x_1 与 y_1 互成平衡，满足（a）式；第二层理论板上升的气相组成 y_2 与 x_1 符合精馏段操作关系即（b）式，由 x_1 可求得 y_2；同理，用平衡关系由 y_2 求出 x_2，再利用精馏段操作线方程由 x_2 求 y_3。依此类推，交替地利用平衡方程及精馏段操作线方程进行逐板计算，直至求得的 $x_n \leqslant x_F$ 时，第 n 层理论板为进料板，第 n 层以下为提馏段，如图 5-16 所示。

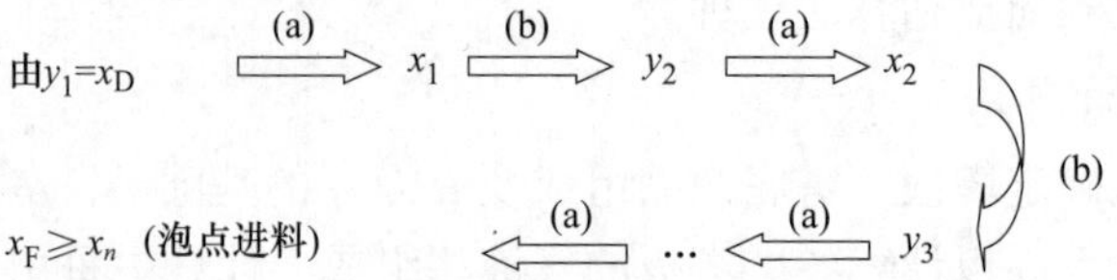

$$\text{由}y_1 = x_D \xrightarrow{\text{(a)}} x_1 \xrightarrow{\text{(b)}} y_2 \xrightarrow{\text{(a)}} x_2$$

$$x_F \geqslant x_n \text{（泡点进料）} \xleftarrow{\text{(a)}} \cdots \xleftarrow{\text{(a)}} y_3 \Bigg\} \text{(b)}$$

图 5-16　逐板计算法求解精馏段理论板层数

因此，精馏段所需理论板层数即为（$n-1$）。

从进料板开始，改用提馏段操作线方程式（c）由 x_1'（即精馏段求得的 x_n）求 y_2'，再根据平衡方程式（a），由 y_2' 求 x_2'，如此重复计算，直至计算到 $x_m' \leqslant x_W$ 为止，如图 5-17 所示。

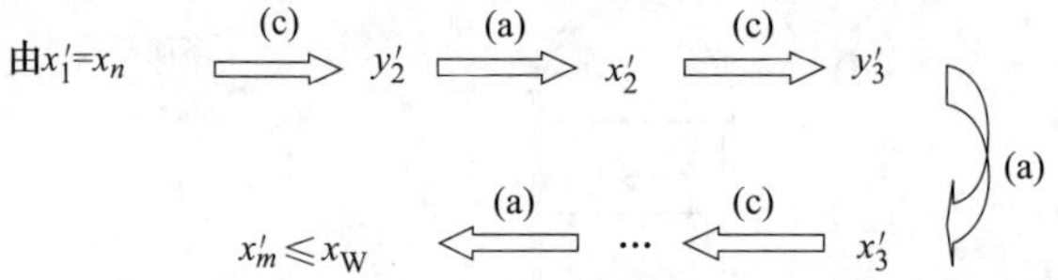

$$\text{由}x_1' = x_n \xrightarrow{\text{(c)}} y_2' \xrightarrow{\text{(a)}} x_2' \xrightarrow{\text{(c)}} y_3' \Bigg\} \text{(a)}$$

$$x_m' \leqslant x_W \xleftarrow{\text{(a)}} \cdots \xleftarrow{\text{(c)}} x_3'$$

图 5-17　逐板计算法求解提馏段理论板层数

对于间接蒸气加热，再沸器内气液两相可视为平衡。再沸器相当于一层理论板，故提馏段所需理论板层数为（$m-1$）。

【例 5-6】　某一精馏塔用来分离苯–甲苯混合物。进料量为 100kmol/h，其中轻组分的含量为 0.40（摩尔分数），泡点进料。塔顶产品的流量为 20kmol/h，泡点回流，操作回流比 $R = 2.8$。已知体系的相对挥发度为 2.47。试计算所需的理论板数。

【解】　　$W = F - D = 80\text{kmol/h}$

$\qquad\quad F = 100\text{kmol/h}, \ R = 2.8, \ x_F = 0.4,$

由 $F = D + W$，$Fx_F = Dx_D + Wx_W$

解得　　$x_D = 0.8488, \ x_W = 0.2878$

提馏段液相流量　　$L' = L + qF = 2.8 \times 20 + 1 \times 100 = 156(\text{kmol/h})$

平衡关系
$$y = \frac{\alpha x}{1 + (\alpha - 1)x} = \frac{2.47x}{1 + 1.47x} \tag{a}$$

精馏段操作关系
$$y = \frac{R}{R+1}x + \frac{x_D}{R+1} = 0.737x + 0.223 \tag{b}$$

提馏段操作关系
$$y_{m+1}' = \frac{L'}{L' - W}x_m' - \frac{Wx_W}{L' - W} = 2.053x - 0.303 \tag{c}$$

$$y_1 = x_D = 0.8488 \xrightarrow{\text{(a)}} x_1 = 0.694 \xrightarrow{\text{(b)}} y_2 = 0.735 \xrightarrow{\text{(a)}}$$

$$x_2 = 0.529 \xrightarrow{\text{(b)}} y_3 = 0.613 \xrightarrow{\text{(a)}} x_3 = 0.391 < x_F$$

第三块板为进料板,进入提馏段,改为提馏段操作关系与平衡关系计算。

$$x_1' = 0.391 \xrightarrow{(c)} y_2' = 0.499 \xrightarrow{(a)} x_2' = 0.287 < x_W$$

提馏段需要 2 块理论塔板(含再沸器),共需要理论塔板数 4 块(含再沸器),其中第 3 块板为进料板。

5.4.4.2 图解法

图解法以逐板计算法的基本原理为基础,在 x-y 图上,在平衡曲线和操作线之间绘制梯级求解理论板层数。图解法求解理论板层数的具体步骤如下:

A 在 x-y 图上作出平衡曲线和对角线

平衡线上的每一个点都代表离开该层塔板的气液相组成满足平衡关系。

B 在 x-y 图上作出操作线

(1)精馏段操作线的作法。精馏段操作线方程在 x-y 图上为直线,根据精馏段操作线方程可知,其截距为 $\dfrac{x_D}{R+1}$,过点 $a(x_D, x_D)$ 和点 $b(0, \dfrac{x_D}{R+1})$,如图 5-18 中的点 a 和点 b 所示,连接 a、b 两点的直线,即得精馏段操作线 ab。

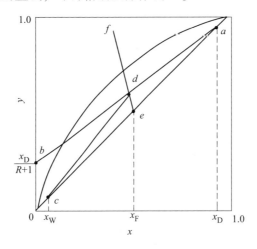

图 5-18 操作线的作法

(2)q 线的作法。因为 q 线是精馏段操作线与提馏段操作线的交点轨迹,这样先求出精馏段操作线与 q 线的交点,该交点必然也是提馏段操作线上的一点;再结合提馏段操作线与对角线的交点 $c(x_W, x_W)$,就可作出提馏段操作线。q 线方程在 x-y 图上为直线,过点 $e(x_F, x_F)$,斜率为 $\dfrac{q}{q-1}$,如图 5-18 中的 ef 线所示。

(3)提馏段操作线的作法。提馏段操作线方程在 x-y 图上为直线,根据提馏段操作线方程可知,过点 $c(x_W, x_W)$,如图 5-18 中的点 c 所示。由于 q 线与精馏段操作线交于点 d,则点 d 必然是提馏段操作线上一点,连接 c、d 两点,即得提馏段操作线 cd。

C 绘制梯级确定理论板层数

理论板层数的图解方法如图 5-19 所示,自对角线上的点 $a(x_D, x_D)$ 开始,在精馏段操作线与平衡线之间作水平线与垂直线,构成直角梯级。当直角梯级跨过 d 点时,在提馏操作线与平衡线之间作水平线与垂直线，直到直角梯级的垂直线达到或跨过点 $c(x_w，x_w)$ 为止。平衡线与每个直角梯级的交点即代表一层理论板。跨过点 d 的梯级为进料板，最后一个梯级代表再沸器。总理论板层数为梯级数减 1。图 5-19 中的图解结果为：6 个梯级，所需理论板层数为 5（不含再沸器），从塔顶数第 3 层塔板为进料板，精馏段理论板层数为 2。

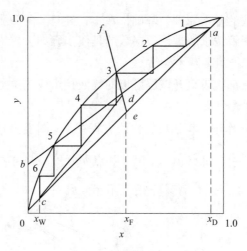

图 5-19 图解法求理论板数

理论板层数求解中需要说明几点：

（1）精馏塔塔顶若安装分凝器与全凝器，离开分凝器的气液组成相互平衡，分凝器相当于一层理论板，精馏段的理论板层数应比阶梯数减少 1。此时，分凝器向塔顶提供泡点回流液，全凝器获得塔顶产品。

（2）塔釜若采用直接蒸气加热，无需再沸器，故提馏段理论板层数为梯级数，不减 1。

（3）从图 5-19 中可以看出，精馏分离过程中影响理论板层数的直接因素有 q、α、x_F、q、R、x_D 及 x_W，而与原料液的流量 F 无关。

（4）逐板计算法和图解法求理论板层数，均以塔内恒摩尔流为前提；而对不满足恒摩尔流条件的物系，则不能用这两种方法。

5.4.5 进料热状况参数 q 的影响及适宜的进料位置

5.4.5.1 进料热状况对 q 线及操作线的影响

进料热状况会影响提馏段操作线的位置，这主要是因为 q 值不同，q 线斜率也就不同，q 线与精馏段操作线的交点 d 随之而变。在 x_F、x_D、x_W 及 R 一定时，五种不同进料热状况对 q 线及提馏段操作线的影响，如图 5-20 所示。随着 q 值的增加，交点 d 的位置在 ab 线上不断上移，则提馏段操作线 cd 不断远离平衡线，分离变得容易，即完成相同的分离任务所需要的理论板层数越少。

5.4.5.2 适宜的进料位置

精馏塔设计中，适宜的进料位置（或最佳的进料位置）的确定，应为两操作线的交点

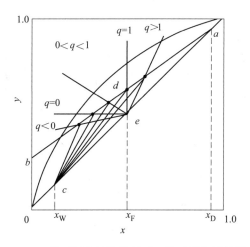

图 5-20 五种不同进料热状况对 q 线及操作线的影响

所在的塔板。如若在绘制梯级的过程中提前更换操作线（未跨过点 d 而提前更换为提馏段操作线，用图 5-21（a））和延后更换操作线（已跨过交点 d，仍在平衡线与精馏段操作线之间绘阶梯，用图 5-21（b）），均导致理论板层数增加，如图 5-21 所示。而对于操作中的精馏塔，适宜的进料位置才能获得最佳分离效果；如若进料位置不当，将会导致精馏塔不能完成原有的分离要求。

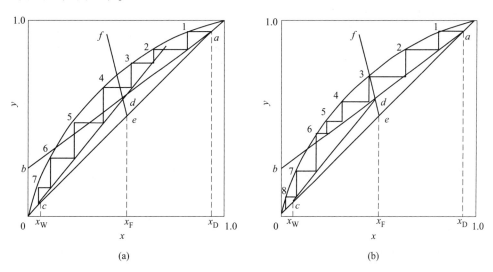

图 5-21 适宜进料位置的确定

【例 5-7】 在连续精馏塔中分离苯-甲苯混合液，其组成为 0.45（苯的摩尔分数，下同），泡点进料。要求馏出液组成为 0.96，釜残液组成为 0.05。操作回流比为 2.5，平均相对挥发度为 2.46。求：（1）试用图解法确定所需理论板层数及适宜进料板位置；（2）原料为气化率等于 0.6 的气液混合进料所需理论板层数及适宜进料板位置。

【解】 （1）由气液平衡方程在 x-y 图上作出平衡线，如图 5-22（a）所示。

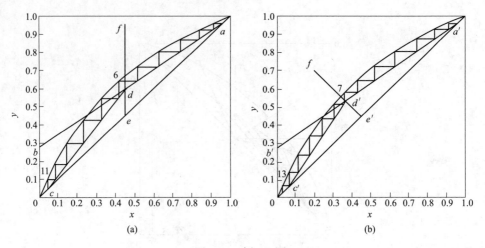

图 5-22 例 5-7 图

由已知的 x_D、x_F、x_W 在图 5-22（a）上定出点 a、e、c。

精馏段操作线的截距为 $\dfrac{x_D}{R+1} = \dfrac{0.96}{2.5+1} = 0.274$，在 y 轴上定出点 b，连接点 a 以及点 b，即为精馏段操作线。

由 q 值定义知，$q=1$，故 q 线为垂线。

过点 e 作垂线，即得 q 线。q 线与精馏段操作线交于点 d。联 cd，即为提馏段操作线。

从点 a 开始，在平衡线与操作线之间绘阶梯，达到指定分离程度需 11 层理论板（含再沸器）。自塔顶往下的第 6 层为进料板。

（2）气液混合进料在 x-y 图上作出平衡线，如图 5-22（b）所示。

由已知的 x_D、x_F、x_W 在图 5-22（b）上定出点 a'、e'、c'。

精馏段操作线的截距为 $\dfrac{x_D}{R+1} = \dfrac{0.96}{2.5+1} = 0.274$，在 y 轴上定出点 b'，联接点 a' 以及点 b'，即为精馏段操作线。

由 q 值定义知，$q = 1 - 0.6 = 0.4$，故

$$q \text{ 线斜率} = \frac{q}{q-1} = \frac{0.4}{0.4-1} = -0.67$$

过点 e' 作斜率为 -0.67 的直线，即得 q 线。q 线与精馏段操作线交于点 d'。联 $c'd'$，即为提馏段操作线。

从点 a' 开始，在平衡线与操作线之间绘阶梯，达到指定分离程度需 13 层理论板（含再沸器）。自塔顶往下的第 7 层为进料板。

从计算结果可以发现，相同的进料量、进料组成、回流比和分离程度时，进料热状况参数减小，分离所需的理论塔板数增加，进料板位置下移。

5.4.6 回流比的影响及选择

回流是精馏过程的必要条件之一，回流比的大小是影响精馏操作的重要因素，因此，在精馏过程中选择适宜的回流比至关重要。实际回流比应介于全回流和最小回流比两个极限之间。

5.4.6.1　全回流

若上升至塔顶的气相冷凝后全部回到塔内，称为全回流。全回流时，精馏塔不进料，塔顶和塔釜均没有产品，即 $F = 0$，$D = 0$，$W = 0$，则

$$R = \frac{L}{D} \to \infty \tag{5-35}$$

操作线的斜率和截距分别为 $\frac{R}{R+1} = 1$ 和 $\frac{x_D}{R+1} = 0$，精馏塔也没有精馏段和提馏段之分，两段的操作线方程合二为一，即

$$y_{n+1} = x_n \tag{5-36}$$

全回流时，在 x-y 图上，操作线与对角线重合；在指定的分离要求下，操作线与平衡线的距离最远，传质推动力最大，所需的理论板层数为最少，以 N_{min} 表示。N_{min} 可用图解法也可用逐板计算法求得。从逐板计算法可推得芬斯克（Fenske）方程。

塔顶全凝器，塔釜间接蒸气加热，全回流时，气液平衡方程可表示为

$$\left(\frac{y_A}{y_B}\right)_n = \alpha_n \left(\frac{x_A}{x_B}\right)_n$$

操作线方程为

$$y_{n+1} = x_n \text{ 或} \left(\frac{y_A}{y_B}\right)_{n+1} = \left(\frac{x_A}{x_B}\right)_n$$

对于塔顶全凝器，则有

$$y_1 = x_D \text{ 或} \left(\frac{y_A}{y_B}\right)_1 = \left(\frac{x_A}{x_B}\right)_D$$

第 1 层理论板的气液平衡关系为

$$\left(\frac{y_A}{y_B}\right)_1 = \alpha_1 \left(\frac{x_A}{x_B}\right)_1 = \left(\frac{x_A}{x_B}\right)_D$$

第 1 层与第 2 层理论板的操作关系为

$$\left(\frac{y_A}{y_B}\right)_2 = \left(\frac{x_A}{x_B}\right)_1$$

$$\left(\frac{x_A}{x_B}\right)_D = \alpha_1 \left(\frac{y_A}{y_B}\right)_2$$

所以

$$\left(\frac{y_A}{y_B}\right)_2 = \alpha_2 \left(\frac{x_A}{x_B}\right)_2$$

同理，第 2 层理论板气液平衡关系为

$$\left(\frac{x_A}{x_B}\right)_D = \alpha_1 \alpha_2 \left(\frac{x_A}{x_B}\right)_2$$

重复上述的计算过程，直至塔釜（塔釜视作第 N 层理论板）为止，可得

$$\left(\frac{x_A}{x_B}\right)_D = \alpha_1 \alpha_2 \cdots \alpha_N \left(\frac{x_A}{x_B}\right)_W$$

因为相对挥发度随溶液组成而变，取平均相对挥发度 $\alpha_m = \sqrt[N]{\alpha_1 \alpha_2 \cdots \alpha_N}$ ，则上式可以写做

$$\left(\frac{x_A}{x_B}\right)_D = \alpha_m^N \left(\frac{x_A}{x_B}\right)_W$$

对于全回流操作，以 N_{min} 代替上式中的 N ，等式两边取对数，可得

$$N_{min} = \frac{1}{\lg\alpha_m}\lg\left[\left(\frac{x_A}{x_B}\right)_D \left(\frac{x_B}{x_A}\right)_W\right]$$

略去上式中的下标 A，B，可得芬斯克方程：

$$N_{min} = \frac{1}{\lg\alpha_m}\lg\left[\left(\frac{x_D}{1-x_D}\right)\left(\frac{1-x_W}{x_W}\right)\right] \tag{5-37}$$

式中 N_{min} ——全回流时的最小理论板层数（含再沸器）；

α_m ——全塔平均相对挥发度，当 α 变化不大时，可取塔顶的 α_D 和塔釜的 α_W 的几何平均值。

全回流操作对正常生产并无实际意义，只用于精馏的开工、调试和实验研究。

5.4.6.2   最小回流比

在 x-y 图，如图 5-23 上，当分离任务一定即 x_D，x_W 及 q 一定时，若减小回流比（$R_1 > R_2$），则精馏段操作线的斜率变小，截距变大，两段操作线向平衡线靠近，分离所需的理论板层数增多。当回流比减小到某一数值时，两操作线的交点 Q 落到平衡线上。此时，在平衡线和操作线之间绘制阶梯，将需要无穷多梯级才能到达点 Q。这时的回流比称为最小回流比，以 R_{min} 表示。R_{min} 是回流比的最小值，也是选择实际回流比的基准。在点 Q 附近（进料板附近），各板的气液相组成基本上不发生变化，即无增浓作用，故点 Q 称为夹紧点，这个区域称为夹紧区或恒浓区。

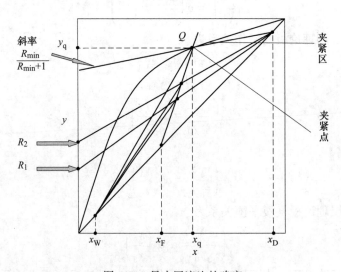

图 5-23   最小回流比的确定

对于正常的平衡曲线，如图 5-23，精馏段操作线的斜率为

$$\frac{R_{min}}{R_{min} + 1} = \frac{x_D - y_q}{x_D - x_q}$$

整理得，

$$R_{min} = \frac{x_D - y_q}{y_q - x_q} \qquad (5-38)$$

式中，x_q、y_q为 q 线与平衡线的交点坐标，由 x-y 图读取。

对于图 5-24 所示的不正常的平衡曲线，夹紧点可能在两操作线与平衡线的交点前出现，如图（a）中的夹紧点 Q 先出现在精馏段操作线与平衡线相切的位置，而图（b）中的夹紧点 Q 先出现在提馏段操作线与平衡线相切的位置。这两种情况都应根据精馏段操作线的斜率求得 R_{min}。

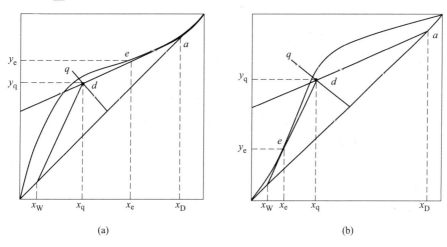

(a)   (b)

图 5-24 最小回流比的确定

【例 5-8】 用常压精馏塔分离某二元混合物，其平均相对挥发度为 $\alpha = 2$，原料液量 $F = 10 \text{kmol/h}$，饱和蒸气进料，进料浓度 $x_F = 0.5$（摩尔分率），馏出液浓度 $x_D = 0.9$，易挥发组分的回收率为 90%，回流比 $R = 2R_{min}$，塔顶为全凝器，塔底为间接蒸气加热。求：（1）馏出液量及釜残液组成？（2）从第一块塔板下降的液体组成 x_1 为多少？（3）最小回流比？（4）精馏段各板上升的蒸气量为多少 kmol/h？（5）提馏段各板上升的蒸气量为多少 kmol/h？

【解】 （1）馏出液量及釜残液组成

由 $0.90Fx_F = Dx_D$ 可得 $D = \dfrac{0.9 \times 10 \times 0.5}{0.9} = 5(\text{kmol/h})$

由 $F = D + W$ 可得 $W = F - D = 10 - 5 = 5(\text{kmol/h})$

由 $Dx_D + Wx_W = Fx_F$ 可得 $x_W = \dfrac{Fx_F - Dx_D}{W} = \dfrac{10 \times 0.5 - 5 \times 0.9}{5} = 0.1$

（2）从第一块塔板下降的液体组成 x_1，塔顶为全凝器，故 $y_1 = x_D = 0.9$，

由 $y_1 = \dfrac{\alpha x_1}{1 + (\alpha - 1)x_1}$ 可得 $x_1 = \dfrac{y_1}{\alpha - (\alpha - 1)y_1} = 0.82$

（3）最小回流比

因为饱和蒸气进料　$q = 0$，$y_q = x_F = 0.5$

由 $y_q = \dfrac{\alpha x_q}{1 + (\alpha - 1)x_q}$，可得 $x_q = 0.33$。

因此，最小回流比

$$R_{\min} = \frac{x_D - y_q}{y_q - x_q} = \frac{0.9 - 0.5}{0.5 - 0.33} = 2.35$$

（4）精馏段各板上升的蒸气量

$$V = (R + 1)D = (2 \times 2.35 + 1) \times 5 = 28.5(\text{kmol/h})$$

（5）提馏段各板上升的蒸气量

$$V' = V - (1 + q)F = 28.5 - 10 = 18.5(\text{kmol/h})$$

5.4.6.3　适宜回流比

通常，适宜回流比的选择需要考虑精馏的操作费用和设备费用两个方面。操作费用和设备费用之和为最低的回流比，称为适宜回流比。

精馏的设备费用主要指精馏塔、再沸器、冷凝器及其他辅助设备的投资费用。当 $R = R_{\min}$ 时，对应无穷多层理论板，故设备费用为无穷大；当 R 略大于 $R_{\min}$ 时，塔板层数锐减，设备费随之明显下降；若 R 继续增加，塔板层数下降得变得缓慢，而塔内上升气量加大，从而使塔径、再沸器、冷凝器等的尺寸相应增加，设备费用随之增加，如图 5-25 中的曲线 1 所示。

精馏过程的操作费用主要取决于再沸器中加热介质消耗量和冷凝器中冷却介质消耗量。当 R 增加时，加热介质及冷却介质的用量均随之增加，使操作费用相应增加，如图 5-25 中的曲线 2 所示。

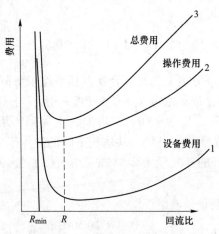

图 5-25　适宜回流比的选择

总费用（设备费用和操作费用之和）和 R 的关系示于图 5-25 中的曲线 3。适宜回流比即对应总费用最低的回流比。根据经验，适宜回流比的范围为

$$R = (1.1 \sim 2.0)R_{\min}$$

5.4.7　简捷法求理论板层数

在精馏塔的初步设计中，可采用图 5-26 所示的吉利兰图进行简捷计算。

5.4.7.1　吉利兰（Gilliland）关联图

吉利兰关联图为双对数坐标图，它的横坐标为 $\dfrac{R-R_{\min}}{R+1}$ ，纵坐标为 $\dfrac{N-N_{\min}}{N+1}$ 。其中，$N_{\min}$ 和 N 分别代表全塔的最少理论板层数及理论板层数（均不含再沸器）。

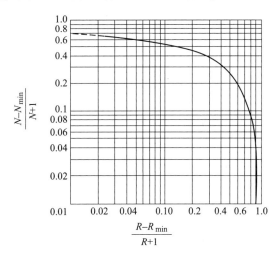

图 5-26　吉利兰关联图

5.4.7.2　求理论板层数的步骤

求理论板层数的步骤为：

（1）先按已知条件求出最小回流比 $R_{\min}$ 及全回流下的最少理论板层数 $N_{\min}$ ；

（2）选择操作回流比 R ；

（3）计算 $\dfrac{R-R_{\min}}{R+1}$ 值，利用图 5-26 查出对应纵坐标，进而求 N 。

（4）用精馏段的 $N_{\min}$ ，确定适宜的进料板位置。

【例 5-9】　以连续精馏分离正庚烷（A）与正辛烷（B）。已知相对挥发度 $\alpha=2.16$，原料液浓度 $x_F=0.35$（正庚烷的摩尔分率），塔顶产品浓度 $x_D=0.94$，加料热状态 $q=1.05$，馏出产品的采出率 $D/F=0.34$。在确定回流比时，取 $R/R_{\min}=1.40$。泡点回流，间接蒸气加热。试用简捷估算法计算总理论板数，并确定进料板位置。

【解】　（1）总理论板数

由 $F=D+W$，　　　　可得　　$W/F=1-D/F=1-0.34=0.66$

由 $Dx_D+Wx_W=Fx_F$　　可得

$$x_W=\frac{Fx_F-Dx_D}{W}=\frac{x_F-\dfrac{D}{F}x_D}{\dfrac{W}{F}}=\frac{0.35-0.34\times0.94}{0.66}=0.046$$

平衡线

$$y=\frac{\alpha x}{1+(\alpha-1)x}=\frac{2.16x}{1+1.16x}$$

进料线

$$y = \frac{q}{q-1}x - \frac{x_F}{q-1} = 21x - 7$$

平衡线与进料线联立求交点坐标（$x_q = 0.359$，$y_q = 0.547$），因此，最小回流比

$$R_{min} = \frac{x_D - y_q}{y_q - x_q} = \frac{0.9 - 0.547}{0.547 - 0.359} = 2.08$$

$$R = 1.40R_{min} = 2.92$$

$$\frac{R - R_{min}}{R + 1} = \frac{2.92 - 2.08}{2.92 + 1} = 0.213$$

查吉利兰图，可得 $\frac{N - N_{min}}{N + 1} = 0.45$

$$N_{min} = \frac{1}{\lg\alpha_m}\lg\left[\left(\frac{x_D}{1 - x_D}\right)\left(\frac{1 - x_W}{x_W}\right)\right] = \frac{1}{\lg2.16}\lg\left[\left(\frac{0.94}{1 - 0.94}\right)\left(\frac{1 - 0.046}{0.046}\right)\right] = 7.51$$

所以，$N = 14.5$（含再沸器）。

（2）精馏段理论板数

$$N'_{min} = \frac{1}{\lg\alpha_m}\lg\left[\left(\frac{x_D}{1 - x_D}\right)\left(\frac{1 - x_F}{x_F}\right)\right] = \frac{1}{\lg2.16}\lg\left[\left(\frac{0.94}{1 - 0.94}\right)\left(\frac{1 - 0.35}{0.35}\right)\right] = 4.376$$

由 $\frac{N - N_{min}}{N + 1} = 0.45$，可得 $N' = 8.77$。

因此，精馏段理论板数为9，进料板为第10块板。

5.4.8 精馏过程的热量平衡与节能

精馏是化工过程中能量消耗较大的单元操作之一，精馏过程的热量衡算主要是对塔底再沸器和塔顶冷凝器进行热量衡算，进而确定再沸器和冷凝器的热负荷、加热介质及冷却介质的消耗量，为再沸器和冷凝器的设计选型提供依据，并为降低精馏过程能量消耗提供有效措施。

5.4.8.1 冷凝器的热量衡算

如图5-27，对连续精馏装置塔顶的全凝器作热量衡算，若忽略热损失

$$Q_c = V(I_V - I_L) = (R + 1)D(I_V - I_L) \tag{5-39}$$

冷却介质消耗量则为

$$W_c = \frac{Q_c}{c_{pc}(t_2 - t_1)} \tag{5-40}$$

式中　Q_c——冷凝器热负荷，kJ/s；

I_V，I_L——塔顶上升蒸气和馏出液的焓，kJ/kmol；

W_c——冷却介质消耗量，kg/s；

c_{pc}——冷却介质的比热容，kJ/(kg·℃)；

t_1，t_2——冷却介质在冷凝器进、出口处的温度，℃。

5.4.8.2 再沸器的热量衡算

如图5-27，对精馏装置塔底再沸器作热量衡算

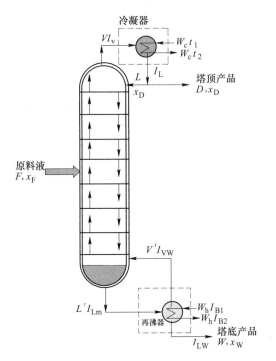

图 5-27　精馏装置热量衡算

$$Q_B = V'I_{VW} + WI_{LW} - L'I_{Lm} + Q_L \tag{5-41}$$

若 $I_{LW} \approx I_{Lm}$ ，因为 $V' = L' - W$ ，有

$$Q_B = V'(I_{VW} - I_{LW}) + Q_L$$

加热介质消耗量

$$W_h = \frac{Q_B}{I_{B1} - I_{B2}} \tag{5-42}$$

式中　Q_B，Q_L——再沸器热负荷和热损失，kJ/s；

I_{VW}，I_{LW}，I_{Lm}——塔釜上升蒸气、釜液及进入再沸器液体的焓，kJ/kmol；

I_{B1}，I_{B2}——加热介质的焓，kJ/kmol；

W_h——加热介质消耗量，kg/s。

在精馏过程中，需要注意整个精馏系统的热量平衡，若不能保持热量平衡，则会影响精馏操作的稳定性。

【例 5-10】　常压操作的连续精馏塔，分离含苯为 0.44（摩尔分数）的苯-甲苯混合液。原料液流量为 175kmol/h，馏出液组成为 0.975，釜残液组成为 0.0235。操作回流比为 3.5；加热蒸气绝压为 200kPa，冷凝液在饱和温度下排出，再沸器热损失为 1.0×10^6 kJ/h。塔顶采用全凝器，泡点下回流；冷却水进、出冷凝器的温度分别为 25℃ 和 35℃，冷凝器的热损失可略。进料热状况参数为 1.362。苯和甲苯的汽化热分别为 389kJ/kg 和 360kJ/kg，冷却水的平均比热容取 4.187kJ/（kg·℃）。求：（1）全凝器的热负荷 Q_C 和冷凝水消耗量 W_c；（2）再沸器的热负荷 Q_B 和加热蒸气消耗量 W_h。

【解】　（1）求 Q_C 和 W_c。

1）求 D 和 W。$F = D + W$，代入已知量 $F = D + W = 175(\text{kmol/h})$，有

$$F \cdot x_F = D \cdot x_D + W \cdot x_W \quad 175 \times 0.44 = 0.975D + 0.0235W$$

求得 $W = 98.3\text{kmol/h}$，$D = 76.7\text{kmol/h}$。

2）$V = (R + 1)D = (3.5 + 1) \times 76.7 = 345(\text{kmol/h})$

而 $V' = V + (q - 1)F = 345 + (1.362 - 1) \times 175 = 408(\text{kmol/h})$

3）冷凝器的热负荷 Q_C。已知 $M_苯 = 78\text{kg/kmol}$，由于塔顶馏出液几乎为纯苯，且泡点回流，则有

$$I_V - I_L = r_苯 = 389 \times 78 = 30340(\text{kJ/kmol})$$

而 $Q_C = V(I_V - I_L) = 345 \times 30340 = 1.05 \times 10^7 \text{kJ/h}$。

4）冷却水消耗量 W_c

$$W_c = \frac{Q_C}{c_{pc}(t_2 - t_1)} = \frac{1.05 \times 10^7}{4.187 \times (35 - 25)} = 2.5 \times 10^5(\text{kg/h})$$

（2）求 Q_B 和 W_h。

1）因釜残液几乎为纯甲苯，故 $I_{VW} - I_{LW}$ 可取为纯甲苯的汽化热，$M_{甲苯} = 92\text{kg/kmol}$

$$I_{VW} - I_{LW} = r'_{甲苯} = 360 \times 92 = 33120(\text{kg/kmol})$$

2）$Q_B = V'(I_{VW} - I_{LW}) + Q_L = 408 \times 33120 + 1.0 \times 10^6 = 1.45 \times 10^7(\text{kJ/h})$

3）求 W_h。

由相关文献可查出水绝对压为 200kPa 时的汽化热为 2205kJ/kg

$$W_h = \frac{Q_B}{r} = \frac{1.45 \times 10^7}{2205} = 6576(\text{kg/h})$$

5.4.8.3 精馏过程的节能措施

精馏过程能量消耗大，因此，减少精馏操作的能耗具有重要的技术经济意义，也是目前精馏过程的热点研究问题。已经开发和研究的精馏节能措施包括：

（1）采用新型板式塔和新型填料，并选择经济合理的回流比。回流是精馏过程进行的必要条件之一，也是影响精馏操作的重要因素。在精馏设计中选用新型板式塔和新型高效填料，并选择适宜的回流比是精馏过程节能的首选，也是精馏技术的发展趋势。

（2）采用中间冷凝器和再沸器。精馏过程中如果塔底和塔顶温度差较大时，可在精馏段中间设置冷凝器，在提馏段中间设置再沸器，如图 5-28 所示，这样可降低低温位冷却剂的用量和高温位加热剂的用量，从而达到降低操作费的目的。

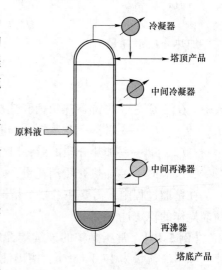

图 5-28 带有中间冷凝器
和再沸器的精馏装置

（3）热泵精馏。热泵精馏是通过热泵将低温热能充分利用，塔顶气体直接压缩式热泵精馏流程，如图 5-29 所示。热泵精馏是把精馏塔塔顶蒸气加压升温，使其用作塔底再沸

器的热源，使其中部分液体汽化，而压缩气体本身冷凝成液体。冷凝液经过节流阀后，一部分作为塔顶馏出液抽出，另一部分返回塔顶作为回流液。热泵精馏可回收塔顶蒸气的冷凝潜热，因而热泵精馏是一种良好的节能技术。

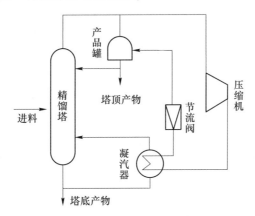

图 5-29　塔顶气体直接压缩式热泵精馏流程图

（4）多效精馏。多效精馏原理与多效蒸发相同，其原理是重复使用供给精馏塔的能量，以提高热力学效率。即采用压力依次降低的若干个精馏塔串联的操作流程，如图 5-30 所示。前一精馏塔的塔顶蒸气用作后一精馏塔再沸器的加热介质。这样，除两端精馏塔外，中间精馏装置不必从外界引入加热介质和冷却介质。多效精馏适用于进料中轻重组分沸点相差较大的物系。虽然多效精馏减少了冷却介质和加热介质的用量，降低了能耗，但是其设备投资大，流程较为复杂，需要经过经济核算再确定是否选用此方案。

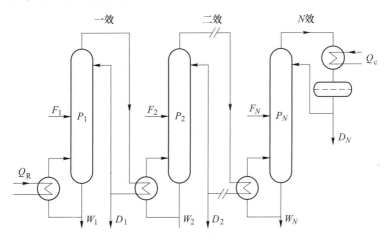

图 5-30　多效精馏流程

此外，有效地回收精馏装置的余热；优化控制精馏操作参数，使其稳定运行；选择适宜的进料热状态；降低操作温度；对精馏装置进行保温，都可达到精馏过程节能的目的。

5.4.9　精馏过程的操作型计算

影响精馏塔操作的因素有：回流比、进料热状况、操作压力、操作温度、进料组成、进料流量等的变化及仪表故障、设备和管道的冻堵等。在精馏操作中，经常遇到由于操作条件的变化，需要来预估塔顶和塔釜产品流量及组成的变化的问题。这类问题属于精馏操作型计算问题。

操作型问题的解决所需的关系与设计型问题一样，仍然是操作关系、平衡关系及进料线方程。解决此类问题的关键是操作中的精馏塔其塔板数不变，可以认为理论塔板数不变，这样就可以采用图解试差方法来解决。下面通过两个例题，来介绍这种问题的解决方法。

【例 5-11】　某连续操作中的精馏塔，理论塔板数为 10 块，进料板为第 5 块塔板，用来分离苯–甲苯混合物。进料量为 100kmol/h，其中轻组分的含量为 0.40（摩尔分数），泡点进料。馏出液中轻组分的含量为 0.96，釜液中轻组分的含量为 0.05，泡点回流，操作回流比 $R=3$。已知体系的相对挥发度为 2.47。若减小回流比，其他操作条件不变，试分析塔顶和塔釜产品组成如何变化？

【解】　在 x-y 图上标出原工况时的理论板层数，如图 5-31（a）所示。

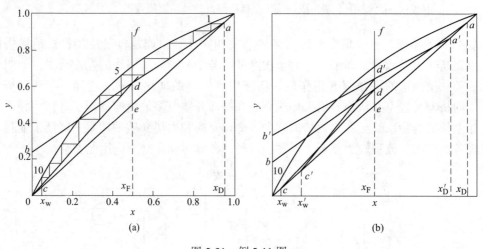

图 5-31　例 5-11 图

当工况发生改变，即回流比减小，其他操作条件不变时，采用图解试差法来分析新工况的操作线变化。

因为 R 减小，精馏段操作线截距 $\dfrac{x_D}{R+1}\uparrow$，所以 b 点上移为点 b'。

（1）若 a 点不变，显然新工况下精馏段操作线 ab' 靠近平衡线，传质推动力减小，理论塔板数增加；

（2）若 a 点上移，显然新工况下精馏段操作线 $a'b'$ 更加靠近平衡线，传质推动力减小，理论塔板数增加；

（3）因此，a 点下移至点 a'，才会维持原有精馏段塔板数不变，如图 5-31（b）所示，x_D' 减小。

此时，新工况精馏段操作线 $a'b'$ 与进料线交点 d' 上移靠近平衡线，若要维持提馏段塔板数不变，则点 c 上移至点 c'，所以 x_W' 增大。

通过以上分析可以发现，操作中的精馏塔，其他条件不变，增大回流比，则精馏段液气比增加，操作线斜率变大；提馏段气液比加大，操作线斜率变小；当操作达到稳定时，馏出液组成必有所提高，釜液组成必将降低，即 $x_D\uparrow$，$x_W\downarrow$，如图 5-31（b）所示。

【例 5-12】　连续操作中的精馏塔，q 增大，R、D 不变，其他操作条件不变，试分析塔顶和塔釜产品组成如何变化？

【解】　当工况发生改变，即 q 增大时，进料的热量 Q_F 减少，而 R 不变，D 不变，因此塔顶全凝器带走的热量 Q_C 不变，根据精馏塔的热量衡算（不考虑热损失），

$$Q_F + Q_B = Q_C$$

则 Q_B 增加，而 $Q_B = V'(I_{VW} - I_{LW}) + Q_L$

所以，$V'\uparrow$，$L' = L + qF\uparrow$，提馏段操作线斜率 $\dfrac{L'}{V'} = \dfrac{L'}{L' - W}\downarrow$。

精馏段操作线斜率 $\dfrac{R}{R+1}$ 不变，则新工况下精馏段操作线 $a'b'$ 与原工况精馏段操作线 ab 平行；

进料线斜率 $\dfrac{q}{q-1}\downarrow$，进料组成 x_F 不变，此时采用图解试差法来分析新工况的操作线变化，如图 5-32 所示。

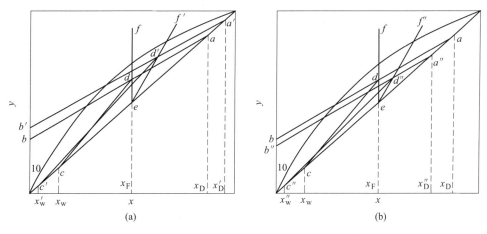

图 5-32　例 5-12 图

（1）若 a 点不变，显然新工况下精馏段操作线与进料线 ef 交点上移，更加 ad 线变短，则精馏段理论塔板数减少，如图 5-32（a）所示，因此不成立；

（2）若 a 点上移，显然新工况下精馏段操作线 $a'b'$ 更加靠近平衡线，但是 ad 线变短，可维持精馏段理论塔板数不变；同样，提馏段操作线 $c'd'$ 远离平衡线且线段变长，可维持提馏段理论塔板数不变；如图 5-32（a）所示，此时成立，$x_D\uparrow$，$x_W\downarrow$；

（3）若 a 点下移至点 a''，显然新工况下精馏段操作线 $a''b''$ 更加远离平衡线，且是 ad 线变短，则精馏段理论塔板数减少，如图 5-32（b）所示，因此不成立。

综上，连续操作中的精馏塔，q 增大，R 不变，D 不变，其他操作条件不变，塔顶和塔釜产品组成分别增大和减小，即 $x_D\uparrow$，$x_W\downarrow$。

5.5　其他蒸馏方式

5.5.1　平衡蒸馏

平衡蒸馏又称为闪蒸，其流程如图 5-33 所示，原料液先经加热器加热，其温度略高于分离器压强下液体的泡点；然后通过减压阀使其降压后，进入分离器中。减压后，液体泡点下降，此时液体为过热液体，会迅速部分气化，最后气液两相达到平衡。气液两相分别从分离器的顶部和底部排出，即为平衡蒸馏的产品。通常，分离器又称为闪蒸罐（塔）。

平衡蒸馏通常以连续方式进行，属于单级的蒸馏操作，适用于大批量、初步分离的场合。

5.5.2　简单蒸馏

简单蒸馏又称微分蒸馏，其流程如图 5-34 所示。混合液在蒸馏釜中加热部分气化，产生的蒸气随即进入冷凝器中冷凝。冷凝液作为馏出液产品不断流入产品罐中。随着简单蒸馏过程的进行，釜中液相易挥发组分含量不断下降，使得与之平衡的气相组成（馏出液组成）亦随之降低，而釜内液体的泡点逐渐升高。通常当馏出液平均组成或釜残液组成降至某规定值后，即停止蒸馏操作。简单蒸馏也是一种单级蒸馏操作，常以间歇方式进行，多用于混合液挥发度相差较大的初步分离场合。

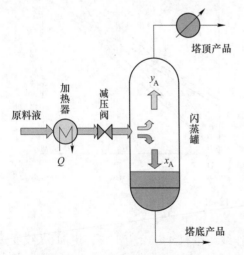

图 5-33　平衡蒸馏的流程图

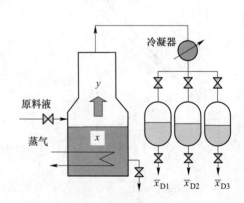

图 5-34　简单蒸馏流程图

5.5.3　特殊精馏

当物系的相对挥发度接近于 1 或物系具有恒沸组成时，采用一般精馏方法无法进行分离，或因所需理论板太多不经济，此时需要采用特殊精馏方法。特殊精馏方法一般有恒沸精馏、萃取精馏、膜蒸馏、反应精馏、盐效应精馏等，其中最常用的特殊精馏方法是恒沸精馏和萃取精馏。这两种方法的工作原理，都是在被分离的溶液中加入第三种组分，以改变原溶液中各组分间的相对挥发度而实现分离的。

5.5.3.1 恒沸精馏

若在两组分共沸物中加入第三组分（称为夹带剂），该组分与原料液中的一种或两种组分形成新的恒沸物，新的恒沸物从塔顶或塔底采出，这种方法称为恒沸精馏。

图 5-35 为分离乙醇-水混合物的恒沸精馏流程示意图，恒沸剂为苯。在原料液中加入适量的夹带剂苯，苯与原料液形成新的三元非均相共沸液（相应的共沸点为 64.85℃，共沸液摩尔组成为苯 0.539、乙醇 0.228、水 0.233）。只要苯的加入量适当，原料液中的水可全部转入到三元共沸液中，从而使乙醇-水混合液得以分离。三元恒沸物由塔顶蒸出，塔底产品为近于纯的乙醇；塔顶蒸气进入冷凝器 4 中冷凝后，进入分层器 5，在分层器内分为轻重两层液体。轻相返回塔 1 作为补充回流；重相送入苯回收塔 2，以回收其中的苯。塔 2 的蒸气由塔顶引出，也进入冷凝器 4 中；塔 2 底部的产品为稀乙醇，被送到乙醇回收塔 3 中。塔 3 的塔顶产品为乙醇-水共沸液，送回塔 1 作为原料；塔底产品几乎为纯水。在操作中，苯是循环使用的，但因有损耗，故隔段时间后需补充一定量的苯。

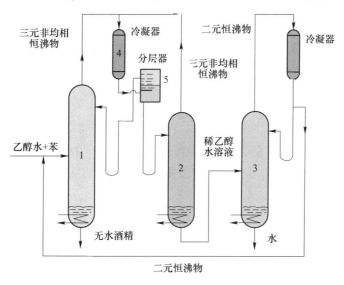

图 5-35　乙醇—水物系恒沸精馏流程示意图
1—脱水塔；2—苯回收塔；3—乙醇回收塔；4—冷凝器；5—分层器

5.5.3.2 萃取精馏

萃取精馏是向原料液中加入第三组分（称为萃取剂或溶剂），以改变原有组分间的相对挥发度而达到分离要求的特殊精馏方法。与恒沸精馏不同的是，萃取精馏选择的萃取剂的沸点较原料液中各组分的沸点高得多，且不与组分形成共沸液，容易回收。萃取精馏常用于分离各组分挥发度差别很小的溶液。

图 5-36 为分离苯-环己烷溶液的萃取精馏流程示意图，萃取剂为糠醛。原料液进入萃取精馏塔 1 中，萃取剂（糠醛）由塔 1 顶部加入，以便在每层板上都发挥作用。塔顶蒸出的为环己烷蒸气。为回收微量的糠醛蒸气，在塔 1 上部设置回收段 2（若萃取剂沸点很高，也可以不设回收段）。塔底釜液为苯-糠醛混合液，再将其送入苯回收塔 3 中。由于常压下苯沸点为 80.1℃，糠醛的沸点为 161.7℃，故两者很容易分离。塔 3 中釜液为糠醛，可循环使用。

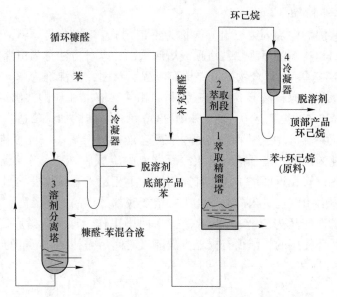

图 5-36 苯–环己烷萃取精馏流程示意图

5.6 板 式 塔

精馏塔是精馏过程进行、发生气液接触传质的主要设备。精馏塔分为板式塔和填料塔两种。填料塔已经在第 4 章中作过介绍，本节重点介绍逐级接触的错流式（带降液管）板式塔。

5.6.1 板式塔的结构

板式塔的外壳多用钢板焊接，如外壳采用铸铁铸造，则往往以每层塔板为一节，然后用法兰连接。塔设备的总体结构如图 5-37 所示，均包括塔体、内件、支座及附件。塔体是典型的高大直立容器，多由筒节、封头组成。当塔体直径大于 800mm 时，各塔节焊接成一个整体；直径小的塔多分段制造，然后再用法兰连接起来。附件包括人孔、手孔，各种接管、除沫器、平台、扶梯、吊柱等。

5.6.2 塔高与塔径计算

5.6.2.1 塔高的计算公式
板式塔的塔体总高度（不包括裙座）由下式决定：

$$H = H_D + (N_P - 2 - S) \times H_T + S \times H'_T + H_F + H_B \tag{5-43}$$

式中，H_D 为塔顶空间，m；H_B 为塔底空间，m；H_T 为塔板间距，m；H'_T 为开有人孔的塔板间距，m；H_F 为进料段高度，m；N_P 为实际塔板数；S 为人孔数目（不包括塔顶空间和塔底空间的人孔）。

板间距 N_T 的选定很重要，选取时应考虑塔高、塔径、物系性质、分离效率、操作弹性及塔的安装检修等因素。板间距与塔径之间的关系，应根据实际情况，结合经济权衡，做出

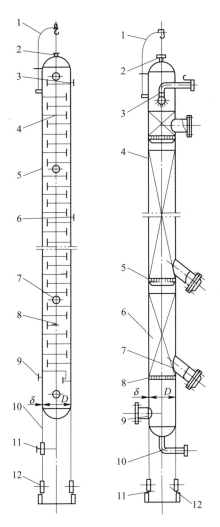

图 5-37 板式塔

1—吊柱；2—排气口；3—回流液入口；4—精馏段塔盘；5—壳体；6—进料口；
7—人孔；8—提馏段塔盘；9—进气口；10—裙座；11—排液口；12—裙座人孔

最佳选择。设计时通常根据塔径的大小，由表 5-4 列出的塔板间距的经验数值中选取。

表 5-4 塔板间距与塔径的关系

塔径 D/m	0.3~0.5	0.5~0.8	0.8~1.6	1.6~2.4	2.4~4.0
板间距 H_T/mm	200~300	250~350	300~450	350~600	400~600

　　化工生产中常用板间距为：200，250，300，350，400，450，500，600，700，800mm。最高一层塔板与塔顶的距离常大于一般塔板间距，以便能良好地除沫。最低一层塔板到塔底的距离较大，通常取 H_D 为（1.5~2.0）H_T。进料板的板间距也比一般间距大。

5.6.2.2 全塔效率与单板效率

　　全塔效率又称为总塔效率（E_T），它反映了全塔的平均传质效果。其定义为理论塔板

数 N_T 与实际塔板数 N_P 之比：

$$E_T = \frac{N_T}{N_P} \tag{5-44}$$

影响全塔效率的因素十分复杂，主要有塔板结构、操作条件及物系的性质等。到目前为止，大多采用生产塔及中间试验塔的实测数据或根据经验公式来估算。O'Connell 曾收集了几十个工业精馏塔（泡罩塔和筛板塔）的总塔效率数据，并以相对挥发度和进料组成下液体黏度的乘积为变量进行关联，得到其关联式：

$$E_T = 0.49(\alpha\mu_L)^{-0.245} \tag{5-45}$$

式中 α——塔顶与塔底平均温度下的相对挥发度；

       μ_L——塔顶与塔底平均温度下液相黏度，mPa·s。

对于两组分精馏塔，全塔效率多在 0.5~0.7。

确定了全塔效率，则根据分离要求及操作条件，求得精馏所需的理论板数 N_T，再由式（5-44）确定精馏塔的实际塔板数 N_P。

【例 5-12】 有一相对挥发度平均值为 3 的两组分理想溶液，在泡点温度下进入连续精馏塔。进料组成为 0.6（摩尔分数），馏出液组成为 0.9；回流比为 1.5，全塔效率为 0.5。求：(1) 用逐板计算法求精馏段所需要的理论板数 $N_{T精}$；(2) 计算精馏段所需的实际板数 $N_{P精}$。（假设塔顶为全凝器）

【解】 (1) 用逐板计算法求 $N_{T精}$。已知 $x_F = 0.6$，$x_D = 0.9$，$R = 1.5$，$\alpha = 3$。

求精馏段操作线方程：

$$y_{n+1} = \frac{R}{R+1}x_n + \frac{x_D}{R+1}$$

代入已知量，得

$$y_{n+1} = \frac{1.5}{1.5+1}x_n + \frac{0.9}{1.5+1} = 0.6x_n + 0.36 \tag{a}$$

气液平衡方程：

由 $y = \dfrac{\alpha \cdot x}{1+(\alpha-1)x}$，可得

$$x = \frac{y}{y+(1-y)\alpha} = \frac{y}{y+3(1-y)} \tag{b}$$

因假设塔顶为全凝器，故有 $x_D = y_1 = 0.9$，代入式（a）可求出 x_1，

$$x_1 = \frac{y_1}{y_1+3(1-y_1)} = \frac{0.9}{0.9+3\times0.1} = 0.75$$

将 $x_1 = 0.75$ 代入式（a）可求出 y_2，$y_2 = 0.6x_1 + 0.36 = 0.6\times0.75 + 0.36 = 0.81$，再将 $y_2 = 0.81$ 代入式（b）求出 x_2，$x_2 = \dfrac{0.81}{0.81+3\times0.19} = 0.587 < x_F$（$x_F = 0.6$），故可知第二块理论板为进料板，精馏段所需理论板数 $N_{T精} = 2-1 = 1$ 块

(2) 求精馏段所需的实际板数 $N_{P精}$，已知 $E_T = 50\%$，

$$N_{P精} = \frac{N_{T精}}{E_T} = \frac{1}{0.5} = 2$$

单板效率又称默弗里（Murphere）板效率，是指气相或液相经过一层塔板前后的实际组成变化与经过该层塔板前后的理论组成变化的比值，如图 5-38 所示，第 n 层塔板的效率有如下两种表达方式：

（1）按气相组成变化表示的单板效率为

$$E_{MV} = \frac{y_n - y_{n+1}}{y_n^* - y_{n+1}} \tag{5-46}$$

（2）按液相组成变化表示的单板效率为

$$E_{ML} = \frac{x_{n-1} - x_n}{x_{n-1} - x_n^*} \tag{5-47}$$

式中　y_n^* ——与 x_n 成平衡的气相组成；

　　　x_n^* ——与 y_n 成平衡的液相组成。

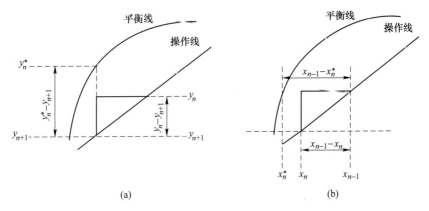

图 5-38　单板效率计算示意图

一般说来，同一层塔板的 E_{MV} 与 E_{ML} 数值并不相同，只有当操作线与平衡线为互相平行的直线时，两者才有相同的数值。

通常，影响塔板效率的因素有：塔内流体流动状况，如气、液相的流速；分离物系的汽液两相物性参数，如密度、黏度、表面张力、相对挥发度、扩散系数等；塔板的结构参数，如塔板形式、板间距、板上开孔和排列情况等；板式塔的操作参数，如操作温度、操作压力等。

【例 5-13】　在常压连续精馏塔中分离两组分理想溶液。该物系的平均相对挥发度为 2.5。原料液组成为 0.35（易挥发组分的摩尔分数，下同），饱和蒸气加料。已知精馏段操作线方程为 $y = 0.75x + 0.20$，试求：（1）操作回流比与最小回流比的比值；（2）若塔顶第一板下降的液相组成为 0.7，该板的气相默弗里效率 E_{MV}。

【解】　（1）计算思路分析：先由精馏段操作线方程求得 R 和 x_D，再计算 R_{min}，然后计算 R 与 R_{min} 的比值。

由题条件，可知　　$\dfrac{R}{R+1} = 0.75$

解得　$R = 3$，$x_D = 0.20(R+1) = 0.2 \times 4 = 0.8$

对饱和蒸汽进料，$q = 0$，$y_q = 0.35$

$$x_q = \frac{y_q}{y_q + \alpha(1 - y_q)} = \frac{0.35}{0.35 + 2.5(1 - 0.35)} = 0.1772$$

$$R_{min} = \frac{x_D - y_q}{y_q - x_q} = \frac{0.8 - 0.35}{0.35 - 0.1772} = 2.604$$

则 $\dfrac{R}{R_{min}} = \dfrac{3}{2.604} = 1.152$。

（2）根据气相默弗里板效率定义式可得：

$$E_{MV} = \frac{y_1 - y_2}{y_1^* - y_2} \tag{a}$$

式中，$y_1 = x_D = 0.8$；$y_2 = 0.75x_1 + 0.20 = 0.75 \times 0.7 + 0.20 = 0.725$；$y_1^* = \dfrac{\alpha x_1}{1 + (\alpha - 1)x_1} =$

$\dfrac{2.5 \times 0.7}{1 + 1.5 \times 0.7} = 0.8537$。

将有关数据代入式（a），得

$$E_{MV} = \frac{0.8 - 0.725}{0.8537 - 0.725} = 0.583 = 58.3\%$$

5.6.2.3　塔径计算

板式塔的塔径依据流量公式计算，即

$$D = \sqrt{\frac{4V_s}{\pi u}} \tag{5-48}$$

式中，D 为塔径，m；V_s 为塔内气体流量，m³/s；u 为空塔气速，m/s。

由式（5-48）可见，计算塔径的关键是计算空塔气速 u。设计中，计算空塔气速 u 的方法是，先求得最大空塔气速 u_{max}，然后根据设计经验，乘以一定的安全系数，即

$$u = (0.6 \sim 0.8)u_{max} \tag{5-49}$$

最大空塔气速 u_{max} 可根据悬浮液滴沉降原理导出，其结果为

$$u_{max} = C\sqrt{\frac{\rho_L - \rho_V}{\rho_V}} \tag{5-50}$$

式中　u_{max}——允许空塔气速，m/s；

　　　　ρ_V，ρ_L——分别为气相和液相的密度，kg/m³；

　　　　C——气体负荷系数，m/s，对于浮阀塔和泡罩塔，可由图 5-39 确定。

图 5-39 中的气体负荷参数 C_{20} 仅适用于液体的表面张力为 0.02N/m，若液体的表面张力不为 0.02N/m，则其气体负荷系数 C 可用下式求得：

$$C = C_{20}\left(\frac{\sigma}{0.02}\right)^{0.2} \tag{5-51}$$

由于精馏段、提馏段的气液流量不同，故两段中的气体速度和塔径也可能不同。

目前，塔的直径已标准化。所求得的塔径必须圆整到标准值。塔径在 1m 以下者，标准化先按 100mm 增值变化；塔径在 1m 以上者，按 200mm 增值变化，即 1000mm、1200mm、1400mm、1600mm、……

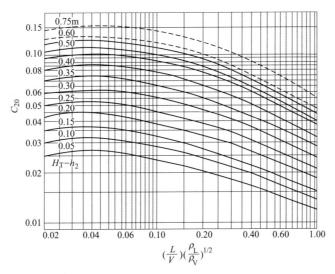

图 5-39 史密斯关联图

5.6.3 塔板的类型

塔板是板式塔的主要构件，在几种主要类型错流塔板中，应用最早的是泡罩塔，目前使用最广泛的是筛板和浮阀塔板。同时，各种新型高效塔板不断问世。

5.6.3.1 泡罩塔板

泡罩塔是应用最早的气液传质设备之一，其结构如图 5-40 所示。每层塔板上开有若干个孔，孔上焊有短管作为上升气体的通道，称为升气管。升气管上覆以泡罩，泡罩下部周边开有许多齿缝。操作时，上升气体通过齿缝进入液层时，被分散成许多细小的气泡或流股，在板上形成了鼓泡层和泡沫层，为气、液两相提供了大量的传质界面。

5.6.3.2 筛孔塔板（筛板）

筛孔塔板简称筛板，如图 5-41 所示。塔板上开有许多均匀分布的小孔。根据孔径大小，分为小孔径（孔径为 3 ~ 8mm）筛板和大孔径（孔径为 10 ~ 25mm）筛板两类。筛孔在塔板上通常做正三角形排

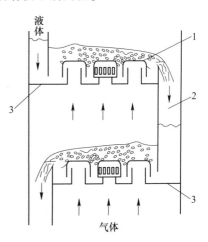

图 5-40 泡罩塔板
1—泡罩；2—降液管；3—塔板

列。在正常的操作气速下，通过筛孔上升的气流，应能阻止液体经筛孔向下泄漏。因为筛板结构简单、造价低廉，在工业上应用日趋广泛。

5.6.3.3 浮阀塔板

浮阀塔板是应用最广泛的塔板类型，特别是在石化工业中使用最普遍。浮阀塔板上开有若干大孔（标准孔径为 39mm），每个孔上装有一个可以上下浮动的阀片。浮阀的型号很多，目前国内已采用的浮阀有五种，但最常用的浮阀为 F1 型、V-4 型和 T 型，如图 5-42 所示。操作时，由阀孔上升的气流，经过阀片与塔板间的间隙而与板上横流的液体接触。浮阀开度随气体负荷而变。当气量很小时，气体仍能通过静止开度的缝隙而鼓泡。此

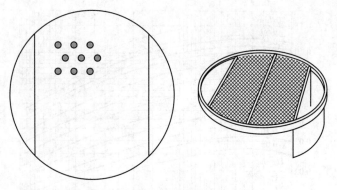

图 5-41　筛孔塔板

外，阀片与塔板的点接触也可防止停工后阀片与板面黏结。

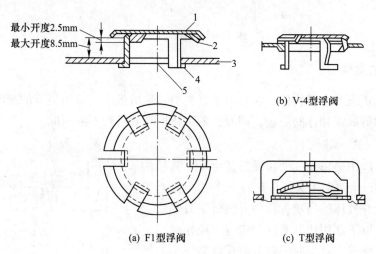

图 5-42　几种阀片形式
1—阀片；2—定距片；3—塔板；4—底脚；5—阀孔

　　为了加强流体的导向作用和气体的分散作用，使气液两相的流动更趋于合理，进一步提高塔板的操作弹性和塔板效率，近年开发出了多种新型浮阀。但是，由于 F1 型浮阀已有系列化标准，各种设计数据充足，在工业应用中，目前仍多采用 F1 型浮阀。

5.6.3.4　喷射型塔板

　　上述塔板不同程度地存在雾沫夹带现象。为了克服这一不利因素的影响，设计了斜向喷射的舌形塔板、斜孔板、浮舌塔板、浮动喷射塔板、垂直筛板等不同的结构形式，有些塔板结构还能减少因水力梯度造成的气体不均匀分布现象。

　　舌形塔板结构如图 5-43（a）所示，塔板上冲出许多舌孔，方向朝塔板液体流出口一侧张开。操作时，上升气流喷出速度可达 $20 \sim 30 \text{m/s}$，液体流经舌孔时被喷出的气流扰动形成液沫。浮舌塔板结构如图 5-43（b）所示，与舌形塔板相比，浮舌塔板的舌片可以上下浮动。

　　此外，高效、大通量、低压降的新型垂直筛板塔和立体传质塔板近几年得到快速的推广应用。

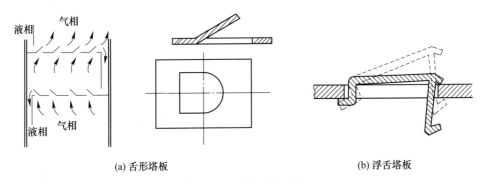

(a) 舌形塔板   (b) 浮舌塔板

图 5-43 塔板结构示意图

工业上常用几种塔板优缺点的对比列于表 5-5。

表 5-5 工业上常用几种塔板优缺点的对比

塔板类型	优 点	缺 点
泡罩塔板	不易发生漏液现象、操作弹性较大、塔板不易堵塞，适于处理各种物料	结构复杂、造价高、塔板压降大、生产能力及板效率均较低
筛孔塔板	结构简单、造价低廉、气体压降小、板上液面落差也较小、生产能力及板效率均较泡罩塔高	操作弹性小、筛孔小时容易堵塞。采用大孔径筛板可避免堵塞，而且由于气速的提高，生产能力增大
浮阀塔板	构造简单、生产能力大、操作弹性大、塔板效率高、气体压降及液面落差小、易于制造，塔的造价低	不宜处理易结焦或黏度大的系统
舌形塔板	结构简单、塔板压降较小、处理能力大、安装检修方便	气泡夹带严重、塔板操作不高、塔板效率较低

5.6.4 塔板结构参数

不同类型塔板的布置方式大同小异。以浮阀塔板为例，根据塔板板面所起作用的不同，分为四个区域，如图 5-44 所示。

图 5-44 虚线以内的区域为鼓泡区，也称开孔区，是塔板上气液接触的有效传质区域。溢流区为降液管及受液盘所占的区域。开孔区与溢流区之间的不开孔区域称为安定区，也称为破沫区。在靠近塔壁的一圈边缘区域，供支持塔板的边梁之用，称为无效区，也称边缘区。

板式塔的溢流装置包括溢流堰、降液管和受液盘等几部分，其结构和尺寸对塔的性能有重要影响。降液管是塔板间流体流动的通道，也是使溢流液中所夹带气体得以分离的场所。降液管有圆形与弓形两类。通常圆形降液管一般只用于小直径塔，对于直径较大的塔，常用弓形降液管。

降液管的布置，规定了板上液体流动的途径。一般常用的有如图 5-45 所示的几种类型，即 U 形流、单溢流、双溢流、阶梯式双溢流。

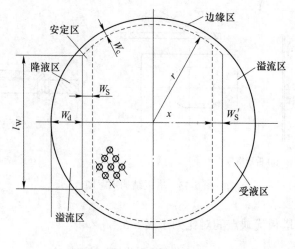

图 5-44　塔板结构参数

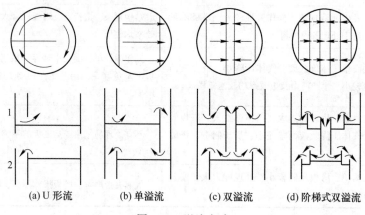

(a) U 形流　　　(b) 单溢流　　　(c) 双溢流　　　(d) 阶梯式双溢流

图 5-45　溢流方式

5.6.5　板式塔的流体力学性能

塔板上气、液两相的流动、降液管内液体流动及气液接触情况对于塔板的传质分离效果影响很大。板式塔的流体力学性能包括：塔板压降、液泛、雾沫夹带、漏液及液面落差等。

5.6.5.1　塔板上气液两相的接触状态

塔板上可能出现四种不同的接触状态，即鼓泡状、蜂窝状、泡沫状及喷射状，如图 5-46 所示。其中，泡沫状和喷射状均是优良的塔板工作状态。从减小雾沫夹带考虑，大多数塔都控制在泡沫接触状态下操作。

5.6.5.2　塔板压力降

上升的气流通过塔板时，需要克服塔板本身的干板阻力、板上充气液层的静压力和液体的表面张力。气体通过塔板时克服的这三部分阻力，就形成了该板的总压力降。进行塔板设计时，应全面考虑各种影响塔板效率的因素，在保证较高塔板效率的前提下，力求减

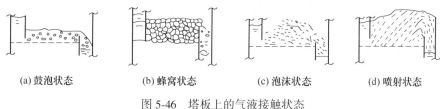

(a) 鼓泡状态　　　　(b) 蜂窝状态　　　　(c) 泡沫状态　　　　(d) 喷射状态

图 5-46　塔板上的气液接触状态

小塔板压力降，以降低能耗及改善塔的操作性能。

5.6.5.3　液面落差

当液体横向流过板面时，为克服板面的摩擦阻力和板上部件（如泡罩、浮阀等）的局部阻力，需要一定的液位差，则在板上形成由液体进入板面到离开板面的液面落差。液面落差将导致气流分布不均，从而造成漏液现象，使塔板的效率下降。因此，在塔板设计中应尽量减小液面落差。

5.6.5.4　塔板上的非正常操作现象

塔板上的非正常操作现象包括漏液、液泛和雾沫夹带等，是使塔板效率降低甚至使操作无法进行的重要因素，应尽量避免这些异常操作现象的出现。

错流型的塔板在正常操作时，液体应沿塔板流动，在板上与垂直向上流动的气体进行错流接触后由降液管流下，如图 5-47 所示。

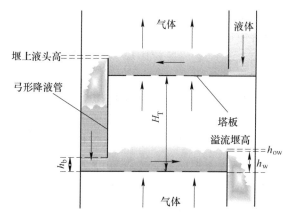

图 5-47　塔板上气液相流动情况

（1）漏液。当上升气体流速减小，气体通过升气孔道的动压不足以阻止板上液体经孔道流下时，便会出现漏液现象。漏液会影响气、液在塔板上的充分接触，使塔板效率下降，严重的漏液会使塔板不能积液而无法操作。为保证塔的正常操作，漏液量不应大于液体流量的10%。漏液量达10%的气流速度为漏液速度，这是板式塔操作的下限气速。

（2）液泛。若气或液两相的流量增大，使降液管内液体不能顺利流下，管内液体必然积累。当管内液体提高到越过溢流堰顶部时，两板间液体相连，并依次上升，这种现象称为液泛，也称淹塔。此时，塔板压降上升，全塔操作被破坏。根据形成液泛的不同原因，可分为夹带液泛和降液管液泛。

（3）雾沫夹带。气相流量过大时，会使上升气流穿过塔板上液层时，将板上液体带入上层塔板的现象，称为雾沫夹带。过量的雾沫夹带造成液相在塔板间的返混，从而导致塔板效率下降。为了保证板式塔能维持正常的操作效果，规定每 1kg 上升气体夹带到上层塔板的液体量不超过 0.1kg，即控制雾沫夹带量 $e_v <0.1$ kg 液/kg 气。

5.6.6 塔板负荷性能图

对一定的分离物系，当设计选定塔板类型后，其操作状况和分离效果便只与气液负荷有关。要维持塔板正常操作和塔板效率的基本稳定，必须将塔内的气液负荷限制在一定的范围内。该范围即为塔板的负荷性能。塔板的负荷性能，如图 5-48 所示，图中横坐标为液相负荷 L，纵坐标为气相负荷 V。负荷性能图由以下五条线组成。

（1）漏液线。图 5-48 中线 1 为漏液线，又称气相负荷下限线。当操作的气相负荷低于此线时，将发生严重的漏液现象（漏液量大于液体流量的 10%），气液不能充分接触，使塔板效率下降。

（2）雾沫夹带线。图 5-48 中线 2 为雾沫夹带线，又称气相负荷上限线。如操作的气相负荷超过此线时，表明雾沫夹带现象严重（ $e_v >0.1$ kg（液）/kg（气）），使塔板效率急剧下降。

（3）液相负荷下限线。图 5-48 中线 3 为液相负荷下限线，若操作的液相负荷低于此线时，表明液体流量过低，板上液流不能均匀分布，气液接触不良，易产生干吹、偏流等现象，导致塔板效率的下降。

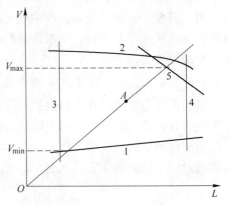

图 5-48　塔板负荷性能图
1—漏液线；2—雾沫夹带线；3—负荷下限线；
4—负荷上限线；5—液泛线

（4）液相负荷上限线。图 5-48 中线 4 为液相负荷上限线，若操作的液相负荷高于此线时，表明液体流量过大，此时液体在降液管内停留时间过短（小于 3~5s），进入降液管内的气泡来不及与液相分离而被带入下层塔板，造成气相返混，使塔板效率下降。

（5）液泛线。图 5-48 中线 5 为液泛线，若操作的气液负荷超过此线时，塔内将发生液泛现象，使塔不能正常操作。

在塔板的负荷性能图中，由五条线所包围的区域称为塔板的正常操作范围。根据板式塔操作时的气相负荷 V 与液相负荷 L，可以在负荷性能图上确定操作点 A。连接原点和塔板上的操作点 A，斜率为 L/V 的直线称为操作线。操作线 OA 与负荷性能图上曲线的两个交点分别表示塔的上下操作极限，两极限的气体流量之比称为塔板的操作弹性，计算公式为

$$操作弹性 = \frac{V_{max}}{V_{min}}$$

在板式塔设计时，应使操作点尽可能位于正常操作范围的中央；若操作点紧靠某一条边界线，则负荷稍有波动时，塔的正常操作即被破坏。

实际上，塔板的负荷性能图与塔板的类型密切相关，如筛板塔与浮阀塔的负荷性能图的形状有一定的差异。对于同一个塔，各层塔板的负荷性能图也不尽相同。

塔板设计后，需要作出塔板负荷性能图，以检验设计的合理性；操作中的板式塔，需

要用负荷性能图分析操作状况是否合理，若板式塔操作不稳定时，可通过塔板负荷性能图来指导问题解决。因此，塔板负荷性能图在板式塔的设计和操作中有一定的指导意义。

习　题

5-1　正戊烷（C_5H_{12}）和正己烷（C_6H_{14}）的饱和蒸气压数据列于表 5-6，试计算总压 26.6kPa 下，该溶液的汽液平衡数据和平均相对挥发度。假设该物系为理想溶液。

表 5-6　习题 5-1 表

温度 T/K	C_5H_{12}	223.1	233.0	244.0	251.0	260.6	275.1	291.7	309.3
	C_6H_{14}	248.2	259.1	276.9	279.0	289.0	304.8	322.8	341.9
饱和蒸气压 p^*/kPa		1.3	2.6	5.3	8.0	13.3	26.6	53.2	101.3

5-2　若苯-甲苯混合液在 45℃时沸腾，外界压力为 20.3kPa。已知在 45℃时，纯苯的饱和蒸气压 $p_苯^* = 22.7kPa$，纯甲苯的饱和蒸气压 $p_{甲苯}^* = 7.6kPa$。求其气液相的平衡组成。

5-3　苯-甲苯理想溶液在总压为 101.3kPa 下，饱和蒸气压和温度的关系如下：在 85℃时，$p_苯^* = 116.9kPa$，$p_{甲苯}^* = 46kPa$；在 105℃时，$p_苯^* = 204.2kPa$，$p_{甲苯}^* = 86kPa$。求：（1）在 85℃和 105℃时该溶液的相对挥发度及平均相对挥发度；（2）在此总压下，若 85℃时，$x_苯 = 0.78$，用平均相对挥发度值求 $y_苯$。

5-4　分离某两元混合液，进料量为 100kmol/h，组成 $x_F = 0.6$，若要求馏出液组成 $x_D \geqslant 0.9$，则最大馏出液量为多少？

5-5　在常压连续精馏塔中分离两组分理想溶液。该物系的平均相对挥发度为 2.5。原料液组成为 0.35（易挥发组分摩尔分数），饱和蒸气进料。塔顶采出率 D/F 为 40%，且已知精馏段操作线方程为 $y = 0.75x + 0.20$。试求：
（1）馏出液和釜残液的组成；
（2）提馏段操作线方程。

5-6　某连续精馏塔，泡点加料，已知操作线方程如下：

精馏段　　$y = 0.8x + 0.172$
提馏段　　$y = 1.3x - 0.018$

试求原料液、馏出液、釜液组成及回流比。

5-7　要在常压操作的连续精馏塔中把含 0.4 苯及 0.6 甲苯的溶液加以分离，以便得到含 0.95 苯的馏出液和 0.04 苯（以上均为摩尔分率）的釜液。回流比为 3，泡点进料，进料摩尔流量为 100kmol/h。求从冷凝器回流入塔顶的回流液的摩尔流量及自釜升入塔底的蒸气的摩尔流量。

5-8　用一连续精馏塔分离苯-甲苯混合液，原料中含苯 0.4，要求塔顶馏出液中含苯 0.97，釜液中含苯 0.02（以上均为摩尔分率），若原料为汽液混合物，汽液比 3：4，q 值为多少？

5-9　含苯 0.45（摩尔分率）的苯-甲苯混和溶液，在 101.33kPa 下的泡点温度为 94℃，此混合液的平均千摩尔比热容为 167.5kJ/(kmol·℃)，平均千摩尔汽化热为 30397kg/kmol，求该混合液在 55℃时的 q 值及 q 线方程。

5-10　某理想混合液用常压精馏塔进行分离。进料组成含 A81.5%，含 B18.5%（摩尔百分数），饱和液体进料；塔顶为全凝器，塔釜为间接蒸气加热。要求塔顶产品为含 A95%，塔釜为含 B95%，此物系的相对挥发度为 2.0，回流比为 4.0。试用（1）逐板计算法、（2）图解法分别求出所需的理论板层数及进料板位置。

5-11　在连续精馏塔中分离两组分理想溶液。已知原料液组成为 0.6（摩尔分数），馏出液组成为 0.9，釜残液组成为 0.02。泡点进料。求：（1）每获得 1kmol/h 馏出液时的原料液用量 F；（2）若回流比为 1.5，它相当于最小回流比的多少倍？（3）假设原料液加到进料板上后，该板的液相组成仍为 0.6，求上升到进料板上的气相组成。（物系的平均相对挥发度为 3）

5-12　用一连续精馏塔在常压下分离甲醇-水混合物，进料为含甲醇 0.41 的饱和蒸气，流率为 100kmol/h。要求塔顶馏出液含甲醇不低于 0.95，塔底釜液甲醇不大于 0.05（以上均为摩尔分率），已知操作条件下的平衡关系如图 5-49 所示，操作时回流比为 2.4，试求：

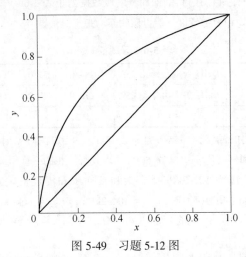

图 5-49　习题 5-12 图

（1）塔顶、塔底产品的流率；

（2）所需理论塔板数及进料板位置；

（3）两段的液相流率与汽相流率之比和 q 线方程；

（4）对应的最小回流比。

5-13　在一具有 N 块理论板的精馏塔中分离苯-甲苯溶液。进料量 $F = 100$kmol/h，进料中苯的摩尔分数 $x_F = 0.45$，泡点进料 $q = 1$，进料板为第四块理论板（从上往下数），塔釜上升蒸气量 $V' = 140$kmol/h，回流比 $R = 2.11$。已测得塔顶出料中苯的摩尔分率 $x_D = 0.901$。试求：

（1）精馏段、提馏段的操作线方程；

（2）离开第 1~4 块理论板的苯的液相组成；

（3）此时的加料位置是否合适？

（4）若进料板下移一块理论板，其余（F、x_F、q、R、V'）不变，则 x_D 将如何变化？已知苯甲苯体系的相对挥发度为 2.47。

5-14　拟用一 3 块理论板的（含塔釜）的精馏塔分离含苯 50%（摩尔分率，下同）的苯-氯苯混合物。处理量 $F = 100$kmol/h，要求 $D = 45$kmol/h 且 $x_D > 84\%$。若精馏条件为：回流比 $R = 1$，泡点进料，加料位置在第二块理论板，$\alpha = 4.10$，问能否完成上述分离任务？

5-15　在一连续精馏塔中分离某二元理想混合物。已知原料液的流量为 100kmol/h，组成为 0.4（易挥发组分的摩尔分数），泡点进料；塔顶采用全凝器，泡点回流，操作回流比为最小回流比的 1.6 倍；操作条件下平均挥发度为 2.4；测得现场操作数据：$x_{n-1} = 0.270$，$x_n = 0.230$。若要求轻组分的回收率为 97%，塔釜残液组成为 0.02，试求：

（1）塔顶产品的流量和组成；

（2）操作回流比；

（3）第 n 块塔板的气相默弗里板效率。

5-16　用一常压连续精馏塔分离含苯 0.4 的苯-甲苯混合液。要求馏出液中含苯 0.97，釜液含苯 0.02（以上均为质量分率），原料流量为 15000kg/h，操作回流比为 3.5，进料温度为 25℃，加热蒸气压力为 137kPa（表压），全塔效率为 50%，塔的热损失可忽略不计，回流液为泡点液体，平衡数据见例 5-1。求：

（1）所需实际板数和进料板位置；

（2）蒸馏釜的热负荷及加热蒸气用量；

（3）冷却水的进出口温度分别为 27℃ 和 37℃，求冷凝器的热负荷及冷却水用量。

思 考 题

5-1 蒸馏的应用有哪些，蒸馏的分离依据是什么？

5-2 何谓泡点、露点？

5-3 相对挥发度的意义是什么？

5-4 精馏的原理和必要条件是什么？

5-5 什么是理论板，其是否存在？

5-6 精馏塔中，精馏段操作线和提馏段操作线为直线的依据是什么？

5-7 对于操作中的精馏塔，进料热状况改变如何影响分离程度？

5-8 对于操作中的精馏塔，泡点进料，讨论当进料组成下降时，x_D、x_W 如何变化？

5-9 当操作中选用的回流比比设计时的最小回流比还要小时，塔能否操作，将出现什么现象？

5-10 精馏塔的节能措施有哪些？

5-11 特殊精馏的原理是什么，其适用条件是什么？

5-12 如何评价板式塔的塔板性能？

5-13 塔板的非正常操作现象有哪些？

5-14 塔板的操作弹性如何确定？

5-15 单板效率与全塔效率有何关系，影响塔板效率的因素有哪些？

5-16 板式塔与填料塔的区别有哪些？

6 固 体 干 燥

【本章学习要求】

掌握描述湿空气性质的参数及其计算方法，掌握干燥过程中的物料衡算和热量衡算；熟悉干燥速率和干燥时间的计算；了解干燥器的类型和相应特点。

【本章学习重点】

(1) 湿空气的性质；
(2) 干燥过程的物料衡算和热量衡算；
(3) 干燥速率和干燥时间的计算。

6.1 概　　述

6.1.1 化学工业中常用的除湿方法

各种化学成品依据它在贮存、运输、加工和应用诸方面的不同要求，其中湿分（水分或化学溶剂）的含量都规定有固定的标准，例如一级尿素成品含水量不能超过 0.5%，聚氯乙烯含水量不能超过 0.3%（以上均为湿基）。所以，固体物料作为成品之前，必须除去其中超过规定的湿分。

除湿的方法很多，化学工业中常用的除湿方法主要有以下 3 种：

(1) 机械除湿：如沉降、过滤、离心分离等单元操作，就是利用重力或离心力达到除湿作用的机械除湿方法。机械除湿只能除去湿物料中部分湿分，存在除湿不彻底的缺点，但同时也具有能量消耗较少的优点。

(2) 吸附除湿：使用无水氯化钙和硅胶等干燥剂来吸附去除湿物料中的水分。该方法适用于去除少量湿物料中的少量水分，实验室中常使用这种方法。

(3) 加热除湿（即干燥）：利用热能使湿物料中水分汽化，并排出生成的蒸汽，以获得湿分含量达到规定的成品。这种方法除湿彻底，但能耗较高。

工业上常将加热除湿方法与机械除湿相结合，即先用比较经济的机械方法尽可能除去湿物料中大部分湿分，然后再利用干燥方法继续除湿，以获得湿分符合规定的产品。

6.1.2 干燥操作的分类

干燥操作可以按下列方法进行分类：

(1) 按操作压强分为常压干燥和真空干燥。真空干燥适于处理热敏性及易氧化的物料，或要求成品中含湿量低的物料。

（2）按操作方式分为连续操作和间歇操作。连续操作具有生产能力大、产品质量均匀、热效率高以及劳动条件好等优点；间歇操作适用于处理小批量、多品种，或要求干燥时间较长的物料。

（3）按传热方式可分为传导干燥、对流干燥、辐射干燥、介电加热干燥以及由上述两种或多种方式组合成的联合干燥。

化学工业中常采用连续操作的对流干燥，干燥介质通常是不饱和热空气，而湿物料中的湿分最常见的则是水。本章即以空气-水的干燥体系为研究对象。需要强调的是，干燥介质除空气外还可采用烟道气或某些惰性气体，而物料中的湿分也可能是各种化学溶剂，但这些系统的干燥原理与空气-水体系的完全相同。

6.1.3 干燥操作的原理

在对流干燥过程中，热空气将热量传给湿物料，物料表面水分即行汽化，并通过表面外的气膜向气流主体扩散。与此同时，由于物料表面水分的汽化，物料内部与表面间存在水分浓度的差别，内部水分就以液态或气态的形式向表面扩散。汽化的水分由空气带走。干燥介质既是载热体又是载湿体，它将热量传给物料的同时，把由物料中汽化出来的水分带走。因此，干燥是传热和传质相结合的操作，干燥速率由传热速率和传质速率共同控制。

干燥操作的必要条件是物料表面的水汽压强必须大于干燥介质中水汽的分压，两者差别越大，则干燥速率越大。所以，干燥介质应及时将汽化的水汽带走，以维持一定的扩散推动力。若干燥介质为水汽所饱和，则推动力为零，这时干燥操作即停止进行。

6.2 湿空气的性质

在干燥操作中通常以不饱和热空气为干燥介质，这种湿空气既是载热体又是载湿体，其状态的变化能够反映干燥过程中的热量传递和质量传递的状况。因此，这里首先讨论湿空气的性质。

由于在干燥操作的前后，湿空气中绝干空气的质量没有变化，故湿空气各种有关性质都是以1kg绝干空气为基准的。

A 湿度 H

湿度又称湿含量，为湿空气中水汽的质量与绝干空气的质量之比，其定义式如式（6-1）所示：

$$H = \frac{湿空气中水汽的质量}{湿空气中绝干气的质量} \tag{6-1}$$

计算表达式如式（6-2）所示：

$$H = \frac{n_v M_v}{n_g M_g} \tag{6-2}$$

式中，H 为湿空气的湿度，kg/kg（水汽/绝干气）（以后的讨论中，略去单位中（水汽/绝干气））；M 为摩尔质量，kg/kmol；n 为物质的量，kmol；下标 v 表示水蒸气，g 表示绝干气。

对于水蒸气-空气系统，式（6-2）可写成：

$$H = \frac{18\,n_v}{29\,n_g} = \frac{0.622n_v}{n_g} \tag{6-3}$$

常压下湿空气可视为理想混合气体符合道尔顿分压定律，故式（6-3）可以改写为：

$$H = \frac{0.622p}{P_{总} - p} \tag{6-4}$$

式中，p 为水汽的分压，Pa 或 kPa；$P_{总}$ 为总压，Pa 或 kPa。

由式（6-4）看出，湿空气的湿度是总压 $P_{总}$ 和水汽分压 p 的函数。

当空气达到饱和时，相应的湿度称为饱和湿度，以 H_s 表示，此时湿空气中水汽的分压等于该空气温度下纯水的饱和蒸气压 p_s，故式（6-4）变为：

$$H_s = \frac{0.622p_s}{P_{总} - p_s} \tag{6-5}$$

式中，H_s 为湿空气的饱和湿度，kg/kg；p_s 为在空气温度下，纯水的饱和蒸气压，Pa 或 kPa。

由于水的饱和蒸气压仅与温度有关，故湿空气的饱和湿度是温度与总压的函数。

B　相对湿度百分数 φ

在一定总压下，湿空气中水汽分压 p 与同温度下水的饱和蒸气压 p_s 之比的百分数称为相对湿度百分数，简称相对湿度，以 φ 表示，即

$$\varphi = \frac{p}{p_s} \times 100\% \tag{6-6}$$

当 $p = 0$ 时，$\varphi = 0$，表示湿空气中不含水分，为绝干空气；

当 $p = p_s$ 时，$\varphi = 1$，表示湿空气为水汽所饱和，称为饱和空气。

相对湿度是湿空气中含水汽的相对值，说明湿空气偏离绝干空气（$\varphi = 0$）或饱和空气（$\varphi = 1$）的程度。绝干空气吸湿能力最大，而饱和空气不具备吸湿能力，不能用作干燥介质。因此，由相对湿度（φ）的数值可以判断该湿空气能否作为干燥介质，φ 值越小，吸湿能力越大。

湿度 H 是湿空气中含水汽的绝对值，由湿度值不能分辨湿空气的吸湿能力。

将式（6-6）代入式（6-4），得

$$H = \frac{0.622\varphi p_s}{P_{总} - \varphi p_s} \tag{6-7}$$

在一定的总压和温度下，式（6-7）表示湿空气的 H 与 φ 之间的关系。

C　湿容积 v_H

对于湿度为 H 的湿空气，1kg 绝干空气体积和相应 Hkg 水汽体积之和称为湿空气的比体积，又称湿容积，以 v_H 表示，其定义式为：

$$v_H = 1\text{kg 绝干空气体积} + H\text{kg 水汽体积} \tag{6-8}$$

假设湿度为 H 的湿空气其温度为 t，总压为 P

$$\begin{aligned}
v_H &= \left(\frac{1}{29} + \frac{H}{18}\right) \times 22.4 \times \frac{273 + t}{273} \times \frac{1.0133 \times 10^5}{P_{总}} \\
&= (0.772 + 1.244H) \times \frac{273 + t}{273} \times \frac{1.0133 \times 10^5}{P_{总}} \tag{6-9}
\end{aligned}$$

式中，v_H 为湿空气的湿容积，m^3/kg（湿空气/绝干气）（以后讨论中略去（湿空气/绝干气））；t 为温度，℃；$P_总$ 为总压，Pa 或 kPa。

D　比热容 c_H

常压下，将湿空气中 1kg 绝干空气及相应 Hkg 水汽的温度升高（或降低）1℃所需要（或放出）的热量，称为比热容，又称湿热，以 c_H 表示。

$$c_H = c_g + Hc_v \tag{6-10}$$

式中，c_H 为湿空气的比热容，$kJ/(kg \cdot ℃)$；c_g 为绝干空气的比热容，$kJ/(kg \cdot ℃)$；c_v 为水汽的比热容，$kJ/(kg \cdot ℃)$。

常压和 0~200℃ 范围内，可近似地视 c_g 及 c_v 为常数，$c_g \approx 1.01 kJ/(kg \cdot ℃)$ 及 $c_v \approx 1.88 kJ/(kg \cdot ℃)$，将这些数值代入式（6-10），得

$$c_H = 1.01 + 1.88H \tag{6-11}$$

式（6-11）说明湿空气的比热容只是湿度的函数。

E　焓 I

湿空气中 1kg 绝干空气的焓与相应 Hkg 水汽的焓之和称为湿空气的焓，以 I 表示，单位为 kJ/kg。

$$I = I_g + HI_v \tag{6-12}$$

式中，I 为湿空气的焓，kJ/kg，kg 指绝干气；I_g 为绝干空气的焓，kJ/kg；I_v 为水汽的焓，kJ/kg。

焓是相对值，计算时必须规定基准温度和基准状态，为了简化计算，一般以 0℃ 为基准温度，且规定 0℃ 的绝干空气与 0℃ 的液态水的焓值均为零。

假设湿度为 H 的湿空气其温度为 t，则该湿空气的焓计算式为：

$$I = c_g(t - 0) + Hc_v(t - 0) + Hr_0$$

或

$$I = (c_g + Hc_v)t + Hr_0 \tag{6-13}$$

式中，r_0 为 0℃ 时水的汽化热，$r_0 \approx 2492 kJ/kg$

常压和 0~200℃ 范围内，可近似地视 c_g 及 c_v 为常数，$c_g \approx 1.01 kJ/(kg \cdot ℃)$ 及 $c_v \approx 1.88 kJ/(kg \cdot ℃)$。将以上数值代入式（6-13），得

$$I = (1.01 + 1.88H)t + 2492H \tag{6-14}$$

F　干球温度 t 和湿球温度 t_w

干球温度是空气的真实温度，可直接用普通温度计测出，为了与将要讨论的湿球温度加以区分，称这种真实的温度为干球温度，简称温度，以 t 表示。

用湿棉布包扎温度计水银球感温部分，棉布下端浸在水中，以维持棉布一直处于润湿状态。这种温度计称为湿球温度计，如图 6-1 所示。将湿球温度计置于温度为 t、湿度为 H 的流动不饱和空气中，假设开始时棉布中水分的温度与空气的温度相同，但因不饱和空气与水分之间存在湿度差，水分必然要汽化，水汽向空气中扩散。汽化所需的汽化热只能由水分本身温度下降放出显热而供给。水分温度下降后，与空气的温度之间出现温度差。温度差的出现导致热量从温度高的空气向温度低的水分传递，但初始阶段温度差较小，空气传递给水分的热量不能满足质量传递过程（即水分汽化）所需要的汽化热，因此水分温度仍要继续下降放出显热，以弥补水分汽化所需的热量。随着温差的逐步增加，空气传递

给水分的热量逐渐增加，直至空气传给水分的显热等于水分汽化所需的汽化热时，湿球温度计上的温度维持稳定。这种稳定温度称为该湿空气的湿球温度，以 t_w 表示。前面假设初始水温与湿空气温度相同，但实际上，不论初始温度如何，最终必然达到这种稳定的温度，但到达稳定状态所需的时间不同。

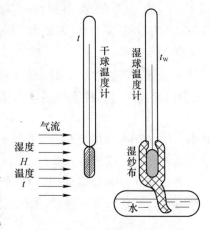

图 6-1　干、湿球温度的测量

利用干球温度 t 和湿球温度 t_w，就可以算出湿空气的湿度 H。

水分由湿棉布向空气中扩散，与此同时空气又将显热传给湿棉布，虽然质量传递和热量传递在水分与空气间并进，但因空气流量大，因此可以认为湿空气的温度与湿度一直恒定，保持在初始温度 t 和湿度 H 的状态下。

当湿球温度计上温度达到稳定时，空气向棉布表面的传热速率为：

$$Q = \alpha S(t - t_w) \tag{6-15}$$

式中，Q 为空气向湿棉布的传热速率，W；α 为空气向湿棉布的对流传热系数，$W/(m^2 \cdot ℃)$；S 为空气与湿棉布间的接触表面积，m^2；t 为空气的温度，℃；t_w 为空气的湿球温度，℃。

湿棉布外表面有一层空气膜，其中的湿度为温度 t_w 下的饱和湿度 $H_{s,tw}$，故气膜中水汽向空气的传递速率为：

$$N = k_H(H_{s,tw} - H)S \tag{6-16}$$

式中，N 为水汽由气膜向空气主流中的扩散速率，kg/s；k_H 为以湿度差为推动力的传质系数，$kg/(m^2 \cdot s)$；$H_{s,tw}$ 为湿球温度下空气的饱和湿度，kg/kg。

在定态状态下，传热速率与传质速率之间的关系为：

$$Q = Nr_{tw} \tag{6-17}$$

式中，r_{tw} 为湿球温度下水汽的汽化热，kJ/kg。

联立式（6-15）~式（6-17），整理可得：

$$t_w = t - \frac{k_H r_{tw}}{\alpha}(H_{s,tw} - H) \tag{6-18}$$

一般情况下，式（6-18）中的 k_H 与 α 两者都与空气速度的 0.8 次幂成正比，故可认为两者比值与气流速度无关。对空气-水系统而言，$\alpha/k_H \approx 1.09$。

由式（6-18）看出，湿球温度 t_w 是初始状态湿空气温度 t 和湿度 H 的函数。在一定的总压下，只要测出湿空气的干、湿球温度，就可以用式（6-18）算出空气的湿度，故湿球温度也是湿空气的性质之一。

G　绝热饱和冷却温度 t_{as}

绝热饱和冷却温度也是湿空气的一种性质，这种温度可在如图 6-2 所示的绝热饱和冷却塔中测得。初始温度为 t、湿度为 H 的不饱和空气送至塔的底部，大量水由塔顶喷下，气液两相在填料层中接触后，空气由塔顶排出；水由塔底排出后经循环泵返回塔顶，因此塔内水温完全均匀。设塔的保温良好，无热损失，也无热量补充，即与外界绝热。空气与水接触后，水分即不断向空气中汽化，汽化所需的热量只能由空气温度下降放出显热而供给，但水汽又将这部分热量以汽化热的形式携带至空气中。随着过程的进行，空气的温度沿塔高逐渐下降，湿度逐渐升高，而焓维持不变。若两相有足够长的接触时间，最终空气为水汽所饱和，而温度降到与循环水温相同。这种过程称为湿空气的绝热饱和冷却过程或等焓过程，达到稳定状态下的温度称为初始湿空气的绝热饱和冷却温度，简称绝热饱和温度，以 t_{as} 表示；与之相应的湿度称为绝热饱和湿度，以 H_{as} 表示。水与空气接触过程中，循环水不断汽化而被空气携至塔外，故需向塔内不断补充温度为 t_{as} 的水。

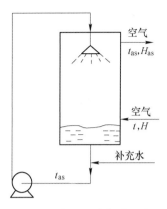

图 6-2　绝热饱和冷却塔示意图

湿空气绝热饱和过程中气相传递给液相的显热恰好等于汽化水分所需的热量，以单位质量干空气为基准，在稳态下对全塔做热量衡算：

$$c_H(t - t_{as}) = (H_{as} - H) r_{as} \tag{6 19}$$

式中，r_{as} 为 t_{as} 下水的相变焓，kJ/kg。

对式（6-19）整理可得：

$$t_{as} = t - \frac{r_{as}}{c_H}(H_{as} - H) \tag{6-20}$$

式（6-20）表明，空气的绝热饱和温度 t_{as} 是空气湿度 H 和温度 t 的函数，是湿空气的状态参数。当 t、t_{as} 已知时，可由上式计算确定空气的湿度 H。

比较式（6-18）和式（6-20）可知，湿球温度和绝热饱和温度在数值上的差异主要取决于 α/k_H 和 c_H 两者之间的差别。实验证明，当空气流速较高时，$c_H \approx \alpha/k_H = 1.09 \mathrm{kJ/(kg \cdot ℃)}$，因此，可以认为空气的绝热饱和温度与湿球温度近似相等，但对于其他物系如某些有机溶剂液体-空气体系，其湿球温度高于绝热饱和温度。

需要注意的是，绝热饱和温度和湿球温度两者意义完全不同。湿球温度是大量空气和少量水接触达到平衡状态时的温度，此过程中可认为空气的温度和湿度不变，它是传热速率和传质速率均衡的结果；绝热饱和温度是一定量不饱和空气与大量水密切接触并在绝热条件下达到饱和时的温度，空气经历降温增湿过程，它是由热量衡算导出的。绝热饱和温度和湿球温度均是湿空气初始状态 t 和 H 的函数，特别是对于空气-水体系，可以近似认为 t_{as} 和 t_w 在数值上相等。

H　露点 t_d

将不饱和空气等湿冷却到饱和状态时的温度称为露点，以 t_d 表示；相应的湿度称为饱和湿度，以 H_{s, t_d} 表示。

湿空气在露点温度下，湿度达到饱和，故 $\varphi = 1$，式（6-5）可以改写为

$$H_{s, td} = \frac{0.622 p_{s, td}}{p_{总} - p_{s, td}} \tag{6-21}$$

式中，H_{s, t_d} 为湿空气在露点下的饱和湿度，kg/kg；p_{st_d} 为露点下水的饱和蒸气压，Pa 或 kPa。

式（6-19）也可改为：

$$p_{s,\,t_d} = \frac{H_{s,\,t_d} P_{总}}{0.622 + H_{s,\,t_d}} \tag{6-22}$$

在一定的总压下，若已知空气的露点，可以用式（6-19）算出空气在露点下的湿度；若已知空气在露点下的湿度，可用式（6-20）算出露点下的饱和蒸气压，再从水蒸气表中查出相应的温度，即为露点。

以上介绍了湿空气的四种温度，分别是干球温度 t、湿球温度 t_w、绝热饱和温度 t_{as} 以及露点温度 t_d。对于空气-水体系，它们之间的关系如下：

当湿空气为不饱和湿空气时 $t > t_w(t_{as}) > t_d$

当湿空气为饱和湿空气时 $t = t_w(t_{as}) = t_d$

【例 6-1】 已知湿空气的总压为 101.3kPa，温度为 30℃，湿度为 0.016kg（水汽）/kg（绝干气），30℃下水的饱和蒸汽压为 4.25kPa。试计算：（1）水汽的分压；（2）相对湿度；（3）露点温度；（4）绝热饱和温度；（5）焓；（6）将 100kg/h 湿空气预热至 100℃ 所需要的热量；（7）每小时送入预热器的湿空气的体积。

【解】 （1）水汽分压 p。将总压 101.3kPa 和湿度 $H = 0.016$kg/kg 带入式（6-4），得

$$H = \frac{0.622p}{P_{总} - p}$$

$$0.016 = \frac{0.622p}{101.3 - p}$$

解得水汽分压 $p = 2.55$kPa。

（2）在一定总压下，湿空气中水汽分压 p 与同温度下水的饱和蒸气压 p_s 之比的百分数，称为相对湿度，将 $p = 2.55$kPa 和 $p_s = 4.25$kPa 带入式（6-6），得

$$\varphi = \frac{p}{p_s} \times 100\% = \frac{2.55}{4.25} \times 100\% = 60\%$$

（3）露点温度是湿空气在湿度或水汽分压不变的情况下冷却达到饱和时的温度，由 $p = 2.55$kPa 从附录 E 查饱和水蒸气表得露点温度 $t_d = 21.4$℃。

（4）根据式（6-20）利用试差法计算绝热和饱和温度

假设 $t_{as} = 23.7$℃，由附录 E 查得此温度下饱和水蒸气压为 2.95kPa，相变焓为 2437.86kJ/kg，此时饱和湿度为：

$$H_{as} = \frac{0.622p}{P_{总} - p} = \frac{0.622 \times 2.95}{101.3 - 2.95} = 0.0187\,(\text{kg/kg})$$

湿空气的比热容 $c_H = 1.01 + 1.88H = 1.01 + 1.88 \times 0.016 = 1.04\,(\text{kJ/(g·℃)})$

绝热饱和温度为：

$$t_{as} = t - \frac{r_{as}}{c_H}(H_{as} - H) = 30 - \frac{2437.86}{1.04}(0.0187 - 0.016) = 23.67\,(\text{℃})$$

计算结果与所假设值接近，故 t_{as} 为 23.7℃。

（5）焓

$$I = (1.01 + 1.88H)t + 2492H = 1.04 \times 30 + 2492 \times 0.016 = 71.07\,(\text{kJ/kg})$$

（6）加热量 $Q = 100c_H(t_1 - t) = 100 \times 1.04 \times (100 - 30) = 7280\,(\text{kJ/h})$

（7）湿空气体积流量 V_h

比体积
$$v_H = (0.772 + 1.244H) \times \frac{273 + t}{273} \times \frac{1.0133 \times 10^5}{P_总}$$

$$= (0.772 + 1.244 \times 0.016) \times \frac{273 + 30}{273} = 0.88 (\text{m}^3/\text{kg})$$

湿空气体积流量

$$V_h = 100 v_H = 100 \times 0.88 = 88 (\text{m}^3/\text{h})$$

I　湿空气的 H-I 图

计算湿空气的某些状态参数时，要采用麻烦的试差计算法，为此将表达湿空气各种参数的计算式标绘在坐标图上。只要知道湿空气任意两个独立参数，即可从图上迅速查出其他参数。选择不同的参数作坐标，所得的图形不同，常用的图有湿度-焓（H-I）图、温度-湿度（t-I）图等。其中 H-I 更便于应用，因此本章采用 H-I 图。

图 6-3 为常压下湿空气的 H-I 图，为了使各种关系曲线分散开，采用两个坐标夹角为135°的坐标图，以提高读数的准确性。更为了便于读数及节省图的幅面，将斜轴上的数值投影在辅助水平轴上。应注意的是，图 6-3 是按总压为常压制得的，若系统总压偏离常压较远，则不能应用此图。

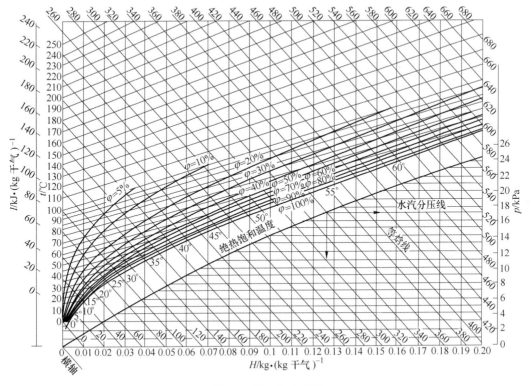

图 6-3　湿空气 H-I 图

湿空气的 H-I 图由以下诸线群组成：

（1）等湿度线（等 H 线）群。等湿度线是平行于纵轴的线群，图 6-3 中 H 的读数范围为 0~0.2kg/kg 绝干气。

（2）等焓线（等 I 线）群。等焓线是平行于斜轴的线群，图 6-3 中 I 读数范围为 0~680kJ/kg 绝干气。

（3）等干球温度线（等 t 线）群。将式（6-14）进行整理，可得

$$I = (1.88t + 2492)H + 1.01t \tag{6-23}$$

在固定的总压下，任意规定温度 t_1 值，将式（6-21）简化成 I 与 H 的关系式，按此式算出若干组 I 与 H 的对应关系，并标会于 $H\text{-}I$ 坐标图中，所得关系线即为等 t_1 线。以此类推，规定一系列的温度值，可得到等 t 线群。

式（6-21）为线性方程，斜率（$1.88t + 2492$）是温度的函数，故诸等 t 线是不平行的。图 6-3 中 t 的读数范围为 0~250℃。

（4）等相对湿度线（等 φ 线）群

根据式（6-7）可标绘等相对湿度线。当总压一定时，任意规定相对湿度 φ 值，将上式简化为 H 与 p_s 的关系式，而 p_s 又是温度的函数。按式（6-7）算出若干组 H 与 t 的对应关系，并标绘于 $H\text{-}I$ 坐标图中，所得关系线即为一条等 φ 线，以此类推，规定一系列的 φ 值，可得等 φ 线群。图 6-3 中共有 11 条等 φ 线，由 $\varphi = 5\% \sim \varphi = 100\%$。$\varphi = 100\%$ 的等 φ 线称为饱和空气线，此时空气为水汽所饱和。

（5）蒸汽分压线。将式（6-4）整理可得：

$$H = \frac{HP_总}{0.622 + H} \tag{6-24}$$

总压一定时，上式表示水汽分压 p 与湿度 H 的关系，因 $H \ll 0.622$，故上式可近似视为线性方程。按式（6-22）算出若干组 p 与 H 的对应关系，并标绘于 $H\text{-}I$ 图中，得到蒸汽分压线。为了保持图面清晰，蒸汽分压线标绘于 $\varphi = 100\%$ 曲线的下方。

（6）$H\text{-}I$ 图的说明与应用

根据湿空气的任意两个独立参数（如 $t\text{-}t_w$、$t\text{-}t_d$、$t\text{-}\varphi$），先在 $H\text{-}I$ 图上确定该空气的状态点，然后即可查出空气的其他性质。但不是所有参数都是独立的，例如 $t_d\text{-}H$、$p\text{-}H$、$t_d\text{-}p$、$t_w\text{-}I$、$t_{as}\text{-}I$ 等都不是独立的，它们不是在同一条等 H 线上，就是在同一条等 I 线上，因此，根据上述各组数据不能在 $H\text{-}I$ 图上确定空气状态点，必须是两个相互独立的参数才能确定空气的状态。

干球温度 t、露点 t_d 和湿球温度 t_w（或绝热饱和温度 t_{as}）都是由等 t 线确定的。露点是在湿空气湿度 H 不变的条件下冷却至饱和时的温度，因此，通过等 H 线与 $\varphi = 100\%$ 的饱和空气线交点的等 t 线所示的温度，即为露点，如图 6-4 所示。对水蒸气-空气系统，湿球温度 t_w 与绝热饱和温度 t_{as} 近似相等，因此由通过空气

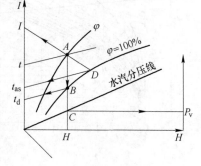

图 6-4 $H\text{-}I$ 图的应用

状态点（图 6-4 中的点 A）的等 I 线与 $\varphi = 100\%$ 的饱和空气线交点的等 t 线所示的温度即为 t_w 或 t_{as}。

6.3 湿物料的性质

湿物料中含水分的数量实际是水分在湿物料中的浓度，通常用下面两种方法表达。

A 湿基含水量 w

湿基含水量 w 为水分在湿物料中的质量百分数，即

$$w = \frac{水分质量}{湿物料的总重量}$$

工业上常用这种方法表示湿物料中的含水量。

B 干基含水量 X

在干燥过程中，绝干物料的质量没有变化，故在干燥计算中常用湿物料中的水分与绝干物料的质量比表示湿物料中水分的浓度，称为干基含水量，以 X 表示：

$$X = \frac{湿物料中水分的质量}{湿物料中绝干料的质量}$$

两种浓度之间的关系为：

$$w = \frac{X}{1+X} \quad 或 \quad X = \frac{w}{1-w} \tag{6-25}$$

干燥过程中水分由湿物料表面向空气中扩散的同时，物料内部水分也源源不断地向表面扩散，水分在物料内部的扩散速率与物料结构以及物料中的水分性质有关。

C 固体物料的分类

干燥过程中涉及的物料有成千上万种，可简单归纳为以下三类：

（1）非吸湿毛细管物料。如砂子、碎矿石、某些聚合物颗粒和某些陶瓷等。其特征为：具有明显可见的孔隙，当完全被液体饱和时，空隙中充满液体。当完全被干燥时，空隙中充满空气；物料无吸水性；在干燥过程中物料的体积不收缩。

（2）吸湿多孔物料。如黏土、某些分子筛、木材和织物等。其特征为：具有可辨的孔隙；具有大量的物理机械结合水；在干燥过程中出现收缩现象。

（3）胶体（无孔）物料。如肥皂、胶、尼龙等聚合物、各种食品等。其特征为：无孔隙，湿分只能在表面汽化；所有的湿分均为化学物理结合水分。

D 平衡水分与自由水分

从干燥机理的角度分析，物料中的水分可分为平衡水分与自由水分两类。当物料与一定状态的空气接触后，物料将释出或吸入水分，最终达到恒定的含水量；若空气状态恒定，则物料将永远维持这么多的含水量，不会因接触时间延长而改变。这种恒定的含水量称为该物料在固定空气状态下的平衡水分，又称平衡湿含量或平衡含水量，以 X^* 表示，单位为 kg（水分）/kg（绝干料）。

各种物料的平衡含水量由实验测得。物料中平衡含水量随空气温度升高而略有减少，例如棉花与相对湿度为 50% 的空气相接触，当空气温度由 37.8℃ 升高到 93.3℃ 时，平衡含水量 X^* 由 0.073 降至 0.057，约减少 25%。由于缺乏各种温度下平衡含水量的实验数据，因此只要温度变化范围不太大，一般可近似地认为物料的平衡含水量与空气的温度

无关。

物料中的水分超过 X^* 的那部分水分称为自由水分，这种水分可以用干燥方法除去。因此，平衡含水量是湿物料在一定的空气状态下干燥的极限。

E 结 合 水 分 与 非 结 合 水 分

图 6-5 为在恒定温度下由实验测得的平衡含水量 X^* 与空气相对湿度 φ 间的关系曲线。若将该线延长与 $\varphi = 100\%$ 线交于点 B，相应的 $X_B^* = 0.24\mathrm{kg/kg}$，此时物料表面水汽的分压等于同温度下纯水的饱和蒸气压 p_s，也即等于同温度下饱和空气中的水汽分压。当湿物料中的含水量大于 X_B^* 时，物料表面水汽的分压不会再增大，仍为 p_s。高出 X_B^* 的水分称为非结合水，汽化这种水分与汽化纯水相同，极易用干燥方法除去。物料中的吸附水分和孔隙中的水分，都属于非结合水，它与物料为物理结合，一般结合力较弱，故极易除去。物料中小于 X_B^* 的水分称为结合水，它与物料结合较紧，其蒸汽压低于同温度下纯水的饱和蒸汽压，故较非结合水难以除去。因此，在恒定的温度下，物料的结合水与非结合水的划分只取决于物料本身的特性，而与空气状态无关。结合水与非结合水都难以用实验方法直接测得，但根据它们的特点，可将平衡曲线外延与 $\varphi = 100\%$ 线相交而获得。

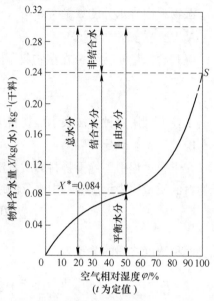

图 6-5 固体物料中所含水分的性质

物料的总水分与平衡水分、自由水分以及与非结合水分、结合水分之间的关系示于图 6-5 中。

6.4 干燥过程计算

6.4.1 干燥系统的物料衡算

通过干燥系统的物料衡算可以算出：单位时间内从物料中除去水分的质量；单位时间内空气的消耗量；单位时间内获得干燥产品的质量。

6.4.1.1 水分蒸发量

单位时间内从物料中蒸出水分的质量，称为蒸发量，以 W 表示，单位为 $\mathrm{kg/s}$。对图 6-6 做各流股的水分衡算，可以求出 W。

围绕图 6-6 做水分的衡算，以 s 为基准，设干燥器内无物料损失，则

$$LH_1 + GX_1 = LH_2 + GX_2$$

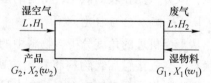

图 6-6 各流股进出逆流干燥器的示意图

L — 单位时间内消耗的绝干空气质量流量，$\mathrm{kg/s}$；

H_1、H_2 — 分别为湿空气进、出干燥器的湿度，$\mathrm{kg/kg}$；X_1、X_2 — 分别为湿物料进、出干燥器时的干基含水量，$\mathrm{kg/kg}$；

G_1、G_2 — 分别为进、出干燥器的湿物料质量流量，$\mathrm{kg/s}$

或
$$W = L(H_2 - H_1) = G(X_1 - X_2) \tag{6-26}$$

式中，W 为单位时间内水分的蒸发量，kg/s；G 为单位时间内绝干物料的流量，kg/s。

6.4.1.2　空气消耗量 L

整理式（6-26）得：

$$L = \frac{G(X_1 - X_2)}{H_2 - H_1} = \frac{W}{H_2 - H_1} \tag{6-27}$$

式（6-27）等号两例均除以 W，可得：

$$l = \frac{L}{W} = \frac{1}{H_2 - H_1} \tag{6-28}$$

式中，l 为每蒸发 1kg 水分消耗的绝干空气数量，称为单位空气消耗量，kg/kg。

6.4.1.3　干燥产品流量 G_2

对图 6-6 的干燥系统做绝干物料的衡算，得：

$$G_2(1 - w_2) = G_1(1 - w_1)$$
$$G_2 = \frac{G_1(1 - w_1)}{1 - w_2} \tag{6-29}$$

式中，w_1 为物料进干燥器时的湿基含水量；w_2 为物料离开干燥器时的湿基含水量。

需要注意的是，干燥产品 G_2 是相对于湿物料 G_1 而言的，其中湿基含水量 G_2 较 G_1 的少，但仍含有一定量的水分，实际上是含水分较少的湿物料。一般称 G_2 为干燥产品，以区别于绝干物料 G。

【例 6-2】　在一连续干燥器中，每小时处理湿物料 2000kg，要求将含水量由 10% 降低到 2%（均为湿基含水量）。以空气为干燥介质，进入预热器前新鲜湿空气的温度与湿度分别为 15℃ 和 0.01kg/kg，压力为 101.3kPa，离开干燥器时废气的湿度为 0.08kg/kg。设干燥过程中无物料损失，试求：（1）水分蒸发量；（2）新鲜湿空气用量（分别以质量和体积表示）；（3）干燥产品量。

【解】　（1）水分汽化量 W。已知干燥前和干燥后的物料湿基含水量分别为

$$w_1 = 10\% = 0.1;$$
$$w_2 = 2\% = 0.02$$

则物料的干基含水量为

$$X_1 = \frac{w_1}{1 - w_1} = \frac{0.1}{1 - 0.1} = 0.1111(\text{kg/kg})$$

$$X_2 = \frac{w_2}{1 - w_2} = \frac{0.02}{1 - 0.02} = 0.0204(\text{kg/kg})$$

绝干物料量 $G = G_1(1 - w_1) = 2000(1 - 0.1) = 1800(\text{kg/h})$

所以，水分汽化量 $W = G(X_1 - X_2) = 1800(0.1111 - 0.0204) = 163.26(\text{kg/h})$

（2）新鲜湿空气用量。已知干燥前后湿空气的湿度分别为 $H_1 = 0.01\text{kg/kg}$；$H_2 = 0.08\text{kg/kg}$

则绝干空气用量

$$L = \frac{W}{H_2 - H_1} = \frac{163.26}{0.08 - 0.01} = 2332.3(\text{kg/h})$$

新鲜空气用量 $L' = L(1 + H_1) = 2332.3(1 + 0.01) = 2355.6(\text{kg/h})$

湿空气的比体积

$$v_H = (0.772 + 1.244H) \times \frac{273 + t}{273} \times \frac{1.0133 \times 10^5}{P_{总}}$$

$$= (0.772 + 1.244 \times 0.01) \times \frac{273 + 15}{273} = 0.829(\text{m}^3/\text{kg})$$

新鲜湿空气体积用量 $V = Lv_H = 2332.3 \times 0.829 = 1933(\text{m}^3/\text{h})$

（3）干燥产品质量 G_2

$$G_2 = \frac{G_1(1 - w_1)}{1 - w_2} = \frac{2000(1 - 0.1)}{1 - 0.02} = 1836.7(\text{kg/h})$$

6.4.2　干燥系统的热量衡算

通过干燥系统的热量衡算，可求出物料干燥所消耗的热量、干燥系统的热效率，确定湿空气的出口状态，并以此为依据，计算预热器传热面积、加热介质用量等。图 6-7 为连续干燥过程的热量衡算示意图，状态为 H_0、t_0、I_0 的湿空气经预热器加热至状态 $H_1(H_1 = H_0)$、t_1、I_1 后进入干燥器，与湿物料接触进行传热与传质，其温度降低，湿度增加，离开干燥器时的状态为 H_2、t_2、I_2。进入干燥器的湿物料的干基含水量为 X_1、温度为 θ_1、焓为 I'_1，经过干燥去除水分后，离开干燥器时的干基含水量为 X_2、温度为 θ_2、焓为 I'_2，绝干物料流量为 G。下面分别对预热器及干燥器进行热量衡算（计算时以 0℃ 为基准温度，以 1s 为基准时间）：

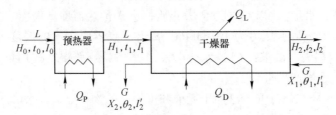

图 6-7　连续干燥过程的热量衡算示意图

（1）预热器的加热量 Q_P。若忽略热损失，则预热器的热量衡算式为：

$$Q_P = L(I_1 - I_0) \tag{6-30}$$

式中，Q_p 为预热器施加的热量，kW。

（2）干燥器的加热量 Q_D。对图 6-7 中的干燥器进行热量衡算：

$$LI_1 + GI'_1 + Q_D = LI_2 + GI'_2 + Q_L$$

整理可得干燥器内补充的热量 Q_D 的计算公式为

$$Q_D = L(I_2 - I_1) + G(I'_2 - I'_1) + Q_L \tag{6-31}$$

式中，Q_D 为干燥器内补充的热量，kW；Q_L 为干燥器损失于周围的热量，kW。

（3）干燥系统总热量 Q。干燥系统总热量 Q 为 Q_P 与 Q_D 之和，将式（6-30）与式（6-31）相加并整理，得：

$$Q = Q_P + Q_D = L(I_2 - I_0) + G(I'_2 - I'_1) + Q_L \tag{6-32}$$

式中，Q 为干燥系统的总热量，kW。

以下对 $(I_2 - I_0)$ 及 $(I'_2 - I'_1)$ 做简化处理。

湿空气中 1kg 绝干空气的焓与相应 Hkg 水汽的焓之和称为湿空气的焓，即

$$I = I_g + HI_v$$

根据焓的定义，以 0℃ 为基准时 I_0 及 I_2 分别为

$$I_0 = I_{g0} + H_0 I_{v0} = c_g t_0 + H_0 I_{v0}$$

$$I_2 = I_{g2} + H_2 I_{v2} = c_g t_2 + H_2 I_{v2}$$

式中，I_{v0}、I_{v2} 分别为进入和离开干燥系统的空气中水汽的焓，两者的数值相差不大，故近似地取 $I_{v0} \approx I_{v2}$，于是有

$$I_2 - I_0 = c_g(t_2 - t_0) + I_{v2}(H_2 - H_0) \tag{6-33}$$

将 $I_{v2} = r_0 + c_v t_2$ 代入式（6-33），可得

$$I_2 - I_0 = c_g(t_2 - t_0) + (r_0 + c_v t_2)(H_2 - H_0)$$

已知 $r_0 \approx 2492$kJ/kg，$c_g \approx 1.01$kJ/(kg·℃) 及 $c_v \approx 1.88$kJ/(kg·℃)，将以上数值代入上式可得

$$I_2 - I_0 = 1.01(t_2 - t_0) + (2492 + 1.88t_2)(H_2 - H_0) \tag{6-34}$$

湿物料进、出干燥器的焓分别为：

$$I'_1 = c_s \theta_1 + X_1 c_w \theta_1 = c_{M1} \theta_1$$

$$I'_2 = c_s \theta_2 + X_2 c_w \theta_2 = c_{M2} \theta_2$$

式中，c_s 为绝干物料的比热容，kJ/(kg·℃)；c_w 为水的比热容，kJ/(kg·℃)；c_{M1}、c_{M2} 为物料进、出干燥器的比热容，kJ/(kg·℃)；

由于 c_{M1} 与 c_{M2} 的值相差不大，假设两者近似相等，即 $c_{M1} \approx c_{M2}$，于是有

$$I'_2 - I'_1 \approx c_{M2}(\theta_2 - \theta_1) \tag{6-35}$$

将式（6-35）及式（6-34）代入式（6-32）中，整理得

$$Q = Q_P + Q_D = 1.01L(t_2 - t_0) + W(2492 + 1.88t_2) + Gc_{M2}(\theta_2 - \theta_1) + Q_L \tag{6-36}$$

由此可见，干燥系统的总热量用于加热空气、汽化水分、加热物料及损失于周围环境中。

6.4.3　干燥系统热效率

干燥系统的热效率定义为

$$\eta = \frac{汽化水分所需的热量}{加入干燥系统的总热量} \times 100\% \tag{6-37}$$

汽化水分所需的热量为

$$Q' = W(2492 + 1.88t_2 - 4.187\theta_1) \tag{6-38}$$

将式（6-38）代入式（6-37）中，得：

$$\eta = \frac{W(2492 + 1.88t_2 - 4.187\theta_1)}{Q} \times 100\%$$

若忽略湿物料中水分带入系统的焓，则上式简化为

$$\eta \approx \frac{W(2492 + 1.88t_2)}{Q} \times 100\% \tag{6-39}$$

干燥系统的热效率越高，表明热利用率越高，操作费用越低。一般可通过以下途径提

高热效率，提高空气的预热温度 t_1。但对热敏性物料，不宜使预热温度过高，应采用中间加热方式，即在干燥器内设置多个加热器，进行多次加热。降低废气出口温度 t_2，但同时也降低了干燥过程的传热推动力和干燥速率；此外，若废气出口温度过低以至接近饱和状态时，湿空气会析出水滴，使干燥产品返潮而黏附在壁面上，造成管路堵塞和设备腐蚀。为避免此种现象发生，废气出口温度 t_2 须比进干燥器湿空气的绝热饱和温度高 20~50℃。回收废气中热量用以预热冷空气或冷物料。加强干燥设备和管路的保温，以减少干燥系统的热损失。

【例 6-3】 常压下以温度 20℃、相对湿度 60% 的新鲜空气为干燥介质干燥某种湿物料，空气在预热器中被加热到 90℃后送入干燥器，离开干燥器时的温度为 45℃，湿度为 0.022kg/kg。每小时有 1000kg 温度为 20℃、湿基含水量为 3% 的湿物料送入干燥器，物料离开干燥器时温度为 50℃，湿基含水量为 0.2%，湿物料的平均比热容为 3.28kJ/(kg·℃)；预热器的热损失可忽略，干燥器的热损失速率为 1.2kW。试求：（1）新鲜空气用量；（2）若预热器使用的是压力为 196kPa（绝压）的饱和水蒸气加热，计算水蒸气用量；（3）干燥系统消耗的总热量；（4）干燥系统的热效率。

【解】（1）新鲜空气用量。已知物料的湿基含水量

$$w_1 = 3\% = 0.03;$$

$$w_2 = 0.2\% = 0.002$$

则物料的干基含水量

$$X_1 = \frac{w_1}{1 - w_1} = \frac{0.03}{1 - 0.03} = 0.0309(\text{kg/kg})$$

$$X_2 = \frac{w_2}{1 - w_2} = \frac{0.002}{1 - 0.002} = 0.0020(\text{kg/kg})$$

绝干物料量 $G = G_1(1 - w_1) = 1000(1 - 0.03) = 970(\text{kg/h})$

所以水分汽化量 $W = G(X_1 - X_2) = 970(0.0309 - 0.0020) = 28.03(\text{kg/h})$

当 $t_0 = 20℃$、$\varphi_0 = 60\%$ 时，由湿焓图查得 $H_1 = H_0 = 0.009$（kg/kg）

绝干空气用量 $L = \dfrac{W}{H_2 - H_1} = \dfrac{28.03}{0.022 - 0.009} = 2156(\text{kg/h})$

新鲜空气用量 $L' = L(1 + H_0) = 2156(1 + 0.009) = 2175(\text{kg/h})$

（2）由于预热器热损失可以忽略，则预热器加热量为：

$$Q_P = L(I_1 - I_0) = L(1.01 + 1.88H_0)(t_1 - t_0)$$
$$= 2156(1.01 + 1.88 \times 0.009)(90 - 20)$$
$$= 154982(\text{kJ/h}) = 43(\text{kW})$$

查水蒸气表可知压力为 196kPa，饱和水蒸气的相变焓为 2206kJ/kg，加热水蒸气用量为：

$$q_m = \frac{Q_P}{r} = \frac{154982}{2206} = 70.3(\text{kg/h})$$

（3）干燥系统消耗的总热量

$$Q = Q_P + Q_D = 1.01L(t_2 - t_0) + W(2492 + 1.88t_2) + Gc_{M2}(\theta_2 - \theta_1) + Q_L$$

将 $L = 2156\text{kg/h}$、$t_2 = 45℃$、$t_0 = 20℃$、$W = 28.03\text{kg/h}$、$G = 970\text{kg/h}$、$c_{M2} = 3.28\text{kJ/(kg·℃)}$、

$\theta_2 = 50\,^\circ\text{C}$、$\theta_1 = 20\,^\circ\text{C}$、$Q_L = 1.2\text{kW} = 1.2 \times 3600\text{kJ/h}$ 代入上式可得：$Q = 226429\text{kJ/h} = 62.9\text{kW}$。

（4）干燥系统热效率

$$\eta = \frac{W(2492 + 1.88 t_2 - 4.187\theta_1)}{Q} \times 100\%$$

将 $W = 28.03\text{kg/h}$、$t_2 = 45\,^\circ\text{C}$、$\theta_1 = 20\,^\circ\text{C}$、$Q = 226429\text{kJ/h}$ 代入上式可得：$\eta = 30.9\%$。

6.5　干燥速率与干燥时间计算

干燥过程的设计，通常需计算所需干燥器的尺寸及完成一定干燥任务所需的干燥时间，而这些计算都取决于干燥过程的速率。由于干燥机理和过程的复杂性，干燥速率通常由实验测定。

6.5.1　干燥曲线

为简化影响因素，实验一般是在恒定的干燥条件下进行，即保持空气的温度、湿度、速度及与物料的接触方式等条件不变。通常用大量的空气干燥少量的湿物料，可认为接近于恒定干燥条件。实验中记录每一时间间隔 $\Delta\tau$ 内物料的质量变化 ΔW 及物料的表面温度 θ，直到物料的质量恒定或近似恒定为止。此时物料与空气达到平衡状态，物料中所含水分即为该条件下的平衡含水量。最后取出物料并放入烘箱内烘干，直至恒重，此时的质量即为绝干物料的质量。用上述实验数据绘出物料含水量 X 及物料表面温度 θ 与干燥时间 τ 的关系曲线，如图 6-8 所示，此曲线称为干燥曲线。

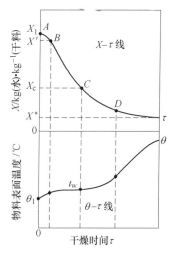

图 6-8　恒定干燥条件下某物料的干燥曲线

在图 6-8 中，点 A 表示物料初始含水量为 X_1、温度为 θ_1，当物料在干燥器内与热空气接触后，表面温度由 θ_1 预热至 t_w，物料含水量下降至 X'，斜率 $\mathrm{d}X/\mathrm{d}\tau$ 较小。由 B 至 C 一段斜率 $\mathrm{d}X/\mathrm{d}\tau$ 变大，物料含水量随时间的变化为直线关系，这一阶段热空气传给物料的显热等于水分自物料汽化所需的热量，因此物料表面温度保持在热空气的湿球温度 t_w 不变。进入 CDE 段内，物料开始升温，热空气中一部分热量用于加热物料，使其由 t_w 升高到 θ_2；另一部分热量用于汽化水分，因此，该段斜率 $\mathrm{d}X/\mathrm{d}\tau$ 逐渐变为平坦，直到物料中所含水分降至平衡含水量 X^* 为止。应注意的是，干燥实验时，操作条件应尽量与生产要求的条件相接近，以使实验结果可用于干燥器的设计与放大。

6.5.2　干燥速率

干燥速率是指在单位时间内、单位干燥面积上汽化的水分质量，可表示为

$$U = \frac{\mathrm{d}W}{A\mathrm{d}\tau} \tag{6-40}$$

式中，U 为干燥速率，$kg/(m^2 \cdot s)$；A 为干燥面积，m^2；W 为汽化水分质量，kg；τ 为干燥时间，s。

在 6.4.1 干燥系统的物料衡算中，已知汽化水分质量 $W = G(X_1 - X_2)$，因此 $dW = -GdX$，所以式（6-40）可改写为：

$$U = \frac{dW}{Ad\tau} = -\frac{GdX}{Ad\tau} \tag{6-41}$$

式中，G 为湿物料中绝干物料的质量，kg；X 为湿物料的干基含水量，$kg(水)/kg(干料)$；式中的负号表示物料的含水量随干燥时间的延长而减少。

绝干物料量 G 与干燥面积 A 可测得，由干燥曲线求出各点斜率 $dX/d\tau$，再按式（6-41）计算物料的干燥速率，即可标绘出图 6-9 所示的干燥速率曲线。

从图 6-9 中可以看出，干燥过程可明显地划分为两个阶段。ABC 段为干燥的第一阶段，其中 BC 段内干燥速率保持恒定，基本上不随物料含水量而变，故该阶段又称为恒速干燥阶段；而 AB 段为物料的预热阶段，因此段所需时间很短，一般并入 BC 段内考虑。图中的 CDE 段为干燥的第二阶段，在此阶段内，干燥速率随物料含水量的减小而降低，故又称为降速干燥阶段。两个干燥阶

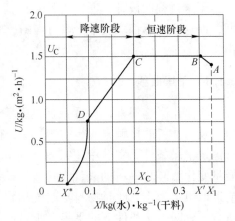

图 6-9   恒定干燥条件下干燥速率曲线

段之间的分界点 C 称为临界点，相应的物料含水量称为临界含水量，以 X_C 表示，该点的干燥速率等于恒速阶段的干燥速率，以 U_C 表示。E 点为干燥的终点，其含水量为操作条件下的平衡含水量 X^*，所对应的干燥速率为零。由于恒速阶段与降速阶段的干燥机理及影响因素各不相同，因此需要分别予以讨论。

6.5.2.1   恒速干燥阶段

在该阶段，物料内部的水分能及时迁移到物料表面，使物料表面完全润湿。此时物料表面的状况与湿球温度计上湿纱布表面的状况相似，物料表面的温度 θ 等于空气的湿球温度 t_w，物料表面和空气间的传热及传质过程也与湿球温度计的湿纱布和空气间的传热及传质过程相同，因此有对流传热速率公式：

$$\frac{dQ}{Ad\tau} = \alpha(t - t_w) \tag{6-42}$$

水分自物料表面汽化的速率为：

$$\frac{dW}{Ad\tau} = k_H(H_W - H) \tag{6-43}$$

并且空气传给湿物料的显热恰好等于水分汽化所需的热量，即：

$$dQ = r_w dW \tag{6-44}$$

将以上各式代入式（6-41）中，可得恒速干燥阶段的干燥速率：

$$U_c = k_H(H_W - H) = \frac{\alpha}{r_W}(t - t_W) \tag{6-45}$$

式中，k_H 为以湿度差为推动力的传质系数，$kg/(m^2 \cdot s)$；H_W 为湿球温度下空气的饱和湿度，kg/kg；α 为对流传热系数，$W/(m^2 \cdot ℃)$；r_W 为湿球温度下水汽的汽化热，kJ/kg；t_W 为空气的湿球温度，℃。

如上所述，因为干燥是在恒定空气条件下进行的，故随空气条件而定的 α 和 k_H 保持恒定，并且 $(t-t_W)$ 及 (H_W-H) 亦为定值，因此，在该阶段干燥速率必为恒定，故称为恒速干燥阶段。显然，提高空气的温度、降低空气的湿度或提高空气的流速，均能提高恒速干燥阶段的干燥速率。

应予指出，在整个恒速干燥阶段中，湿物料内部的水分向表面迁移的速率，必须能够与水分自物料表面汽化的速率相适应，以使物料表面始终维持润湿状态。一般来说，此阶段汽化的水分为非结合水分，与从自由液面汽化的水分情况无异。显然，恒速干燥阶段干燥速率的大小取决于物料表面水分的汽化速率，亦即取决于物料外部的干燥条件，所以，恒速干燥阶段又称为表面汽化控制阶段。

6.5.2.2 降速干燥阶段

当物料含水量降至临界含水量以下时，即进入降速干燥阶段，如图 6-9 中 *CDE* 段所示。其中 *CD* 段称为第一降速阶段，在该阶段湿物料内部的水分向表面迁移的速率已小于水分自物料表面汽化的速率，物料的表面不能再维持全部润湿而形成部分"干区"（如图 6-10a 所示），使实际汽化面积减小，因此以物料全部外表面计算的干燥速率将下降。图中 *DE* 段称为第二降速阶段，当物料全部外表面都成为干区后，水分的汽化逐渐向物料内部移动（如图 6-10b 所示），从而使传热、传质途径加长，造成干燥速率下降。同时，物料中非结合水分全部除尽后，进一步汽化的是平衡蒸汽压较小的结合水分，使传质推动力减小，干燥速率降低，直至物料的含水量降至与外界空气达平衡的含水量 X^* 时，物料的干燥即行停止（如图 6-10c 所示）。在降速干燥阶段中，干燥速率的大小主要取决于物料本身的结构、形状和尺寸，而与外部干燥条件关系不大，所以降速干燥阶段又称为物料内部迁移控制阶段。

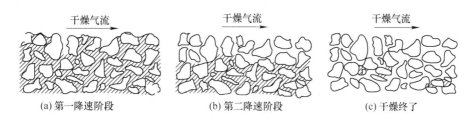

（a）第一降速阶段　　　　　（b）第二降速阶段　　　　　（c）干燥终了

图 6-10　水分在多孔物料中的分布

6.5.2.3 临界含水量

物料的临界含水量是恒速干燥阶段和降速干燥阶段的分界点，它是干燥器设计中的重要参数。临界含水量 X_c 越大，则转入降速阶段越早，完成相同的干燥任务所需的干燥时间越长。临界含水量因物料的性质、厚度和恒速阶段干燥速率的不同而异。通常吸水性物料的临界含水量比非吸水性物料的大；同一物料，恒速阶段干燥速率越大，则临界含水量越高；物料越厚，则临界含水量越大。

6.5.3　恒速干燥阶段干燥时间计算

恒速干燥阶段的干燥速率 U 为常量，且等于临界干燥速率 U_c，故物料由初始含水量 X_1 降到临界含水量 X_c 所需的干燥时间 τ_1，可通过以下积分式得到：

$$\int_0^{\tau_1} \mathrm{d}\tau = -\frac{G}{A}\int_{X_1}^{X_c}\frac{\mathrm{d}X}{U}, \qquad \tau_1 = \frac{G}{AU_c}(X_1 - X_c) \tag{6-46}$$

式中，τ_1 为恒速干燥阶段干燥时间，s。

恒速干燥阶段的干燥速率 U_C 可从干燥速率曲线上直接查得，也可用式（6-45）进行计算。下面介绍两种对流传热系数的经验公式：

（1）空气平行流过静止物料层表面的情况：

$$\alpha = 14.3\,M^{0.8} \tag{6-47}$$

式中，M 为湿空气的质量流速，$kg/(m^2 \cdot s)$；α 为对流传热系数，$W/(m^2 \cdot ℃)$。

应用条件为 $M = 0.7 \sim 8.3\,kg/(m^2 \cdot s)$，空气平均温度 $45 \sim 150℃$。

（2）空气垂直流过静止物料层表面的情况

$$\alpha = 24.2\,M^{0.37} \tag{6-48}$$

应用条件为 $M = 1.1 \sim 5.6\,kg/(m^2 \cdot s)$。

6.5.4　降速干燥阶段干燥时间计算

降速干燥阶段的干燥时间仍可对式（6-41）积分求取，当物料的干基含水量由 X_C 下降到 X_2 时所用的干燥时间：

$$\int_0^{\tau_2} \mathrm{d}\tau = -\frac{G}{A}\int_{X_c}^{X_2}\frac{\mathrm{d}X}{U}, \quad \tau_2 = \frac{G}{A}\int_{X_2}^{X_c}\frac{\mathrm{d}X}{U} \tag{6-49}$$

式中，τ_2 为降速干燥阶段干燥时间，s。

在该阶段干燥速率随物料含水量的减少而降低，通常干燥时间可用图解积分法或近似计算法求取。

6.5.4.1　图解积分法

当降速干燥阶段的干燥速率随物料的含水量呈非线性变化时，一般采用图解积分法计算干燥时间。由干燥速率曲线查出与不同 X 值相对应的 U 值，以 X 为横坐标，$1/U$ 为纵坐标，在直角坐标中进行标绘，在 X_2、X_c 之间曲线下的面积即为积分项之值，如图 6-11 所示。

6.5.4.2　近似计算法

假定降速干燥阶段的干燥速率与物料的自由含水量（$X - X^*$）成正比，则可用临界点 C 与平衡点 E 的连线 CE 近似替代降速阶段的干燥速率曲线，如图 6-12 所示。

$$U = -\frac{G\mathrm{d}X}{A\mathrm{d}\tau} = K_x(X - X^*) \tag{6-50}$$

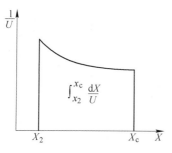

图 6-11　图解积分法计算 τ_2

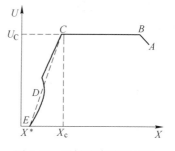

图 6-12　干燥速率曲线示意

式中，K_x 为比例系数（即 CE 线的斜率）。

将式（6-50）代入式（6-49）中，积分可得：

$$\tau_2 = \frac{G}{A}\int_{X_2}^{X_c}\frac{dX}{U} = \frac{G}{A}\int_{X_2}^{X_c}\frac{dX}{K_x(X-X^*)} = \frac{G}{AK_x}\ln\frac{X_c-X^*}{X_2-X^*} \tag{6-51}$$

将 CE 线的斜率 $K_x = \dfrac{U_c}{X_c-X^*}$ 代入式（6-51）中，可得：

$$\tau_2 = \frac{G(X_c-X^*)}{AU_c}\ln\frac{X_c-X^*}{X_2-X^*}$$

物料干燥所需的总时间 τ 为：

$$\tau = \tau_1 + \tau_2$$

【例 6-4】　某物料的干燥速率曲线如图 6-9 所示，已知单位干燥面积的绝干物料量 $G/A = 23.5\text{kg/m}^2$，试计算物料含水量自 $X_1 = 0.3\text{kg/kg}$ 下降到 $X_2 = 0.1\text{kg/kg}$ 所需要的干燥时间（降速阶段的干燥速率近似按直线处理）。

【解】　由图 6-9 可知 $U_c = 1.5\text{kg/(m}^2\cdot\text{h)}$，$X_c = 0.2\text{kg/kg}$，$X^* = 0.05\text{kg/kg}$

干燥过程包括恒速和降速两个阶段，总干燥时间为：

$$\tau = \tau_1 + \tau_2 = \frac{G}{AU_c}(X_1 - X_c) + \frac{G(X_c-X^*)}{AU_c}\ln\frac{X_c-X^*}{X_2-X^*}$$

将 $G/A = 23.5\text{kg/m}^2$、$U_c = 1.5\text{kg/(m}^2\cdot\text{h)}$、$X_1 = 0.3\text{kg/kg}$、$X_c = 0.2\text{kg/kg}$、$X^* = 0.05\text{kg/kg}$、$X_2 = 0.1\text{kg/kg}$ 代入上式，可得：

$$\tau = 4.15\text{h}$$

6.6　干　燥　器

6.6.1　干燥器分类

干燥操作不仅用于化工、石油化工等工业中，还应用于医药、食品、纺织、建材、采矿、电工与机械制品以及农产品等广泛的行业中，在国民经济中占有很重要的地位。在化工生产中，由于被干燥物料的形状和性质各不相同，生产规模或生产能力差别很大，对干燥程度的要求也不尽相同，因此，所采用的干燥方法与干燥器形式也多种多样。

工业上应用的干燥器类型很多，可根据不同的方法对干燥器进行分类。

按干燥器操作压力，可分为常压和真空干燥器；按干燥器的操作方式，可分为间歇式和连续式干燥器；按加热方式，可分为对流干燥器、传导干燥器、辐射干燥器和介电加热干燥器；按干燥器的结构，可分为厢式干燥器、洞道式干燥器、流化床干燥器以及喷雾干燥器等。

6.6.1.1　厢式干燥器

厢式干燥器是一种间歇式的干燥设备，物料分批地放入，干燥结束后成批地取出，一般为常压操作。图 6-13 为平行流厢式干燥器的示意图，其外形呈厢式，外部用绝热材料保温。厢内支架上放有许多矩形浅盘，湿物料置于盘中。新鲜空气从入口进入干燥器后，经预热器 4 加热后进入底层框架干燥物料，再经预热器 5 加热后送入中间框架干燥物料，最后经预热器 6 加热后进入上层框架，直至废气排出。这种加热方式称为多级加热式或中间加热式。厢式干燥器也可以采用单级加热式。

若为避免干燥速率过快，致使物料发生翘曲和龟裂现象，可以将部分废气送回干燥器以增加入口空气的湿度。这种方法称为废气循环法。废气循环量可通过阀门 7 调节。

厢式干燥器的优点是结构简单，装卸灵活、方便，对各种物料的适应性强，适用于小批量、多品种物料的干燥；其缺点是物料得不到分散，装卸物料劳动强度大，干燥时间长，完成一定任务所需的设备体积大。

6.6.1.2　洞道式干燥器

从能耗和生产能力两方面考虑，厢式干燥器都不太适应大批量生产的要求。洞道干燥器是厢式干燥器的自然发展结果，也可以视为连续化的厢式干燥器，如图 6-14 所示。干燥器为一较长的通道，其中铺设铁轨，盛有物料的小车在铁轨上运行，空气连续地在洞道内被加热并强制地流过物料，小车可连续地或半连续地移动（或隔一段时间运动一段距离）。比较合理的空气流动方向是与物料逆流或错流，其流动速度要大于 $2\sim3\mathrm{m/s}$。洞道干燥器适用于体积大、干燥时间长的物料。

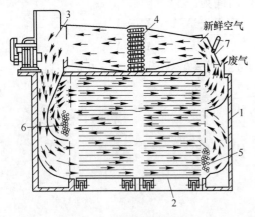

图 6-13　厢式干燥器
1—干燥室；2—小板车；3—风机；
4~6—空气预热器；7—调节风门

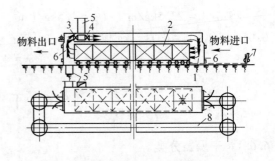

图 6-14　洞道式干燥器
1—洞道；2—运输车；3—送风机；4—空气预热器；
5—废气出口；6—封闭门；7—绞车；8—铁轨

6.6.1.3　转筒式干燥器

如图 6-15 所示，转筒式干燥器的主体是一个略呈倾斜的旋转圆筒。被干燥的物料多为颗粒状及块状。常用的干燥介质是热空气，也可以是烟道气或其他高温气体。干燥器内干燥介质与物料可作总体上的并流流动或逆流流动。图 6-15 系用煤或柴油在炉灶中燃烧后的烟道气作为干燥介质。物料从较高一端进入干燥器，烟道气与湿物料并流流动。圆筒中的物料，一方面被安装在内壁的抄板升举起来，在升举到一定高度后又抛洒下来与烟道气密切接触；另一方面由于圆筒是倾斜的，物料靠重力作用逐渐由进口运动至出口。圆筒每旋转一圈，物料被升举和抛洒一次，并向前运动一段距离。物料在干燥器内的停留时间可通过调节转筒的转速而改变，以满足产品含水量的要求。

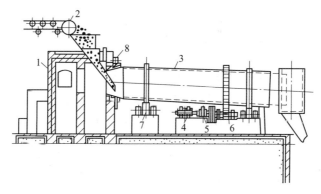

图 6-15　转筒式干燥器

1—炉灶；2—加料器；3—转筒；4—电机；5—减速箱；
6—传动齿轮；7—支撑托轮；8—密封装置

转筒式干燥器主要优点是连续操作，生产能力大，机械化程度高，产品质量均匀；其缺点是结构复杂，传动部分需要经常维修，投资较大。

6.6.1.4　气流干燥器

气流干燥器的流程如图 6-16 所示。物料由加料斗 1 经螺旋加料器 2 送入气流干燥管 3 的底部。空气由风机 4 吸入，经预热器 5 加热至一定温度后送入干燥管。在干燥管内，物料受到气流的冲击，以粉粒状分散于气流中呈悬浮状态，被气流输送而向上运动，并在输送过程中进行干燥。干燥后的物料颗粒经旋风分离器 6 分离下来，从下端排出，废气经湿式除尘器 7 后放空。

干燥管的长度一般为 10~20m，气体在其中的速度一般为 10~25m/s，有时高达 30~40m/s，因此，物料停留时间极短。在干燥管中，物料颗粒在气流中高度分散，使气-固相间的接触面积大大增加，强化了传热与传质过程，因此干燥效果好。由实验测定可知，干燥管内加料口以上 1m 左右位置干燥速率最大，气体传给物料的热量

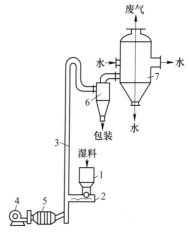

图 6-16　气流干燥器

1—料斗；2—螺旋加料器；
3—气流干燥管；4—风机；5—预热器；
6—旋风分离器；7—除尘器

可达整个干燥管内传热量的 1/2~3/4。这主要是因为在干燥管底部物料起始上升速率为零，气-固相间相对速度较大，因而传热系数与传质系数均较大。另一方面，底部空气温度高而湿度低，温度差和湿度差大，因而传热推动力与传质推动力大。之后，随着物料在管内的上

升，气-固相间相对速度和温度差都减小，传质速率、传热速率均随之下降。

气流干燥器的优点是气-固相接触面积大，传热系数和传质系数高，干燥速率大；干燥时间短，适用于热敏性物料的干燥；由于气-固相并流操作，可以采用高温介质，热损失小，因而热效率高；设备紧凑、结构简单、占地小，运动部件少，易于维修，成本费用低。其缺点是气流速度高，流动阻力及动力消耗较大；在输送与干燥过程中物料与器壁或物料之间相互摩擦，易使产品粉碎；由于全部产品均由气流带出并经分离器回收，所以分离器负荷较大。

气流干燥器适用于处理含非结合水及结块不严重又不怕磨损的粒状物料，尤其适宜于干燥热敏性物料或临界含水量低的细粒或粉末物料。

6.6.1.5　流化床干燥器

流化床干燥器是固体流态化技术在干燥中的应用。图 6-17 所示的是单层圆筒流化床干燥器，湿物料由床层的一侧加入，与通过多孔分布板的热气流相接触；控制合适的气流速率，使固体颗粒悬浮于气流中，形成流化床。在流化床中，颗粒在气流中上下翻动，外表呈现类似于液体沸腾的状态，颗粒之间彼此碰撞和混合，气-固相间进行传热、传质，从而达到干燥目的。经干燥后的颗粒从床层另一侧排出。流化干燥过程可间歇操作，也可以连续操作。间歇操作时，物料干燥均匀，可干燥至任何湿度，但生产能力不大。而在连续操作时，由于颗粒运动有随机性，使得颗粒在床层中的停留时间不一致，易造成干燥产品的质量不均匀。如果是热敏性物料，则某些粒子可能因停留过久而变性。为避免颗粒混合，提高产品质量，生产上常采用多层或多室干燥器。

如图 6-18 所示，卧式多室流化床干燥器的横截面为长方形，器内用垂直挡板分隔成多室（一般为 4~8 室），挡板与多孔板间留有一定间歇（一般为几十毫米）使物料能够通过。湿物料加入后，依次由第一室流经各室，至最后一室卸出。由于挡板的作用，颗粒逐室通过，使其停留时间趋于一致，产品的干燥程度均匀。根据干燥的要求，可调整各室热风和冷风量，以实现最适宜的风温和风速。例如第一室中物料较湿，热空气的流量可大些，最后一室可通冷空气冷却干燥产品，以便于包装和储存。

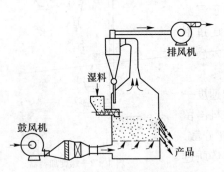

图 6-17　单层圆筒流化床干燥器

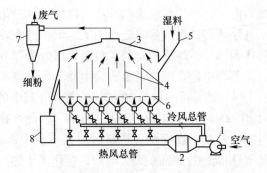

图 6-18　卧式多室流化床干燥器

1—风机；2—预热器；3—干燥室；4—挡板；5—料斗；
6—多孔板；7—旋风分离器；8—干料桶

流化床干燥器的主要优点是颗粒与热干燥介质在沸腾状态下进行充分混合与分散，气膜阻力小，且气-固接触面积大，故干燥速率很大；由于流化床内温度均一并能自由调节，故可得到均匀的干燥产品；物料在床层中的停留时间可任意调节，故对难干燥或要求干燥产品湿分低的物料特别适用；结构简单，造价低廉，没有高速转动部件，维修费用低。其缺点是物料的形状和粒度有限制。

6.6.1.6 喷雾干燥器

喷雾干燥器是采用雾化器将稀料液（如含水量在76%~80%以上的溶液、悬浮液、浆状液等）分散成雾滴分散在热气流中，使水分迅速汽化而达到干燥目的。

图6-19为喷雾干燥流程图。浆液用送料泵压至雾化器中，雾化为细小的雾滴而分散在气流中；雾滴在干燥器内与热气流接触，使其中的水分迅速汽化，成为微粒或细粉落到器底。产品由风机吸送到旋风分离器中被回收，废气经风机排出。喷雾干燥的干燥介质多为热空气，也可用烟道气或惰性气体。

雾化器是喷雾干燥的关键部分，它影响到产品的质量和能量消耗。工业上采用的雾化器有以下3种形式：

（1）旋转式雾化器。料液在转盘高速旋转时受离心力的作用飞出而分散成雾状，其转速一般为4000~20000r/min，最高可达50000r/min；

（2）压力式雾化器。用泵将料液加压到3~20MPa，送入雾化器，将料液喷成雾滴；

（3）气流式雾化器。用压力为0.1~0.5MPa压缩空气或过热蒸汽抽送料液，通过喷嘴将料液喷成雾状。

喷雾干燥的主要优点是由料液可直接得到粉粒产品，因而省去了许多中间过程（如蒸发、结晶、分离、粉碎等）；由于喷成了极细的雾滴分散在热气流中，干燥面积极大，干燥过程进行极快（一般仅需3~10s），特别适用于热敏性物料的干燥，如牛奶、药品、生物制品、染料等；能得到速溶的粉末或空心细颗粒；过程易于连续化、自动化。其缺点为干燥过程的能量消耗大，热效率较低；设备占地面积大、设备成本费高；粉尘回收麻烦，回收设备投资大。

6.6.1.7 滚筒式干燥器

滚筒式干燥器是依靠传导换热的干燥器，旋转的圆筒被加热，物料附着于圆筒表面而进行干燥。图6-20所示的双滚筒干燥器的主体为两个旋转方向相反的滚筒，部分表面浸

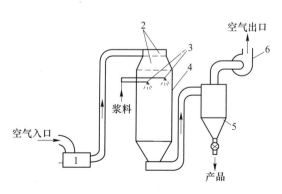

图6-19 喷雾干燥器

1—预热器；2—空气分布器；3—压力式雾化器；
4—干燥器；5—旋风分离器；6—风机

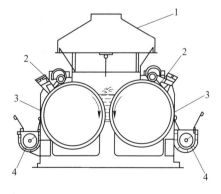

图6-20 双滚筒干燥器

1—排气罩；2—刮刀；3—蒸汽加热滚筒；
4—螺旋输送器

在料槽中，从料槽中转出来的那部分表面沾有厚度为 0.3~1.5mm 的薄层料浆，被热筒壁加热干燥。热滚筒壁面靠其内加热蒸汽加热。物料中汽化的水分和夹带粉尘由排气罩排出。滚筒转动一周，物料即被干燥，并由滚筒壁上的刮刀刮下，经螺旋输送器送出。

滚筒干燥器的滚筒直径一般为 0.5~1.5m，长度为 1~3m，转速为 1~3r/min。其主要优点是操作简单，热效率高（可达 70%~90%），动力消耗少，干燥强度大，物料停留时间短（5~30s）；缺点为干燥器结构复杂，传热面积小，干燥不彻底，干燥产品含水量较高（一般为 3%~10%）。适合于干燥小批量的液状和泥状、浆状物料。

6.6.1.8　红外线干燥器

红外线干燥器是利用红外线辐射源发射出的电磁波（波长为 0.75~1000μm）直接投射在被干燥物料的表面；部分红外线被物料吸收并转变为热能，使水分或其他湿分汽化，从而达到干燥的目的。通常把波长为 5.6~1000μm 的红外线称为远红外线。

红外线干燥器的结构与厢式干燥器相似，其工艺特点如下：

（1）加热物料的速度快，物料内温度均匀；

（2）该过程是红外线直接将热量传递给物料，因此不需要干燥介质，减少了部分空气带走的热量，热效率高；

（3）适用于表面积大且薄的物料，如纸张、布匹、陶瓷坯、油漆制品等的干燥。

6.6.2　干燥器的选用

干燥操作是比较复杂的过程，干燥器的选择也受诸多因素的影响。一般干燥器的选型是以湿物料的特性及对产品质量的要求为依据，应基本做到所选设备在技术上可行、经济上合理、产品质量上有保证。在选择干燥器时，通常需考虑以下因素：湿物料的特性，包括湿物料的基本性质（如密度、热熔性、含水率等）、物料的形状、物料与水分的结合方式及热敏性等；产品的质量要求，如粒度分布、最终含水量及均匀性等；设备使用的基础条件，如设备安装地的气候干湿条件、场地的大小、热源的类型等；回收问题，包括固体粉尘回收及溶剂的回收；能源价格、操作安全和环境因素，为节约能源，在满足干燥的基本条件下，应尽可能地选择热效率高的干燥器。若排出的废气中含有污染环境的粉尘或有毒物质，应选择合适的干燥器来减少排出的废气量，或对排出的废气加以处理。此外，在选择干燥器时，还必须考虑噪声等问题。

6.7　固体干燥过程的强化与展望

6.7.1　干燥过程强化

6.7.1.1　提高干燥速率

干燥过程和其他传质过程一样，过程的强化可以从干燥动力学观点出发，采取适当措施提高干燥过程速率。但由于恒速干燥阶段与降速干燥阶段的影响因素不同，因而强化途径也有所差异。

恒速干燥阶段为表面汽化控制阶段，其干燥速率主要由外部条件所控制，改善外部条件，如提高干燥介质的温度和流速，或者降低干燥介质的湿度都能有效地提高干燥速率。

降速干燥阶段为物料内部迁移控制阶段，其干燥速率的制约因素主要是内部条件，如减小物料尺寸，使内部水分或水汽扩散的距离减小，可以提高降速干燥阶段的干燥速率。

6.7.1.2　采取节能措施

干燥是传热传质同时进行的过程，也是一种能耗较大的单元操作，因此节能措施也是强化干燥过程的一个重要方面。干燥的节能措施主要有：减少干燥过程的热量；加强热量的回收利用；减少热损失。

6.7.2　干燥技术展望

目前干燥技术发展的总趋势可分为以下几个方面：干燥设备研制向专业化发展；实现干燥设备的大型化、系列化和自动化；改进现有干燥工艺和设备；开发多功能和组合型干燥器；加强干燥理论与模型化的研究；改进节能措施和工艺。

习　题

6-1　常压下湿空气的温度为 80℃，相对湿度为 10%。试求该湿空气的水汽分压、湿度、湿容积、比热容以及焓。

6-2　已知空气的干燥温度为 60℃，湿球温度为 30℃，总压为 101.3kPa。试计算空气的湿含量 H，相对湿度 φ，焓 I 和露点温度 t_d。

6-3　湿空气（$t_0 = 20℃$，$H_0 = 0.02kg/kg$）经预热后送入常压干燥器。试求：（1）将空气预热到 100℃所需热量；（2）将该空气预热到 120℃时，相应的相对湿度值。

6-4　在一定总压下，空气通过升温或一定温度下空气温度通过减压来降低相对湿度，现有温度为 40℃、相对湿度为 70% 的空气。试计算：（1）采用升高温度的方法，将空气的相对湿度降至 20%，此时空气的温度为多少？（2）若提高温度后，再采用减小总压的方法，将空气的相对湿度降至 10%，此时的操作总压为多少？

6-5　在常压连续干燥器中，将某物料从含水量 10% 干燥至 0.5%（均为湿基），绝干物料比热容为 1.8kJ/(kg·℃)，干燥器的生产能力为 3600kg（绝干物料）/h，物料进、出干燥器的温度分别为 20℃ 和 70℃。热空气进入干燥器的温度为 130℃，湿度为 0.005kg/kg；离开时温度为 80℃。热损失忽略不计，试确定干空气的消耗量及空气离开干燥器时的温度。

6-6　在常压干燥器中将某物料从湿基含水量 10% 干燥至 2%，湿物料处理量为 300kg/h。干燥介质为温度 80℃、相对湿度 10% 的湿空气，其用量为 900kg/h。试计算水分汽化量及空气离开干燥器时的湿度。

6-7　在常压连续干燥器中，将某物料从含水量 5% 干燥至 0.2%（均为湿基），绝干物料比热容为 1.9kJ/(kg·℃)，干燥器的生产能力为 7200kg（湿物料）/h，空气进入预热器的干、湿球温度分别为 25℃ 和 20℃。离开预热器的温度为 100℃，离开干燥器的温度为 60℃，湿物料进入干燥器时温度为 25℃，离开干燥器时为 35℃，干燥器的热损失为 580kJ/kg（汽化水分）。试求产品量、空气消耗量和干燥器热效率。

6-8　某物料经过 6h 的干燥，干基含水量自 0.35 降至 0.10。若在相同干燥条件下，需要物料含水量从 0.35 降至 0.05，试求干燥时间。物料的临界含水量为 0.15，平衡含水量为 0.04，假设在降速阶段中干燥速率与物料自由含水量（$X - X^*$）成正比。

6-9　在恒定干燥条件下的箱式干燥器内，将湿染料由湿基含水量 45% 干燥到 3%，湿物料的处理量为 8000kg 湿染料。实验测得：临界湿含量为 30%，平衡湿含量为 1%，总干燥时间为 28h。试计算在恒速阶段和降速阶段平均每小时所蒸发的水分量。

6-10 在恒定干燥条件下进行干燥实验，已测得干球温度为 50℃，湿球温度为 43.7℃，气体的质量流量
为 2.5kg/(m² · s)。气体平行流过物料表面，水分只从物料上表面汽化，物料湿含量由 X_1 变到
X_2，干燥处于恒速阶段，所需干燥时间为 1h。试问：（1）如其他条件不变，且干燥仍处于恒速阶
段，只是干球温度变为 80℃，湿球温度变为 48.3℃，所需干燥时间为多少？（2）如其他条件不
变，且干燥仍处于恒速阶段，只是物料厚度增加一倍，所需干燥时间为多少？

思 考 题

6-1 通常物料除湿的方法有哪些？

6-2 为什么说干燥过程既是传热过程又是传质过程？

6-3 在温度和湿度相同的条件下提高压力对干燥操作是否有利，为什么？

6-4 湿球温度和绝热饱和温度有何区别，对哪种物系两者相等？

6-5 通常湿空气的露点温度、湿球温度和干球温度的大小关系如何，在什么条件下三者相等？

6-6 湿空气的相对湿度大，其湿度亦大。这种说法是否正确，为什么？

6-7 连续干燥过程的热效率如何定义，为提高干燥热效率可采取哪些措施？

6-8 什么是平衡水分与自由水分，结合水分与非结合水分？

6-9 干燥分为几个阶段，各阶段有什么特点？

6-10 何谓临界含水量，它与哪些因素有关？

附　　录

A　国际单位制

附表 1　国际单位制的基本单位

量的名称	单位名称	单位符号
长度	米	m
质量（重量）	千克	kg
时间	秒	s
电流	安培	A
热力学温度	开尔文	K
物质的量	摩尔	mol
发光强度	坎德拉	cd

附表 2　国际单位制的辅助单位

量的名称	单位名称	单位符号
平面角	弧度	rad
立体角	球面度	sr

B　单位换算

附表3　质量

千克（kg）		吨（t）	磅（1b）
1000		1	2204.62
0.4536		4.536×10^{-4}	1

附表4　长度

米（m）	英寸（in）	英尺（ft）	码（yd）
0.30480	12	1	0.33333
0.9144	36	3	1

附表5　容积

米³（m³）	升（L）	英尺³（ft³）	英加仑（UKgal）	美加仑（USgal）
0.02832	28.3161	1	6.2288	7.48048
0.004546	4.5459	0.16054	1	1.20095
0.003785	3.7853	0.13368	0.8327	1

附表6　力（重量）

牛顿（N）	公斤（kgf）	磅（lb）	达因（dyn）	磅达（pdl）
4.448	0.4536	1	444.8	32.17
10^{-3}	1.02×10^{-6}	2.248×10^{-6}		0.7233×10^{-4}
0.1383	0.01410	0.03310	13825	1

附表7　压强

帕（Pa）	巴（bar）	公斤（力）/厘米²（kgf/cm²）	磅/英寸²（lb/in²）	标准大气压（atm）	水银柱		水柱	
					毫米（mm）	英寸（in）	米（m）	英寸（in）
10^5	1	1.0197	14.50	0.9869	750.0	29.53	10.197	401.8
9.807×10^4	0.9807	1	14.22	0.9678	735.5	28.96	10.01	394.0
6895	0.06895	0.07031	1	0.06804	51.71	2.036	0.7037	27.70
1.0133×10^5	1.0133	1.0332	14.7	1	760	29.92	10.34	407.2
1.333×10^5	1.333	1.360	19.34	1.316	1000	39.37	13.61	535.67
3.386×10^5	0.03386	0.03453	0.4912	0.03342	25.40	1	0.3456	13.61
9798	0.09798	0.09991	1.421	0.09670	73.49	2.893	1	39.37
248.9	0.002489	0.002538	0.03609	0.002456	1.867	0.07349	0.0254	1

附表8　动力黏度（通称黏度）

帕·秒 (Pa·s)	泊 (P)	厘泊 (cP)	千克/(米·秒) (kg/(m·s))	千克/(米·时) (kg/(m·h))	磅/(英尺·秒) (lb/(ft·s))	公斤(力)·秒/米² (kgf·s/m²)
0.1	1	100	0.1	360	0.06720	0.0102
10^{-3}	0.01	1	0.001	3.6	6.720×10^{-4}	0.102×10^{-3}
1	10	1000	1	3600	0.6720	0.102
2.778×10^{-4}	2.778×10^{-3}	0.2778	2.778×10^{-4}	1	1.8667×10^{-4}	0.283×10^{-4}
1.4881	14.881	1488.1	1.4881	5357	1	0.1519
9.81	98.1	9810	9.81	0.353×10^5	6.59	1

C　一些常用气体的重要物理性质

附表9　一些常用气体的重要物理性质（0℃，0.101325MPa）

气体	分子式	密度 ρ (kg/m³)	动力黏度 $\mu\times10^6$ (kg/(m·s))	定压热容 c_ρ (kJ/(m³·K))	临界压力 p_c (MPa)	临界温度 T_c (K)	导热系数 λ (W/(m·K))
氢	H_2	0.0899	0.852	1.2980	1.297	33.3	0.2163
一氧化碳	CO	1.2506	1.690	1.302	3.496	133	0.02300
甲烷	CH_4	0.7174	1.060	1.545	4.641	190.7	0.03024
乙炔	C_2H_2	1.1709	0.960	1.909			0.01872
乙烯	C_2H_4	1.2605	0.950	1.888	5.117	283.1	0.0164
乙烷	C_2H_6	1.3553	0.877	2.244	4.884	305.4	0.01861
丙烯	C_3H_6	1.9136	0.780	2.675	4.600	365.1	
丙烷	C_3H_8	2.0102	0.765	2.96	4.256	369.9	0.01512
丁烯	C_4H_8	2.5968	0.747				
正丁烯	$n\text{-}C_4H_{10}$	2.7030	0.697	3.71	3.800	425.2	0.01349
异丁烯	$i\text{-}C_4H_{10}$	2.6912			3.648	408.1	
戊烯	C_5H_{10}	3.3055	0.669				
正戊烯	C_5H_{12}	3.4537	0.648		3.374	469.5	
苯	C_6H_6	3.8365	0.712	3.266			0.007792
硫化氢	H_2S	1.5363	1.190	1.557			0.01314
二氧化碳	CO_2	1.9711	1.430	1.62	7.387	304.2	0.01372
二氧化硫	SO_2	2.9275	1.230	1.779			
氧	O_2	1.4291	1.980	1.315	5.076	154.8	0.025
氮	N_2	1.2504	1.700	1.302	3.394	126.2	0.02489
空气		1.2931	1.750	1.306	3.3766	132.5	0.02489
水蒸气	H_2O	0.833	0.860	1.491	22.12	647	0.01617

D　一些液体的重要物理性质

附表 10　一些液体的重要物理性质

名称	分子式	密度 (kg/m³)	沸点 (℃)	汽化潜热 (kJ/kg)	定压热容 (kJ/(kg·K))	黏度 (10⁻³ Pa·s)	导热系数 (W/(m·K))	体积膨胀系数 (10⁻⁴/℃)	表面张力 (mN/m)
水	H_2O	998.3	100	2258	4.184	1.005	0.599	1.82	72.8
25%的氯化钠溶液	—	1186 (25℃)	107	—	3.39	2.3	0.57 (30℃)	(4.4)	—
25%的氯化钙溶液	—	1228	107	—	2.89	2.5	0.57	(3.4)	—
硫酸	H_2SO_4	1834	340 (分解)	—	1.47	23	0.38	5.7	—
硝酸	HNO_3	1512	86	481.1	—	1.17 (10℃)	—	12.4	—
盐酸	HCl	1149	—	—	2.55	2 (31.5%)	0.42		
乙醇	C_2H_5OH	789.2	78.37	1912	2.47	1.17	0.1844	11.0	22.27
甲醇	CH_3OH	791.3	64.65	1109	2.50	0.5945	0.2108	11.9	22.70
氯仿	$CHCl_3$	1490	61.2	253.7	0.992	0.58	0.138 (30℃)	12.8	28.5 (10℃)
四氯化碳	CCl_4	1594	76.8	195	0.850	1.0	0.12	12.2	26.8
1,2-二氯乙烷	$C_2H_4Cl_2$	1253	83.6	324	1.260	0.83	0.14 (50℃)	—	30.8
苯	C_7H_8	879	80.20	393.9	1.704	0.737	0.148	12.4	28.6
甲苯	C_6H_6	866	110.63	363	1.70	0.675	0.138	10.8	27.9

E　干空气的物理性质

附表 11　干空气的物理性质（101.33kPa）

温度 t （℃）	密度 ρ （kg/m³）	定压热容 c_p （kJ/（kg·K））	热导率 λ （10^2W/（m·K））	黏度 μ （10^5N·s/m²(Pa·s)）	普朗特数 Pr
−50	1.584	1.013	2.035	1.46	0.728
−40	1.515	1.013	2.117	1.52	0.728
−30	1.453	1.013	2.198	1.57	0.723
−20	1.395	1.009	2.279	1.62	0.716
−10	1.342	1.009	2.36	1.67	0.712
0	1.293	1.009	2.442	1.72	0.707
10	1.247	1.009	2.512	1.77	0.705
20	1.205	1.013	2.593	1.81	0.703
30	1.165	1.013	2.675	1.86	0.701
40	1.128	1.013	2.756	1.91	0.699
50	1.093	1.017	2.826	1.96	0.698
60	1.06	1.017	2.896	2.01	0.696
70	1.029	1.017	2.966	2.06	0.694
80	1	1.022	3.047	2.11	0.692
90	0.972	1.022	3.128	2.15	0.69
100	0.946	1.022	3.21	2.19	0.688
120	0.898	1.026	3.338	2.29	0.686
140	0.854	1.026	3.489	2.37	0.684
160	0.815	1.026	3.64	2.45	0.682
180	0.779	1.034	3.78	2.53	0.681
200	0.746	1.034	3.931	2.6	0.68
250	0.674	1.043	4.268	2.74	0.677
300	0.615	1.047	4.605	2.97	0.674
350	0.566	1.055	4.908	3.14	0.676
400	0.524	1.068	5.21	3.31	0.678
500	0.456	1.072	5.745	3.62	0.687
600	0.404	1.089	6.222	3.91	0.699
700	0.362	1.102	6.711	4.18	0.706
800	0.329	1.114	7.176	4.43	0.713
900	0.301	1.127	7.63	4.67	0.717
1000	0.277	1.139	8.071	4.9	0.719
1100	0.257	1.152	8.502	5.12	0.722
1200	0.239	1.164	9.153	5.35	0.724

F　水的物理性质

附表 12　水的物理性质

温度 t （℃）	饱和蒸汽压 p （kPa）	密度 ρ （kg/m³）	焓 H （kJ/kg）	定压热容 c_p （kJ/(kg·K)）	导热系数 λ （10^{-2}W/(m·K)）	黏度 μ （10^{-5}Pa·s）	体积膨胀系数 α （10^{-4}K^{-1}）	表面张力 σ （10^{-3}N/m）	普朗特数 Pr
0	0.6082	999.9	0	4.212	55.13	179.21	0.63	75.6	13.66
10	1.2262	999.7	42.04	4.197	57.45	130.77	0.7	74.1	9.52
20	2.3346	998.2	83.9	4.183	59.89	100.5	1.82	72.6	7.01
30	4.2474	995.7	125.69	4.174	61.76	80.07	3.21	71.2	5.42
40	7.3766	992.2	165.71	4.174	63.38	65.6	3.87	69.6	4.32
50	12.31	988.1	209.3	4.174	64.78	54.94	4.49	67.7	3.54
60	19.932	983.2	251.12	4.178	65.94	46.88	5.11	66.2	2.98
70	31.164	977.8	292.99	4.178	66.76	40.61	5.7	64.3	2.54
80	47.379	971.8	334.94	4.195	67.45	35.65	6.32	62.6	2.22
90	70.136	965.3	376.98	4.208	67.98	31.65	6.95	60.7	1.96
100	101.33	958.4	419.1	4.22	68.04	28.38	7.52	58.8	1.76
110	143.31	951	461.34	4.238	68.27	25.89	8.08	56.9	1.61
120	198.64	943.1	503.67	4.25	68.5	23.73	8.64	54.8	1.47
130	270.25	934.8	546.38	4.266	68.5	21.77	9.17	52.8	1.36
140	361.47	926.1	589.08	4.287	68.27	20.1	9.72	50.7	1.26
150	476.24	917	632.2	4.312	68.38	18.63	10.3	48.6	1.18
160	618.28	907.4	675.33	4.346	68.27	17.36	10.7	46.6	1.11
170	792.59	897.3	719.29	4.379	67.92	16.28	11.3	45.3	1.05
180	1003.5	886.9	763.25	4.417	67.45	15.3	11.9	42.3	1
190	1255.6	876	807.63	4.46	66.99	14.42	12.6	40.8	0.96
200	1554.77	863	852.43	4.505	66.29	13.63	13.3	38.4	0.93
210	1917.72	852.8	897.65	4.555	65.48	13.04	14.1	36.1	0.91
220	2320.88	840.3	943.7	4.614	64.55	12.46	14.8	33.8	0.89
230	2798.59	827.3	990.18	4.681	63.73	11.97	15.9	31.6	0.88
240	3347.91	813.6	1037.49	4.756	62.8	11.47	16.8	29.1	0.87
250	3977.67	799	1085.64	4.844	61.76	10.98	18.1	26.7	0.86
260	4693.75	784	1135.04	4.949	60.84	10.59	19.7	24.2	0.87
270	5503.99	767.9	1185.28	5.07	59.96	10.2	21.6	21.9	0.88
280	6417.24	750.7	1236.28	5.229	57.45	9.81	23.7	19.5	0.89
290	7443.29	732.3	1289.95	5.485	55.82	9.42	26.2	17.2	0.93
300	8592.94	712.5	1344.8	5.736	53.96	9.12	29.2	14.7	0.97
310	9877.96	691.1	1402.16	6.071	52.34	8.83	32.9	12.3	1.02
320	11300.3	667.1	1462.03	6.573	50.59	8.53	38.2	10	1.11
330	12879.6	640.2	1526.19	7.243	48.73	8.14	43.3	7.82	1.22
340	14615.9	610.1	1594.75	8.164	45.71	7.75	53.4	5.78	1.38
350	16538.5	574.4	1671.37	9.504	43.03	7.26	66.8	3.89	1.6
360	18667.1	528	1761.39	13.984	39.54	6.67	109	2.06	2.36
370	21040.9	450.5	1892.43	40.319	33.73	5.69	264	0.48	6.8

G 液体黏度共线图

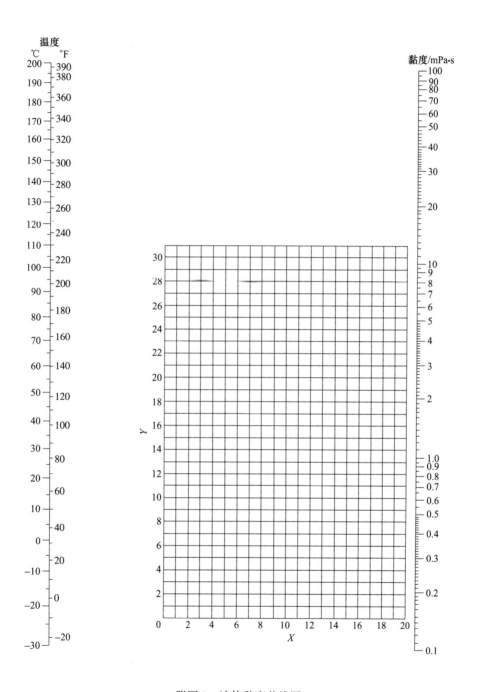

附图 1　液体黏度共线图

附表 13　液体黏度共线图坐标值

序号	名　称	X	Y	序号	名　称	X	Y
1	水	10.2	13.0	31	乙苯	13.2	11.5
2	盐水（25%NaCl）	10.2	16.6	32	氯苯	12.3	12.4
3	盐水（25%CaCl$_2$）	6.6	15.9	33	硝基苯	10.6	16.2
4	氨	12.6	2.2	34	苯胺	8.1	18.7
5	氨水（26%）	10.1	13.9	35	酚	6.9	20.8
6	二氧化碳	11.6	0.3	36	联苯	12.0	18.3
7	二氧化硫	15.2	7.1	37	萘	7.9	18.1
8	二硫化碳	16.1	7.5	38	甲醇（100%）	12.4	10.5
9	溴	14.2	18.2	39	甲醇（90%）	12.3	11.8
10	汞	18.4	16.4	40	甲醇（40%）	7.8	15.5
11	硫酸（110%）	7.2	27.4	41	乙醇（100%）	10.5	13.8
12	硫酸（100%）	8.0	25.1	42	乙醇（95%）	9.8	14.3
13	硫酸（98%）	7.0	24.8	43	乙醇（40%）	6.5	16.6
14	硫酸（60%）	10.2	21.3	44	乙二醇	6.0	23.6
15	硝酸（95%）	12.8	13.8	45	甘油（100%）	2.0	30.0
16	硝酸（60%）	10.8	17.0	46	甘油（50%）	6.9	19.6
17	盐酸（31.5%）	13.0	16.6	47	乙醚	14.5	5.3
18	氢氧化钠（50%）	3.2	25.8	48	乙醛	15.2	14.8
19	戊烷	14.9	5.2	49	丙酮	14.5	7.2
20	己烷	14.7	7.0	50	甲酸	10.7	15.8
21	庚烷	14.1	8.4	51	醋酸（100%）	12.1	14.2
22	辛烷	13.7	10.0	52	醋酸（70%）	9.5	17.0
23	三氯甲烷	14.4	10.2	53	醋酸酐	12.7	12.8
24	四氯化碳	12.7	13.1	54	醋酸乙酯	13.7	9.1
25	二氯乙烷	13.2	12.2	55	醋酸戊酯	11.8	12.5
26	苯	12.5	10.9	56	氟利昂-11	14.4	9.0
27	甲苯	13.7	10.4	57	氟利昂-12	16.8	5.6
28	邻二甲苯	13.5	12.1	58	氟利昂-21	15.7	7.5
29	间二甲苯	13.9	10.6	59	氟利昂-22	17.2	4.7
30	对二甲苯	13.9	10.9	60	煤油	10.2	16.9

注：用法举例：求苯在50℃时的黏度，从本表序号26查得苯的 $X=12.5$，$Y=10.9$。把这两个数值标在前页共线图的 X-Y 坐标上得一点，把这点与图中左方温度标尺上50℃的点联成一直线，延长，与右方黏度标尺相交，由此交点定出50℃苯的黏度为0.44mPa·s。

H 气体黏度共线图（常压下用）

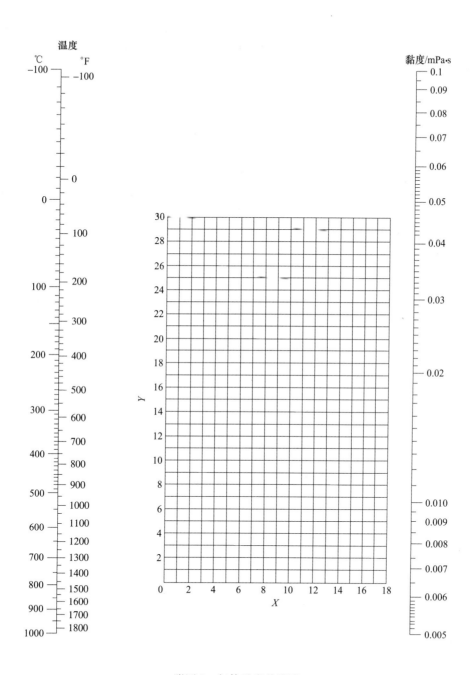

附图2 气体黏度共线图

278

附表 14　气体黏度共线图坐标值

序号	名　称	X	Y	序号	名　称	X	Y
1	空气	11.0	20.0	21	乙炔	9.8	14.9
2	氧	11.0	21.3	22	丙烷	9.7	12.9
3	氮	10.6	20.0	23	丙烯	9.0	13.8
4	氢	11.2	12.4	24	丁烯	9.2	13.7
5	$3H_2+1N_2$	11.2	17.2	25	戊烷	7.0	12.8
6	水蒸气	8.0	16.0	26	己烷	8.6	11.8
7	二氧化碳	9.5	18.7	27	三氯甲烷	8.9	15.7
8	一氧化碳	11.0	20.0	28	苯	8.5	13.2
9	氨	8.4	16.0	29	甲苯	8.6	12.4
10	硫化氢	8.6	18.0	30	甲醇	8.5	15.6
11	二氧化硫	9.6	17.0	31	乙醇	9.2	14.2
12	二硫化碳	8.0	16.0	32	丙醇	8.4	13.4
13	一氧化二氮	8.8	19.0	33	醋酸	7.7	14.3
14	一氧化氮	10.9	20.5	34	丙酮	8.9	13.0
15	氟	7.3	23.8	35	乙醚	8.9	13.0
16	氯	9.0	18.4	36	醋酸乙酯	8.5	13.2
17	氯化氢	8.8	18.7	37	氟利昂-11	10.6	15.1
18	甲烷	9.9	15.5	38	氟利昂-12	11.1	16.0
19	乙烷	9.1	14.5	39	氟利昂-21	10.8	15.3
20	乙烯	9.5	15.1	40	氟利昂-22	10.1	17.0

Ⅰ　液体比热容共线图

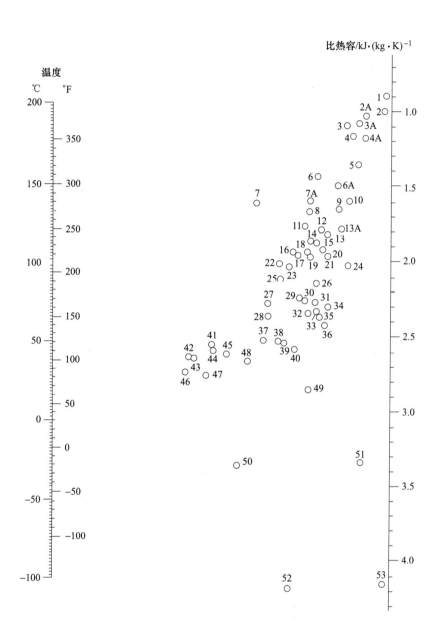

附图3　液体比热容共线图

根据相似三角形原理，当共线图的两边标尺均为等距刻度时，可用 $c_p = At + B$ 的关系式来表示因变量与自变量的关系，式中的 A、B 值列于下表中，式中 c_p 单位为 kJ/(kg·K)；t 单位为℃。

附表 15　液体比热容共线图中的编号

编号	名称	温度范围/℃	拟合参数 A	B	编号	名称	温度范围/℃	拟合参数 A	B
1	溴乙烷	5~25	1.333×10^{-3}	0.843	23	甲苯	0~60	4.667×10^{-3}	1.60
2	二氧化碳	$-100\sim25$	1.667×10^{-3}	0.967	24	醋酸乙酯	$-50\sim25$	1.57×10^{-3}	1.879
2A	氟利昂-11	$-20\sim70$	8.889×10^{-4}	0.858	25	乙苯	0~100	5.099×10^{-3}	1.67
3	四氯化碳	10~60	2.0×10^{-3}	0.78	26	醋酸戊酯	0~100	2.9×10^{-3}	1.9
3	过氯乙烯	$-30\sim140$	1.647×10^{-3}	0.789	27	苯甲基醇	$-20\sim30$	5.8×10^{-3}	1.836
3A	氟利昂-113	$-20\sim70$	3.333×10^{-3}	0.867	28	庚烷	0~60	5.834×10^{-3}	1.98
4A	氟利昂-21	$-20\sim70$	8.889×10^{-4}	1.028	29	醋酸	0~80	3.75×10^{-3}	1.94
4	三氯甲烷	0~50	1.2×10^{-3}	0.94	30	苯胺	0~130	4.693×10^{-3}	1.99
5	二氯甲烷	$-40\sim50$	1.0×10^{-3}	1.17	31	异丙醚	$-80\sim200$	3.0×10^{-3}	2.04
6A	二氯乙烷	$-30\sim60$	1.778×10^{-3}	1.203	32	丙酮	20~50	3.0×10^{-3}	2.13
6	氟利昂-12	$-40\sim15$	3.0×10^{-3}	0.99	33	辛烷	$-50\sim25$	3.143×10^{-3}	2.127
7A	氟利昂-22	$-22\sim60$	3.0×10^{-3}	1.16	34	壬烷	$-50\sim25$	2.286×10^{-3}	2.134
7	碘乙烷	0~100	6.6×10^{-3}	0.67	35	己烷	$-80\sim20$	2.7×10^{-3}	2.176
8	氯苯	0~100	3.3×10^{-3}	1.22	36	乙醚	$-100\sim25$	2.5×10^{-3}	2.27
9	硫酸（98%）	10~45	1.429×10^{-3}	1.405	37	戊醇	$-50\sim25$	5.858×10^{-3}	2.203
10	苯甲基氯	$-30\sim30$	1.667×10^{-3}	1.39	38	甘油	$-40\sim20$	5.168×10^{-3}	2.267
11	二氧化硫	$-20\sim100$	3.75×10^{-3}	1.325	39	乙二醇	$-40\sim200$	4.789×10^{-3}	2.312
12	硝基苯	0~100	2.7×10^{-3}	1.46	40	甲醇	$-40\sim20$	4.0×10^{-2}	2.40
13A	氯甲烷	$-80\sim20$	1.7×10^{-3}	1.566	41	异戊醇	10~100	1.144×10^{-2}	1.986
13	氯乙烷	$-30\sim40$	2.286×10^{-3}	1.539	42	乙醇（100%）	30~80	1.56×10^{-2}	2.012
14	萘	90~200	3.182×10^{-3}	1.514	43	异丁醇	0~100	1.41×10^{-2}	2.13
15	联苯	80~120	5.75×10^{-3}	2.19	44	丁醇	0~100	1.14×10^{-2}	2.09
16	联苯醚	0~200	4.25×10^{-3}	1.49	45	丙醇	$-20\sim100$	9.497×10^{-3}	0.19
16	联苯-联苯醚	0~200	4.25×10^{-3}	1.49	46	乙醇（95%）	20~80	1.58×10^{-2}	2.264
17	对二甲苯	0~100	4.0×10^{-3}	1.55	47	异丙醇	20~50	1.167×10^{-2}	2.447
18	间二甲苯	0~100	3.4×10^{-3}	1.58	48	盐酸（30%）	20~100	7.376×10^{-3}	2.393
19	邻二甲苯	0~100	3.4×10^{-3}	1.62	49	盐水（25%CaCl$_2$）	$-40\sim20$	3.5×10^{-3}	2.79
20	吡啶	$-50\sim25$	2.428×10^{-3}	1.621	50	乙醇（50%）	20~80	8.333×10^{-3}	3.633
21	癸烷	$-80\sim25$	2.6×10^{-3}	1.728	51	盐水（25%NaCl）	$-40\sim20$	1.167×10^{-3}	3.367
22	二苯基甲烷	30~100	5.285×10^{-3}	1.501	52	氨	$-70\sim50$	4.715×10^{-3}	4.68
23	苯	10~80	4.429×10^{-3}	1.606	53	水	10~200	2.143×10^{-4}	4.198

J　定压下气体比热容共线图（常压下用）

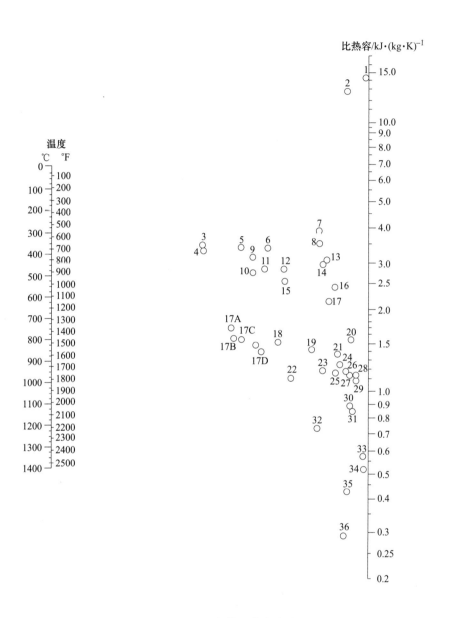

附图 4　定压下气体比热容共线图

根据相似三角形原理，当共线图的因变量标尺为对数刻度、自变量标尺为等距刻度时，可用 $c_p = Ae^{Bt}$ 的关系式来表示，式中：A、B 值列于附表 16 中；c_p 单位为 kJ/（kg · K）；t 单位为℃。

附表 16　气体比热容共线图中的编号

编　号	名　称	温度范围/℃	编　号	名　称	温度范围/℃
27	空气	0~1400	20	氟化氢	0~1400
23	氧	0~500	30	氯化氢	0~1400
29	氧	500~1400	35	溴化氢	0~1400
26	氮	0~1400	36	碘化氢	0~1400
1	氢	0~600	5	甲烷	0~300
2	氢	600~1400	6	甲烷	300~700
32	氯	0~200	7	甲烷	700~1400
34	氯	200~1400	3	乙烷	0~200
33	硫	300~1400	9	乙烷	200~600
12	氨	0~600	8	乙烷	600~1400
14	氨	600~1400	4	乙烯	0~200
25	一氧化氮	0~700	11	乙烯	200~600
28	一氧化氮	700~1400	13	乙烯	600~1400
18	二氧化碳	0~400	10	乙炔	0~200
24	二氧化碳	400~1400	15	乙炔	200~400
22	二氧化硫	0~400	16	乙炔	400~1400
31	二氧化硫	400~1400	17B	氟利昂-11	0~150
17	水蒸气	0~1400	17C	氟利昂-21	0~150
19	硫化氢	0~700	17A	氟利昂-22	0~150
21	硫化氢	700~1400	17D	氟利昂-113	0~150

K　常用固体材料的重要物理性质

附表 17　金属材料

名　称	密度/kg·m⁻³	导热系数/W·(m·K)⁻¹	比热容/kJ·(kg·K)⁻¹
钢	7850	45.4	0.46
不锈钢	7900	17.4	0.50
铸铁	7220	62.8	0.50
铜	8800	383.8	0.406
青铜	8000	64.0	0.381
黄铜	8600	85.5	0.38
铝	2670	203.5	0.92
镍	9000	58.2	0.46
铅	11400	34.9	0.130

附表 18　塑料

名　称	密度/kg·m⁻³	导热系数/W·(m·K)⁻¹	比热容/kJ·(kg·K)⁻¹
酚醛	1250~1300	0.13~0.26	1.3~1.7
脲醛	1400~1500	0.30	1.3~1.7
聚氯乙烯	1380~1400	0.16	1.84
聚苯乙烯	1050~1070	0.08	1.34
低压聚乙烯	940	0.29	2.55
高压聚乙烯	920	0.26	2.22
有机玻璃	1180~1190	0.14~0.20	—

附表 19　建筑材料、绝热材料、耐酸材料及其他

名　称	密度/kg·m⁻³	导热系数/W·(m·K)⁻¹	比热容/kJ·(kg·K)⁻¹
干砂	1500~1700	0.45~0.58	0.75（-20~20℃）
黏土	1600~1800	0.47~0.53	—
锅炉炉渣	700~1100	0.19~0.3	—
黏土砖	1600~1900	0.47~0.67	0.92
耐火砖	1840	1.0（800~100℃）	0.96~1.00
绝热砖（多孔）	600~1400	0.16~0.37	—
混凝土	2000~2400	1.3~1.5	0.84
松木	500~600	0.07~0.10	2.72（0~100℃）
软木	100~300	0.041~0.064	0.96
石棉板	700	0.12	0.816
石棉水泥板	1600~1900	0.35	—
玻璃	2500	0.74	0.67
耐酸陶瓷制品	2200~2300	0.9~1.0	0.75~0.80
耐酸砖和板	2100~2400	—	—
耐酸搪瓷	2300~2700	0.99~1.05	0.84~1.26
橡胶	1200	0.16	1.38
冰	900	0.23	2.11

L　管壳式换热器系列标准（摘自 JB/T4714，JB/T4715—92）

a　固定管板式换热器的基本参数

(1) 列管尺寸为 φ19mm，管心距为 25mm

附表 20　固定管板式换热器的基本参数

公称压强/kPa（273）：1.60×10³　2.50×10³　4.00×10³　6.40×10³
公称压强/kPa（1000）：0.60×10³　1.00×10³　1.60×10³　2.50×10³　4.00×10³

公称直径/mm	273		400			600				800				1000			
管程数	1	2	1	2	4	1	2	4	6	1	2	4	6	1	2	4	6
管子总根数	66	56	174	164	146	430	416	370	360	979	776	722	710	1267	1234	1186	1148
中心排管数	9	8	14	15	14	22	23	22	20	31	31	31	30	39	39	39	38
*管程流通面积/m²	0.0115	0.0049	0.0307	0.0145	0.0065	0.0760	0.0368	0.0163	0.0106	0.1408	0.0686	0.0319	0.0209	0.2239	0.1090	0.0524	0.0338
计算的换热器面积/m²　列管长度/mm　1500	5.4	4.7	14.5	13.7	12.2	—	—	—	—	—	—	—	—	—	—	—	—
2000	7.4	6.4	19.7	18.6	16.6	48.8	47.2	42.0	40.8	—	—	—	—	—	—	—	—
3000	11.3	9.7	30.1	28.4	25.3	74.4	72.0	64.0	62.3	138.0	134.3	125.0	122.9	219.3	213.6	205.3	198.7
4500	17.1	14.7	45.7	43.1	38.3	112.9	109.3	97.2	94.5	209.3	203.8	189.8	186.5	332.8	324.1	311.5	301.5
6000	22.9	19.7	61.3	57.8	51.4	151.4	146.5	130.3	126.8	280.7	273.3	254.3	250.0	446.2	434.6	417.7	404.3

* 表中管程流通面积为各程的平均值，管子三角形排列。

（2）列管尺寸为 φ25mm，管心距为 32mm

附表 21　固定管板式换热器的基本参数

公称压强/kPa：
- 273：1.60×10^3　2.50×10^3　4.00×10^3　6.40×10^3
- 400～1000：0.60×10^3　1.00×10^3　1.60×10^3　2.50×10^3　4.00×10^3

公称直径/mm	273		400			600				800				1000			
管程数	1	2	1	2	4	1	2	4	6	1	2	4	6	1	2	4	6
管子总根数	38	32	98	94	76	245	232	222	216	467	450	442	430	749	742	710	698
中心排管数	6	7	12	11	11	17	16	17	16	23	23	23	24	30	29	29	30
*管程流通面积/m² φ25×2	0.0132	0.0055	0.0339	0.0163	0.0066	0.0848	0.0402	0.0192	0.0125	0.1618	0.0775	0.0383	0.0248	0.2594	0.1285	0.0615	0.0403
φ25×2.5	0.0119	0.0050	0.0308	0.0148	0.0060	0.0769	0.0364	0.0174	0.0113	0.1466	0.0707	0.0347	0.0225	0.2352	0.1165	0.0557	0.0365
计算的换热器面积/m²　列管长度/mm　1500	4.2	3.5	10.8	10.3	8.4	—	—	—	—	—	—	—	—	—	—	—	—
2000	5.7	4.8	14.6	14.0	11.3	36.5	34.6	33.1	32.2	—	—	—	—	—	—	—	—
3000	8.7	7.3	22.3	21.4	17.3	55.8	52.8	50.5	49.2	106.3	102.4	100.6	97.9	170.5	168.9	161.6	158.9
4500	13.1	11.1	33.8	32.5	26.3	84.6	80.1	76.7	74.6	161.3	155.4	152.7	148.5	258.7	256.3	245.2	241.1
6000	17.6	14.8	45.4	43.5	35.2	113.5	107.5	102.8	100.0	216.3	208.5	204.7	119.2	346.9	343.7	328.8	323.3

* 表中管程流通面积为各程的平均值，管子三角形排列。

b　浮头式（内导流）换热器的基本参数

附表 22　浮头式（内导流）换热器的基本参数

公称直径/mm	管程数	管子总根数①		中心排管数		管程流通面积/m²（管子尺寸/mm）			计算的换热器面积/m²②（管子长度/mm）					
									3000		4500		6000	
		φ19	φ25	φ19	φ25	φ19×2	φ25×2	φ25×2.5	φ19	φ25	φ19	φ25	φ19	φ25
325	2	60	32	7	5	0.0053	0.0055	0.0050	10.5	7.4	15.8	11.1	—	—
	4	52	28	6	4	0.0023	0.0024	0.0022	9.1	6.4	13.7	9.7	—	—
426	2	120	74	8	7	0.0106	0.0126	0.0116	20.9	16.9	31.6	25.6	42.3	34.4
400	4	108	68	9	6	0.0048	0.0059	0.0053	18.8	15.6	28.4	23.6	38.1	31.6
500	2	206	124	11	8	0.0182	0.0215	0.0194	35.7	28.3	54.1	42.8	72.5	57.4
	4	192	116	10	9	0.0085	0.0100	0.0091	33.2	26.4	50.4	40.1	67.6	53.7
600	2	324	198	14	11	0.0286	0.0343	0.0311	55.8	44.9	84.8	68.2	113.9	91.5
	4	308	188	14	10	0.0136	0.0163	0.0148	53.1	42.6	80.7	64.8	108.2	86.9
	6	284	158	14	10	0.0083	0.0091	0.0083	48.9	35.8	74.4	54.4	99.8	73.1
700	2	468	268	16	13	0.0414	0.0464	0.0421	80.4	60.6	122.2	92.1	164.1	123.7
	4	448	256	17	12	0.0198	0.0222	0.0201	76.9	57.8	117.0	87.9	157.1	118.1
	6	382	224	15	10	0.0112	0.0129	0.0116	65.6	50.6	99.8	76.9	133.9	103.4
800	2	610	366	19	15	0.0539	0.0634	0.0575	—	—	158.9	125.4	213.5	168.5
	4	588	352	18	14	0.0260	0.0305	0.0276	—	—	153.2	120.6	205.8	162.1
	6	518	316	16	14	0.0152	0.0182	0.0165	—	—	134.2	108.3	181.3	145.5
1000	2	1006	606	24	19	0.0890	0.1050	0.0952	—	—	260.6	206.6	350.6	277.9
	4	980	588	23	18	0.0433	0.0509	0.0462	—	—	253.9	200.4	341.6	269.7
	6	892	564	21	18	0.0262	0.0326	0.0295	—	—	231.1	192.2	311.0	258.7

① 排管数按正方形旋转 45°排列计算；
② 计算换热器面积按光管及公称压强 2.50×10³kPa 的管板厚度确定。

参 考 文 献

[1] 陈敏恒，丛德滋，方图南，等. 化工原理：上册.［M］.3 版. 北京：化学工业出版社，2006.

[2] 陈敏恒，丛德滋，方图南，等. 化工原理：下册.［M］.3 版. 北京：化学工业出版社，2006.

[3] 陈敏恒，丛德滋，方图南，等. 化工原理：上册.［M］.4 版. 北京：化学工业出版社，2015.

[4] 杨祖荣，刘丽英，刘伟. 化工原理.［M］.3 版. 北京：化学工业出版社，2014.

[5] 王志魁，刘丽英，刘伟. 化工原理.［M］.5 版. 北京：化学工业出版社，2017.

[6] 冯霄，何潮洪. 化工原理：下册［M］. 北京：科学出版社，2007.

[7] 冷士良，陆清，宋志轩. 化工单元操作及设备［M］. 北京：化学工业出版社，2007.

[8] 姚玉英，陈常贵，柴诚敬. 化工原理：上册.［M］.3 版. 天津：天津大学出版社，2010.

[9] 姚玉英，陈常贵，柴诚敬. 化工原理：下册.［M］.3 版. 天津：天津大学出版社，2010.

[10] 姚玉英，黄凤廉，陈常贵，等. 化工原理：上册［M］. 天津：天津科学技术出版社，2004.

[11] 谭天恩，窦梅等. 化工原理. 上册.［M］.4 版. 北京：化学工业出版社，2013.

[12] 谭天恩，窦梅等. 化工原理. 下册.［M］.4 版. 北京：化学工业出版社，2013.

[13] 柴诚敬，贾绍义，等. 化工原理：上册.［M］.3 版. 天津：天津大学出版社，2017.

[14] 柴诚敬，贾绍义，等. 化工原理：下册.［M］.3 版. 天津：天津大学出版社，2017.

[15] 柴诚敬，土军，陈常贵，等. 化工原理课程学习指导［M］. 天津：天津大学出版社，2015.

[16] 时钧，汪家鼎，余国琮，等. 化学工程手册.［M］.2 版. 北京：化学工业出版社，1996.

冶金工业出版社部分图书推荐

书　名	作　者	定价（元）
物理化学（第4版）（本科国规教材）	王淑兰	45.00
冶金与材料热力学（本科教材）	李文超	65.00
冶金与材料近代物理化学研究方法（上册）	李文超	56.00
冶金与材料近代物理化学研究方法（下册）	李文超	76.00
冶金物理化学研究方法（第4版）	王常珍	69.00
冶金热力学	翟玉春	55.00
冶金动力学	翟玉春	36.00
冶金电化学	翟玉春	47.00
稀土元素化学	叶信宇	56.00
有机化学	常雁红	49.00
化学教学设计 化学（选修5）有机化学基础	吴晓红	38.00
基础有机化学实验	段永正	28.00
天然药物化学实验指导	孙春龙	16.00
生物技术制药实验指南	董　彬	28.00
生物化学	黄洪媛	46.00
物理化学（第2版）（高职高专教材）	邓基芹	36.00
物理化学实验（高职高专教材）	邓基芹	19.00
无机化学实验（高职高专教材）	邓基芹	18.00
煤化学（高职高专教材）	邓基芹	25.00